住房和城乡建设部“十四五”规划教材
中等职业教育土木水利类专业“互联网+”数字化创新教材

建筑力学与结构（第二版）

陈丽红　石明霞　主　编
肖又箐　副主编
戴永兴　主　审

中国建筑工业出版社

图书在版编目（CIP）数据

建筑力学与结构 / 陈丽红，石明霞主编 ；肖又箐副主编．-- 2 版．-- 北京 ：中国建筑工业出版社，2025．1．--（住房和城乡建设部“十四五”规划教材）（中等职业教育土木水利类专业“互联网+”数字化创新教材）．

ISBN 978-7-112-31105-7

Ⅰ．TU3

中国国家版本馆 CIP 数据核字第 20259C1E05 号

本书是中等职业院校建筑工程施工专业基础课程教材。本书结合专业特点，依照建筑结构对建筑力学的要求，精选了理论力学、材料力学和结构力学中的相关内容，共包括力和受力图、平面力系的平衡、直杆轴向拉伸和压缩、直梁弯曲、压杆稳定、工程常见结构体系 6 个项目，20 个工作（学习）任务。

本教材可供职业院校土建大类专业以及技师学院的学生使用，也可供工程技术人员参考。为便于本课程教学，作者自制免费课件资源并提供习题答案，请扫描右侧二维码下载。

课件及习题答案

责任编辑：李天虹　李　阳

责任校对：刘梦然

住房和城乡建设部“十四五”规划教材

中等职业教育土木水利类专业“互联网+”数字化创新教材

建筑力学与结构（第二版）

陈丽红　石明霞　主　编

肖又箐　副主编

戴永兴　主　审

*

中国建筑工业出版社出版、发行（北京海淀三里河路 9 号）

各地新华书店、建筑书店经销

北京鸿文瀚海文化传媒有限公司制版

北京云浩印刷有限责任公司印刷

*

开本：787 毫米×1092 毫米　1/16　印张：12　字数：296 千字

2025 年 5 月第二版　2025 年 5 月第一次印刷

定价：**38.00** 元（赠教师课件）

ISBN 978-7-112-31105-7

（43760）

版权所有　翻印必究

如有内容及印装质量问题，请与本社读者服务中心联系

电话：（010）58337283　QQ：2885381756

（地址：北京海淀三里河路 9 号中国建筑工业出版社 604 室　邮政编码：100037）

出版说明

党和国家高度重视教材建设。2016 年，中办国办印发了《关于加强和改进新形势下大中小学教材建设的意见》，提出要健全国家教材制度。2019 年 12 月，教育部牵头制定了《普通高等学校教材管理办法》和《职业院校教材管理办法》，旨在全面加强党的领导，切实提高教材建设的科学化水平，打造精品教材。住房和城乡建设部历来重视土建类学科专业教材建设，从“九五”开始组织部级规划教材立项工作，经过近 30 年的不断建设，规划教材提升了住房和城乡建设行业教材质量和认可度，出版了一系列精品教材，有效促进了行业部门引导专业教育，推动了行业高质量发展。

为进一步加强高等教育、职业教育住房和城乡建设领域学科专业教材建设工作，提高住房和城乡建设行业人才培养质量，2020 年 12 月，住房和城乡建设部办公厅印发《关于申报高等教育职业教育住房和城乡建设领域学科专业“十四五”规划教材的通知》（建办人函〔2020〕656 号），开展了住房和城乡建设部“十四五”规划教材选题的申报工作。经过专家评审和部人事司审核，512 项选题列入住房和城乡建设领域学科专业“十四五”规划教材（简称规划教材）。2021 年 9 月，住房和城乡建设部印发了《高等教育职业教育住房和城乡建设领域学科专业“十四五”规划教材选题的通知》（建人函〔2021〕36 号）。为做好“十四五”规划教材的编写、审核、出版等工作，《通知》要求：（1）规划教材的编著者应依据《住房和城乡建设领域学科专业“十四五”规划教材申请书》（简称《申请书》）中的立项目标、申报依据、工作安排及进度，按时编写出高质量的教材；（2）规划教材编著者所在单位应履行《申请书》中的学校保证计划实施的主要条件，支持编著者按计划完成书稿编写工作；（3）高等学校土建类专业课程教材与教学资源专家委员会、全国住房和城乡建设职业教育教学指导委员会、住房和城乡建设部中等职业教育专业指导委员会应做好规划教材的指导、协调和审稿等工作，保证编写质量；（4）规划教材出版单位应积极配合，做好编辑、出版、发行等工作；（5）规划教材封面和书脊应标注“住房和城乡建设部‘十四五’规划教材”字样和统一标识；（6）规划教材应在“十四五”期间完成出版，逾期不能完成的，不再作为《住房和城乡建设领域学科专业“十四五”规划教材》。

住房和城乡建设领域学科专业“十四五”规划教材的特点，一是重点以修订教育部、住房和城乡建设部“十二五”“十三五”规划教材为主；二是严格按照专业标准规范要求编写，体现新发展理念；三是系列教材具有明显特点，满足不同层次和类型的学校专业教学要求；四是配备了数字资源，适应现代化教学的要求。规划教材的出版凝聚了作者、主审及编辑的心血，得到了有关院校、出版单位的大力支持，教材建设管理过程有严格保障。希望广大院校及各专业师生在选用、使用过程中，对规划教材的编写、出版质量进行反馈，以促进规划教材建设质量不断提高。

住房和城乡建设部“十四五”规划教材办公室

2021 年 11 月

第二版前言

本书是中等职业学校建筑工程施工专业基础课程教材。本书结合职业教育和专业的特点，依照建筑结构对建筑力学的要求，精选了理论力学、材料力学和结构力学中的相关内容，更将建筑力学基础知识和结构体系、结构识图有机融合，为后续专业课程奠定基础。

本次修订除继续保持第一版的特色外，对书中部分内容又进行了适当的增加和修改。其中修改了第一版的错漏之处并把原来6个单元的“单元教学”修改为6大项目的“项目式教学”。每个项目细分为几个任务，每个任务以学生为主体，按照“相关知识”“案例展示”“知识小课堂”“任务实施”“任务质量评估”五个环节增加内容，引导学生对生活及工程实例进行观察和思考，理解力学概念，使学生通过实验、讨论、训练等实践活动，掌握力学基础知识和基本技能。每个项目后增加了项目知识梳理，其中更利用“思维导图”及“重点内容点拨”再带领学生对本项目的重点知识进行复盘，最后还增加了“项目质量评估”环节对学生进行考核评价。同时，本次修订增加的“知识小课堂”旨在于力学基本技能训练过程中融合专业自信教育和职业道德教育，使学生提升专业认同感，培养严谨细致的工作习惯，这样使教材更具有针对性、适用性和实用性。

本书由广州市城市建设职业学校陈丽红（双师型教师：正高级讲师+高级工程师）、石明霞担任主编，广州市城市建设职业学校肖又箐担任副主编。全书共分为6个项目，20个工作（学习）任务。项目1由吉林省城市建设学校田雪与广州市城市建设职业学校李雪琼编写，项目2由河北城乡建设学校刘然与广州市城市建设职业学校吴梦婷编写，项目3由广州市城市建设职业学校武海霞、刘赛红编写，项目4由广州市城市建设职业学校魏宜达、石明霞编写，项目5由广州市城市建设职业学校邓炽平编写，项目6由广州市城市建设职业学校肖又箐、张海燕编写。

本书承广州地铁设计研究院股份有限公司戴永兴审阅。他对书稿提出了许多宝贵意见，对此，编著者表示衷心的感谢。

鉴于编著者水平有限，本书在编写过程中难免存在错误与不妥之处，恳请同行和广大读者批评指正。

第一版前言

本教材是中等职业学校建筑工程施工专业核心课程教材。在遵循中职“土木工程力学基础”课程标准的基础上，本书结合专业特点，依照建筑结构对建筑力学的要求，精选了理论力学、材料力学和结构力学中的相关内容，贴近学生实际和生活体验，精简内容、降低难度、淡化计算，同时注重理论与实践相结合，注重实际动手能力的培养和综合素质的提高，将建筑力学基础知识和结构构造要求与结构识图有机融合，为后续专业课程奠定基础。

当前的职业教学课程改革中，强调实践性教学，突出“做中教，做中学”的职业教育教学特色。本教材的编写积累了较成熟的教学经验与教学资料，将工程案例和生活力学小常识贯穿至各力学知识点中，构建一个专业基础课程与建筑行业管理岗位能力培养的实践性教学平台，实现培养高素质技能型人才的目标。

本教材由广州市建筑工程职业学校陈丽红（双师型教师：高级讲师＋高级工程师）担任主编，广州市建筑工程职业学校肖又箐、河北城乡建设学校李庆肖担任副主编。全书共分为6个教学单元，22个工作（学习）任务。教学单元1由吉林省城市建设学校田雪编写，教学单元2由河北城乡建设学校刘然、李庆肖编写，教学单元3由广州市建筑工程职业学校陈丽红、武海霞编写，教学单元4由广州市建筑工程职业学校石明霞、魏宜达编写，教学单元5由广州市建筑工程职业学校邓炽平编写，教学单元6由广州市建筑工程职业学校肖又箐、张海燕编写。本书加“*”内容为选修内容。

由于编者水平有限，加之时间仓促，本书在编写过程中难免存在错误与不妥之处，恳请读者批评指正。

目　录

项目1　力和受力图

项目导学

一、学习目标

知识目标：1. 阐明力的概念和力的三要素；

2. 解释二力平衡公理、作用与反作用公理；

3. 解释平行四边形法则、加减平衡力系公理；

4. 阐明约束与约束反力的概念和常见约束的类型；

5. 列举画受力图的步骤，会画简单物体的受力图。

能力目标：1. 能够灵活应用静力学基本公理；

2. 能够对工程中常用基本构件的约束进行简化，能够识别不同的约束性质及约束反力方向；

3. 能够绘制出简单物体的受力图。

素质目标：1. 培养善于观察、认真思考的良好习惯；

2. 培养分析问题解决问题的能力；

3. 培养精益求精的工匠精神。

二、项目思维导图

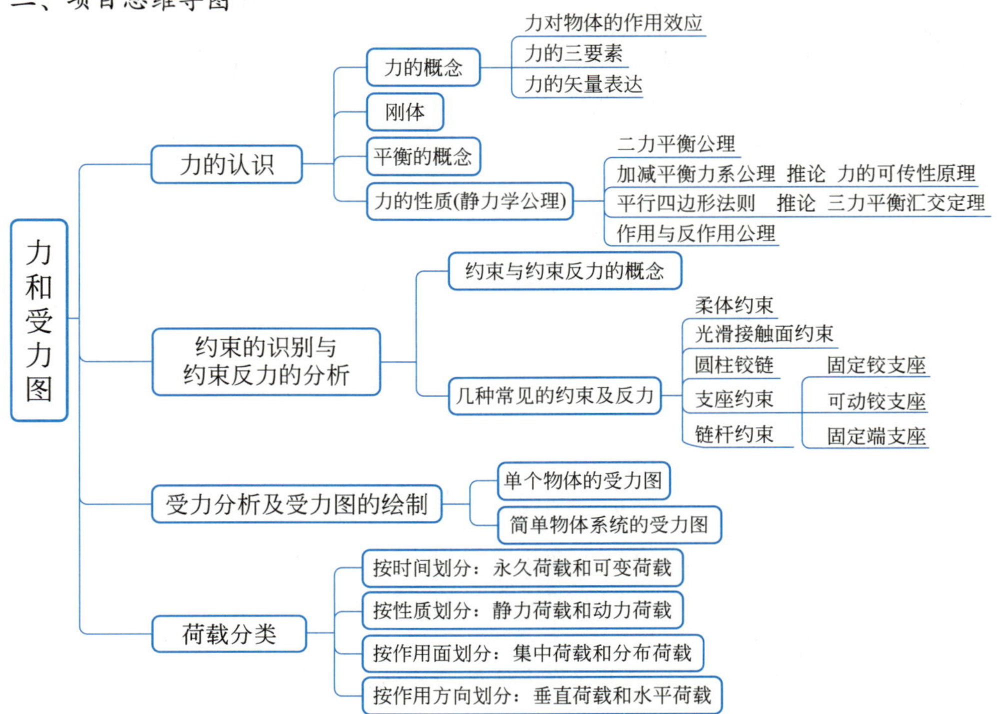

项目概述

为满足社会发展的需要，人们在生产和生活中，需要建造各种各样的建筑物，这些建筑物从开始施工到投入使用，都承受着各种力的作用。力在工程中无处不在，专业技术人员要分析和解决工程中的力学问题，熟悉力的基本性质并能够分析构件的受力情况。

本项目主要研究力和受力图，具体内容包括力的认识、约束的识别与约束力的分析、受力分析及受力图的绘制。

本项目是本课程最基本的部分，其分析方法和计算方法是学习本课程后续内容必须掌握的基础。

微课

任务 1.1　力的认识

【任务描述】

在日常生活中，我们常常会看到一些现象：用手推购物车，车由静止开始运动（图 1-1a）；儿童在蹦床上玩，蹦床会产生变形（图 1-1b）。为什么购物车由静止开始运动，蹦床会产生变形呢？

(a)　(b)

图 1-1

因为人对购物车施加了力，使购物车的运动状态发生了变化；儿童在蹦床上跳，使蹦床产生变形。本任务是理解力的概念和力的三要素，认识力的性质，应用静力学基本公理。

【相关知识】

一、力的概念

力的概念是人们在长期的生产劳动和日常生活中逐步建立起来的。力是物体间的相互作用，这种作用使物体的运动状态发生变化或使物体产生变形。

在研究物体的受力问题时，必须分清哪个是施力物体，哪个是受力物体。

1. 力对物体的作用效应

一是使物体的运动状态发生变化，称为**外效应或运动效应**；二是使物体产生变形，称为**内效应**或**变形效应**。

2. 力的三要素

将长方体木块放在桌面上（图 1-2），如果对木块施加的作用力 F 的大小、方向和作用点分别发生变化，效果各会怎样呢？

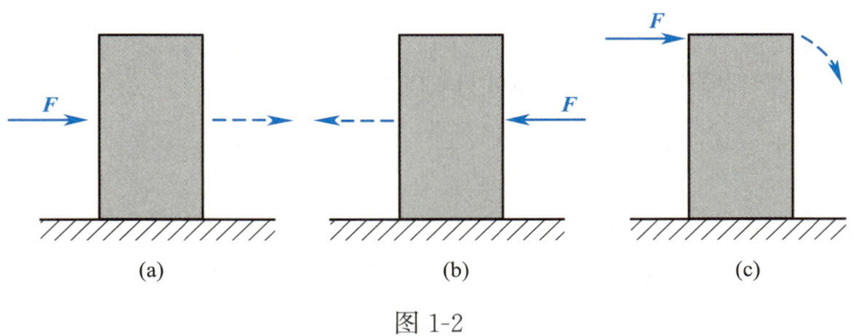

图 1-2

实践证明，力的大小、方向和作用点决定了力对物体的作用效果，当其中任一要素发生改变时，力对物体的作用效果也随之改变。因此，我们将力的**大小、方向和作用点**称为**力的三要素**。在描述一个力时，必须全面表明这个力的三要素。

（1）力的大小

力的**大小**表明物体间相互作用的强弱程度。力的大小可以用测力器（如弹簧秤等）测定。在国际单位制（SI 制）中，力的单位为 N（牛顿）或 kN（千牛顿）。

$$1\text{kN}=1000\text{N}$$

（2）力的方向

力的**方向**是指力的方位和指向。例如，向右推木块时，水平是指力的方位，向右是指力的指向。某钢索竖直向上拉重物时，竖直是指力的方位，向上是指力的指向。

如图 1-2（a）所示，从木块左侧推，木块会向右移动；如图 1-2（b）所示，从木块右侧推，木块会向左移动。力的作用方向不同，对物体产生的效果也不同。

（3）力的作用点

力的**作用点**是指力对物体作用的位置。

实际物体在相互作用时，力总是分布在一定的面积或体积范围内，是分布力。如果力作用的范围很小，可看成是作用在一个点上，该点就是力的作用点，建筑上称这种力为集中力。

3. 力的矢量表达

力是一个具有大小和方向的量，所以力是矢量。图示时，通常用一条带箭头的有向线段来表示，代表力矢量的符号用黑体字母表示，如 $\boldsymbol{F}$、$\boldsymbol{F}_{\mathbf{N}}$。

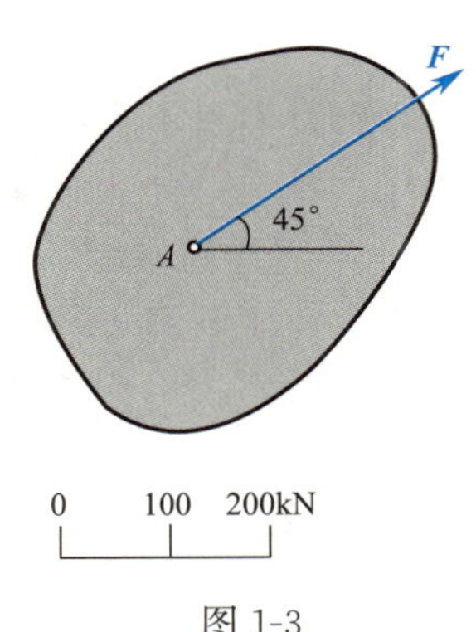

图 1-3

力的矢量表示如图 1-3 所示——大小、方向、作用点：

线段的长度（按选定的比例）表示力的大小；

线段的方位和箭头的指向表示力的方向；

线段的起点或终点表示力的作用点；

通过力的作用点沿力的方向的直线，称为**力的作用线**。

二、刚体

在任何外力作用下，大小和形状保持不变的物体，称为**刚体**。刚体是实际物体理想化的模型。实际上，任何物体在外力的作用下，都将引起大小和形状的改变，即**发生变形**。但是，许多物体受力前后的变形比较小，例如建筑物中的简支梁，它在中央处最大的下垂一般只有梁长度的1/500～1/250。这样微小的变形对物体的平衡和运动影响很小，可以忽略不计，这时可把物体看作刚体，从而使所研究的问题大大简化。

三、平衡的概念

物体的**平衡状态**，是指物体相对于地球保持静止或作匀速直线运动的状态。例如，建筑物、桥梁、电线杆相对于地面是静止的；匀速直线行驶的汽车、匀速吊起的构件，它们作匀速直线运动。它们相对于地球都处于平衡状态（图 1-4）。同时作用在一个物体上的一群力称为**力系**。使物体处于平衡状态的力系称为**平衡力系**。

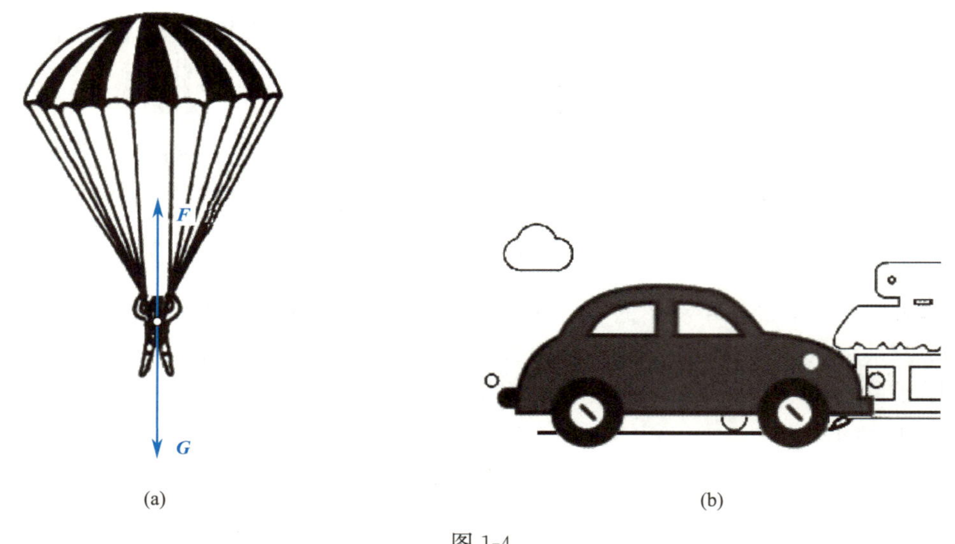

图 1-4
（a）匀速降落的运动员；（b）静止或匀速行驶的汽车

四、力的性质

力的性质是人类在长期的生活和生产实践中，对客观现实经过不断分析、抽象、归纳和总结而得出的结论。力的性质是静力学的理论基础，也称为**静力学公理**。

1. 二力平衡公理

吊车在吊装建筑材料时，当材料保持静止，材料处于平衡状态（图 1-5）。此时材料只受两个力的作用，一个是材料的重力 $\boldsymbol{G}$，一个是吊车的拉力 $\boldsymbol{T}$。

作用在刚体上的两个力，使刚体保持平衡状态的必要和充分条件是：**两个力大小相等，方向相反，作用在同一直线上。这就是二力平衡公理。**

本公理说明，两个等值、反向、共线的力构成最简单的平衡力系，它是推证其他力系

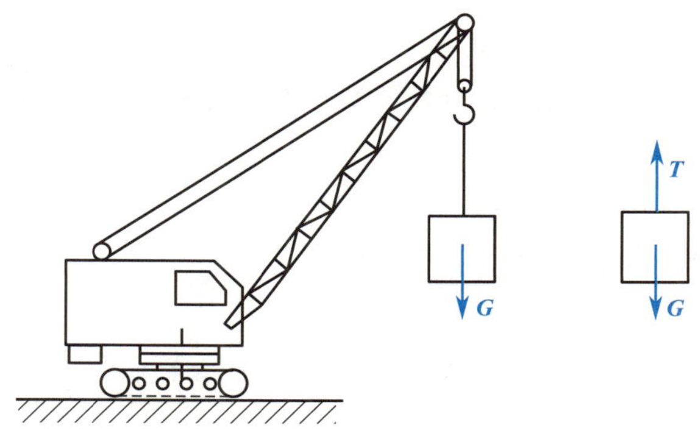

图 1-5

平衡条件的基础。

只受二力作用而处于平衡的物体称为**二力体**，如图 1-6 所示。建筑结构中的二力体常常统称为**二力构件**或**二力杆**，它们的受力特点是：两个力的方向必在二力的作用点的连线上。值得注意的是，二力杆可以是直杆，也可以是曲杆。

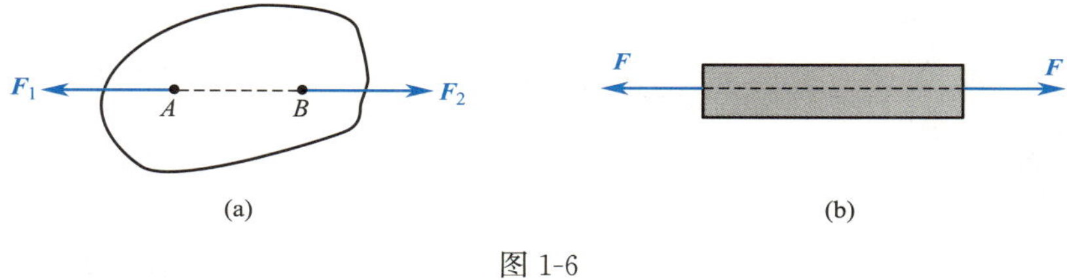

图 1-6

(a) 二力体；(b) 二力杆

2. 加减平衡力系公理

在作用于刚体上的任意力系中，加上或减去任意的平衡力系，不改变原力系对刚体的作用效果。这是因为一个平衡力系作用在物体上，对物体的运动状态是没有影响的，所以在原来作用于物体的力系中加上或减去一个平衡力系，物体的运动状态不会改变，即新力系与原来力系对物体的作用效果相同。

推论：力的可传性原理

力 $\boldsymbol{F}$ 作用于刚体上的点 A，如图 1-7 所示。在力 F 作用线上任选一点 B，在点 B 上加一对平衡力 $\boldsymbol{F}_1$ 和 $\boldsymbol{F}_2$，使：

$$\boldsymbol{F}_1 = -\boldsymbol{F}_2 = \boldsymbol{F}$$

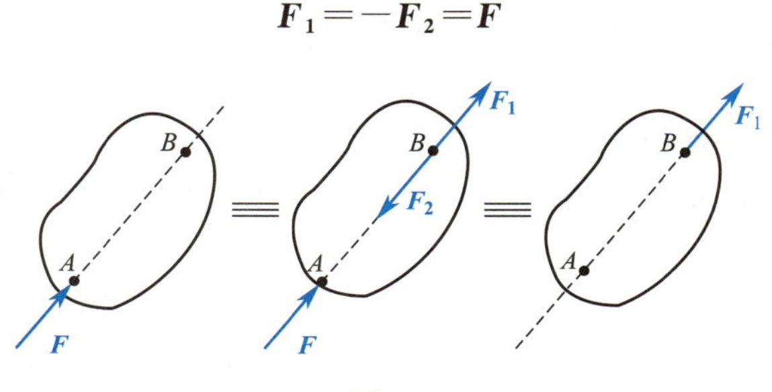

图 1-7

则 $\boldsymbol{F}_1$、$\boldsymbol{F}_2$、$\boldsymbol{F}$ 构成的力系与 $\boldsymbol{F}$ 等效。将平衡力系 $\boldsymbol{F}$、$\boldsymbol{F}_2$ 减去，则 $\boldsymbol{F}_1$ 与 $\boldsymbol{F}$ 等效。此时，相当于力 $\boldsymbol{F}$ 已由点 A 沿作用线移到了点 B。

力的可传性原理：作用于刚体上的力可以沿其作用线移至刚体内任意一点，而不改变该力对刚体的作用效应（图 1-8）。

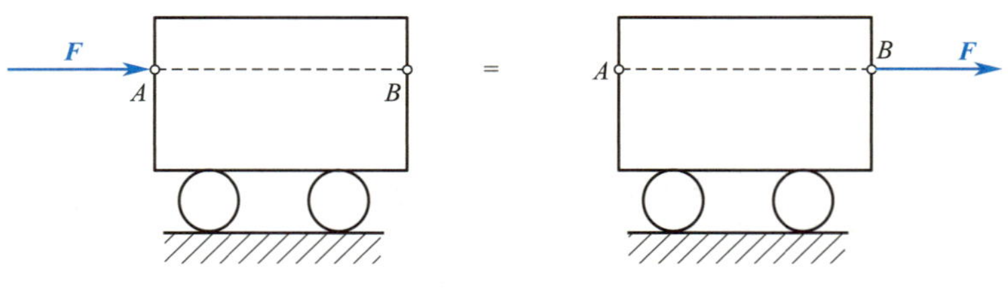

图 1-8

由此原理可知：力对刚体的效应，取决于力的大小、方向、作用线。必须指出，力的可传性原理只适用于刚性构件。

3. 平行四边形法则

重量为 $\boldsymbol{W}$ 的物体，用一根绳悬挂（图 1-9a）或者用两根绳悬挂（图 1-9b），都能使物体处于平衡状态。因此，一个力 $\boldsymbol{F}_R$ 对物体的作用，相当于两个力 $\boldsymbol{F}_1$、$\boldsymbol{F}_2$ 共同对物体的作用。人们把力 $\boldsymbol{F}_R$ 称为力 $\boldsymbol{F}_1$、$\boldsymbol{F}_2$ 的合力，而力 $\boldsymbol{F}_1$、$\boldsymbol{F}_2$ 为力 $\boldsymbol{F}_R$ 的两个分力。

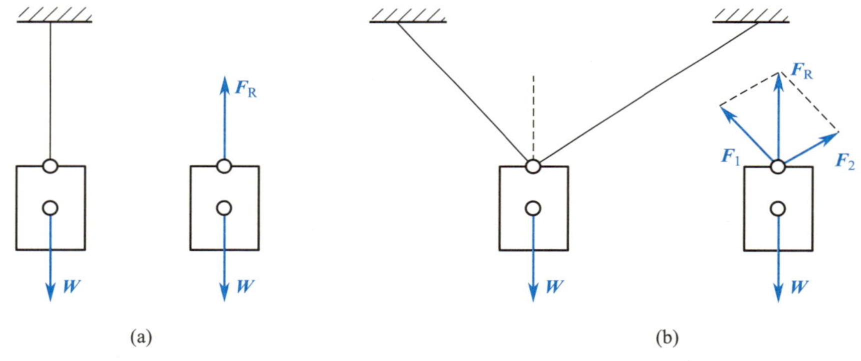

图 1-9

平行四边形法则：作用于刚体上同一点的两个力，可以合成一个合力，合力也作用于该点，合力的大小和方向由这两个力为邻边所组成的平行四边形的对角线确定。

两个共点力的合力，等于这两个力的矢量和，即（可参考例 1-1、例 1-2）：

$$\boldsymbol{F}_R = \boldsymbol{F}_1 + \boldsymbol{F}_2$$

推论：三力平衡汇交定理

刚体受同一平面内互不平行的三个力作用而平衡时，此三力的作用线必汇交于一点，且三力共面，如图 1-10 所示。

4. 作用与反作用公理

如图 1-11 所示，游泳时要手脚向后划水才能向前游进，火箭升空时向下喷射出强大的气流，船舶前进时桨往后推水，这都是为什么呢？

因为力是物体间的相互作用，在甲物体对乙物体作用一个力的同时，乙物体必然也有

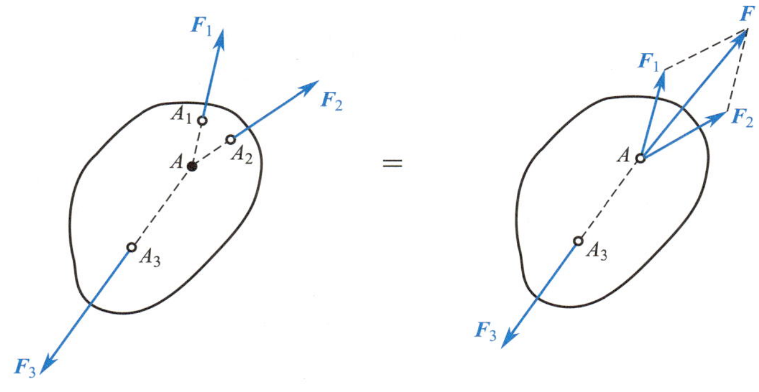

图 1-10

图 1-11

一个反作用力作用在甲物体上。游泳时人靠向后划水产生的反作用力向前运动，火箭靠向下喷气产生的反作用力而升空，船舶靠向后推水产生的反作用力而前进。

两个物体间的作用力和反作用力总是同时存在，它们的大小相等，方向相反，并沿同一直线分别作用在这两个物体上。简述为等值、反向、共线。

物体间的作用力与反作用力总是同时出现，同时消失（图 1-12）。可见，自然界中的力总是成对存在，而且同时分别作用在相互作用的两个物体上。这个公理概括了任何两物体间的相互作用的关系，不论对刚体还是变形体，不管物体是静止的还是运动的都适用。应该注意，作用力与反作用力虽然等值、反向、共线，但它们不能平衡，因为二者分别作用在两个物体上，不可与二力平衡公理混淆起来。请参考例 1-3、例 1-4。

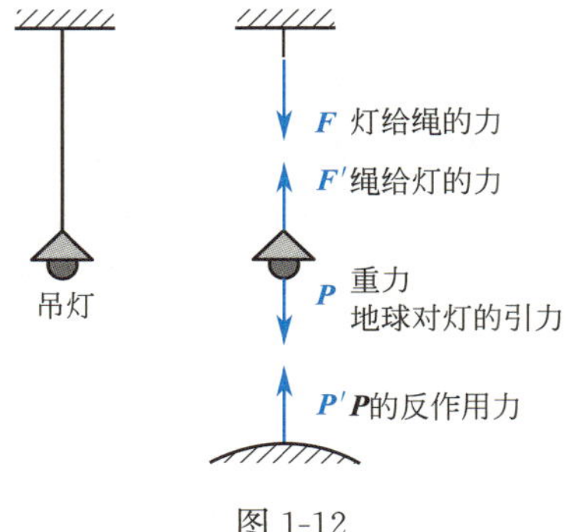

图 1-12

【实例展示】

例 1-1 如图 1-13 所示，设两个力 $\boldsymbol{F}_1$ 和 $\boldsymbol{F}_2$ 作用于物体上的同一点 A，它们的合力用线段 AB、AD 为邻边的平行四边形的________确定，$\boldsymbol{F}_R$ 就是 $\boldsymbol{F}_1$、$\boldsymbol{F}_2$ 的________。

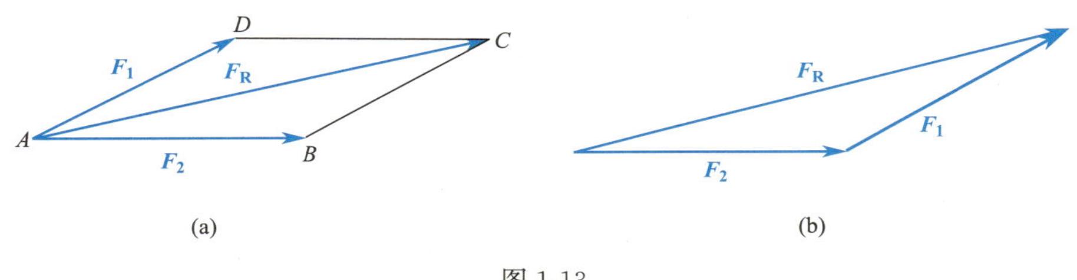

图 1-13

解析：对角线、合力

例 1-2 两队人在泥泞的道路两边同时拉陷在泥里的汽车（图 1-14），作用在汽车上的两股力形成一个合力，使汽车产生运动。合力的大小和方向由两股分力的大小和方向依据平行四边形法则确定，试问怎样施力才能使汽车顺利前进?

图 1-14

解析：根据力的平行四边形法则，想要汽车向前行进，需要在前进方向的车头（同一作用点）左前方和右前方分别施加作用力，才可以使车顺利前进。

例 1-3 有一位小朋友在地面上骑独轮平衡车，处于平衡状态（图 1-15a），轮子对地面有一个作用力 $\boldsymbol{F}'_N$，而地面对轮子同时也有一个作用力 $\boldsymbol{F}_N$。力 $\boldsymbol{F}'_N$和 $\boldsymbol{F}_N$ 的大小__________，方向__________，沿同一直线，分别作用在地面和轮子上，$\boldsymbol{F}_N$ 与 $\boldsymbol{F}'_N$是一对________，如图 1-15（b）所示。

轮子上作用着两个力 $\boldsymbol{W}$ 和 $\boldsymbol{F}_N$（图 1-15c），$\boldsymbol{W}$ 是小朋友和独轮车的重力，$\boldsymbol{F}_N$ 是地面对轮子的作用力，因轮子在竖直方向处于平衡状态，故作用在轮子上的两个力 $\boldsymbol{W}$ 和 $\boldsymbol{F}_N$ 是一对________。

解析：相等、相反、作用力与反作用力、平衡力

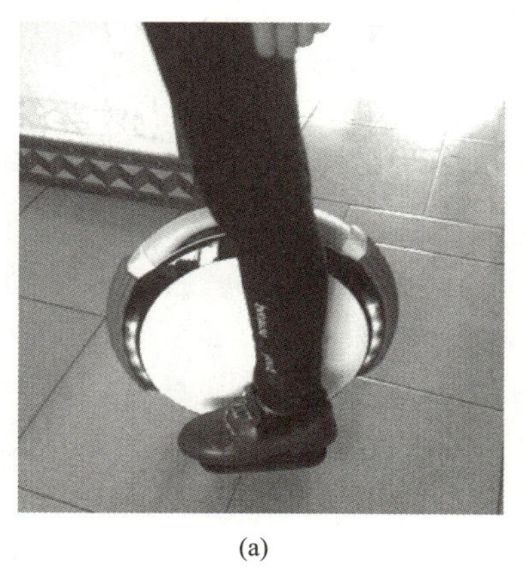

(a)

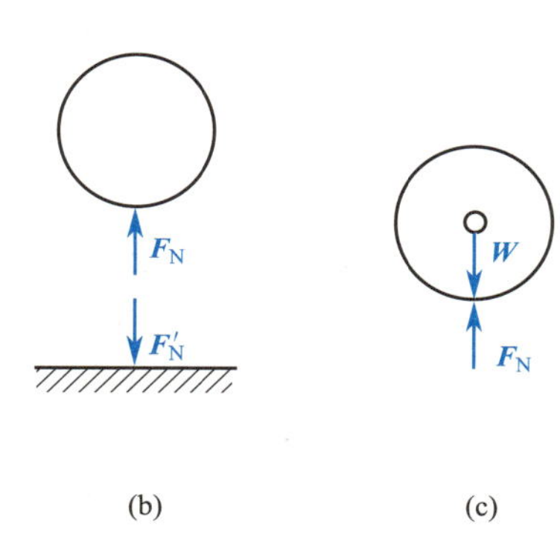

(b)　(c)

图 1-15

例 1-4　请两位同学各手拿一弹簧秤（图 1-16），把两秤搭连后各自向相反的方向拉，A 弹簧秤显示甲拉乙的力，B 弹簧秤显示乙拉甲的力，我们会看到 AB 两秤显示的刻度始终________。

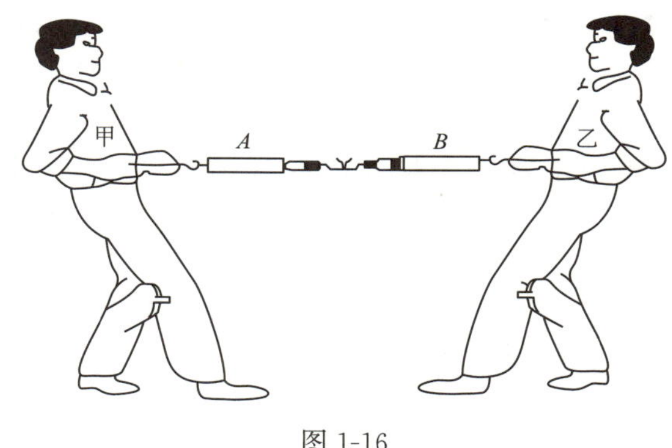

图 1-16

解析：相同

观察与思考

找一找生活中、建筑工程中哪些现象用到了本节中的静力学公理。

【知识小课堂】

《墨子·天志（上）》有言："轮匠执其规、矩，以度天下之方圆。"纵观历史，工匠一直扮演着重要的角色，工匠精神也一直流传至今。古有鲁班造万物，始为工匠之首；后有李春修筑赵州桥，千年不塌，引得世人传颂。

按理说，我国向来被称为"基建狂魔"，造桥技术也处于世界领先水平。但近些年来，耗费巨资结合现代工艺修建而成的桥梁却频频传来坍塌的消息，着实令人费解。

1. 哈尔滨阳明滩大桥就是其中一个例子（图 1-17）

2011 年 11 月，在历经 18 余月的修建，耗费 18.82 亿元资金后，哈尔滨阳明滩大桥传来了竣工的消息。

“一桥飞架南北，天堑变通途。”气势磅礴的阳明滩大桥卧波在松花江上，是我国长江以北地区桥梁长度最长的超大型跨江桥。阳明滩大桥是省、市城建重点大项目，也是哈尔滨市继松浦大桥之后自行组织建设的又一座跨江大型桥梁工程，墨绿色的桥塔，白色的桥柱，优雅的配色加上欧式设计风格，整座桥充满着异域特色。

11 月 6 日，这座被寄予厚望的跨江大桥正式通车，引得无数人赞叹，称为奇迹。在此之前，没有任何一座桥梁的修建难度能有如此之高，同样的，也没有一座桥梁修建速度如此之快，但是阳明滩大桥做到了。在一片欢欣鼓舞中，阳明滩大桥开始了它的使命。

然而天有不测风云，这样一座被寄予无限希望的跨江大桥，竣工近一年后却传来了一件惊人噩耗——这座曾经被无限看好的桥梁出乎意料地发生了坍塌，这令所有人都始料未及。

2012 年 8 月 24 日晨 5 点 30 分许，满载货物的四辆重型货车，停靠在哈尔滨阳明滩大桥引桥——三环路群力高架桥洪湖路上桥分离式匝道，桥梁不堪重负而发生断裂，坍塌大梁长为 130m 左右，属于整体垮塌。致使 4 辆大货车坠桥，直接造成了 3 人死亡 5 人受伤。

事发后，政府迅速成立了专案小组对此事进行了专门的调查。据专家组分析意见、检测机构检验结论和调查组调查取证认定，最终判定大桥各项参数、指标均符合设计和建造要求。

也就是说，致使本次惨重事件发生的直接原因是驾驶员驾驶擅自改变外形和技术数据的严重超载车辆，在 121.96m 长的梁体范围内同时集中靠右行驶，造成钢混叠合梁一侧偏载受力严重超载荷，从而导致倾覆。

在设计上，该段桥梁的载重能力为单向 50t，也就是说，单个车道一次通过一辆载重 50t 的货车。4 车停靠，出现将近 500t 重量，这远远超过了该段匝道的承载能力。“对桥体造成偏载，使得桥整体倾覆下去。”

卡车的严重超重，致使桥梁的承受能力和抗压力达到了极限。如同蝴蝶效应一般，过重的压力直接破坏了桥梁整体的平衡性，进而发生了坍塌事故。与此同时，交警的工作疏忽也是本次事故的间接原因之一。

2. 设计不合理是以往事故主因

研究发现，这些年我国的一些桥梁坍塌有很多都与设计不当有关。河海大学教授吉伯海等人曾对 2000 年到 2010 年期间，国内媒体报道过的我国 85 起桥梁（地震灾害导致的除外）塌陷事故进行了原因分析。

吉伯海等人发现，超载虽然是造成这 85 座桥梁坍塌的重要原因，但并不是最主要的原因，其排名第一的是“施工设计不合理”，一共 35 起，占了 41%；其次是撞桥，一共 13 起；再次才是超载，一共 11 起。

通过对具体事故原因的分析，吉伯海他们发现，设计施工中存在的问题包括结构不合理、计算有误、施工图不完善、施工方法不当等。只是这类事故多发生在桥梁施工阶段，建成桥梁发生类似事故的比率相对较低。

先秦韩非曾言：“千里之堤，溃于蚁穴。”对于现代桥梁建筑及整个建筑行业，我们虽不会因个别案例而对其失去信心，但细小的失误在经历时间的酝酿之后也可能会铸成大错。今天，我们虽已拥有先进的建筑工艺及材料，但数千年继承流传下来的“工匠精神”，依然不能被遗弃，而应被更好地发扬！

图 1-17

【任务实施】

根据表 1-1 中简图识别静力学公理的类型并描述其定义。

静力学公理　　　　**表 1-1**

序号	简图	静力学公理类型	定义
1	A, B, F ≡ A, B, F_1, F_2, F ≡ A, B, F_1		
2	$F=-F'$; F', F		

续表

序号	简图	静力学公理类型	定义
3	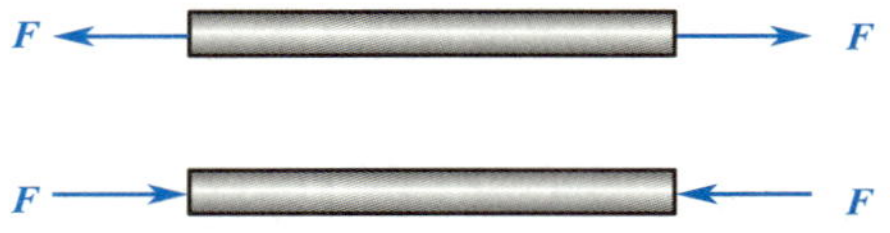 F F F F		
4	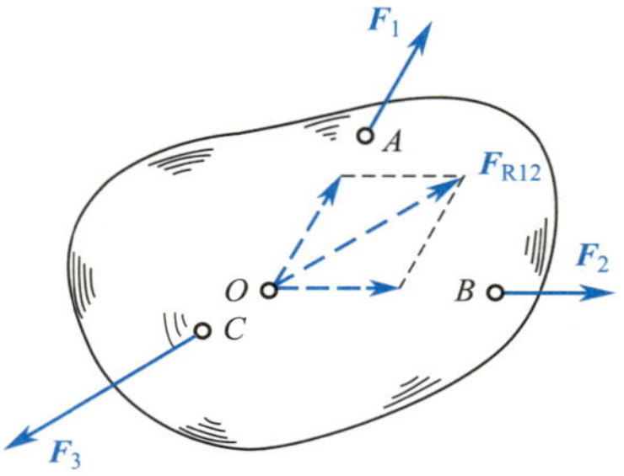 F_1 A F_{R12} O B F_2 C F_3		
5	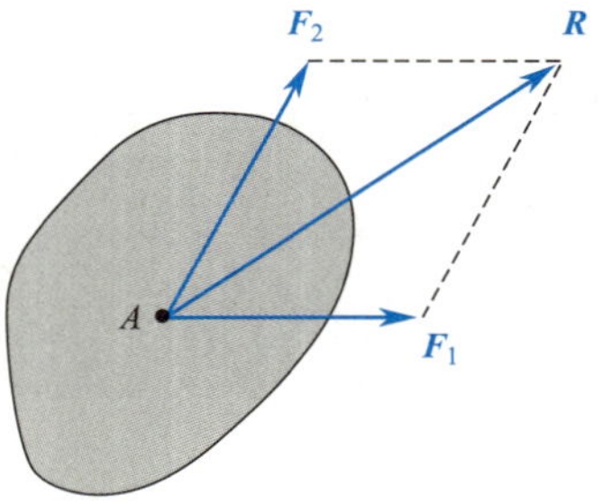 F_2 R A F_1		
6	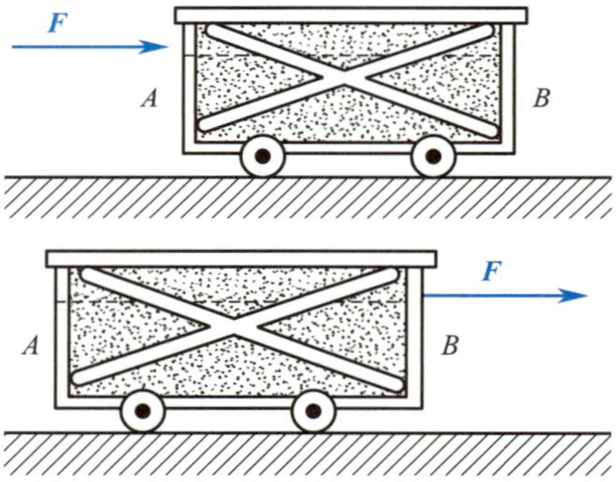 F A B F A B		

【任务质量评估】

一、填空题

1. 力的三要素是__________、__________、__________。

2. 在任何外力作用下，大小和形状保持不变的物体，称为__________。

二、单项选择题

1. 物体相对于地球保持静止状态称为（　　）。

A. 静止　　B. 平衡　　C. 相对运动　　D. 固定状态

2. 作用力与反作用力总是大小相等、方向相反、沿同一直线分别作用在这（　　）个物体上。

A. 一　　B. 二　　C. 三　　D. 四

三、判断题

1. 合力一定比分力大。(　　)

2. 如果作用在刚体上的三个力共面且汇交于一点，则刚体一定平衡。(　　)

任务 1.2　约束的识别与约束反力的分析

【任务描述】

在日常生活中，我们看到：绳索悬挂的灯、支撑在墙上或柱子上的梁都掉不下来，人坐在椅子上也摔不下来。为什么悬挂的灯、梁和椅子上的人都不能向下运动呢?

本任务学习约束与约束反力的概念和常见约束的类型，对工程中常用基本构件的约束进行简化，识别不同的约束性质及约束反力方向。

【相关知识】

一、约束与约束反力的概念

如果物体能在空间沿任何方向完全自由地运动，则该物体称为**自由体**。例如：飞机、鸟儿、炮弹、火箭、断了线的风筝等，如图 1-18（a）所示。

运动在某些方向上受到了限制而不能完全自由地运动的物体称为**非自由体**。例如放在桌面上的小球、固定在顶棚的吊灯、在轨道上行驶的列车等，如图 1-18（b）所示。

(a)

(b)

图 1-18

(a) 自由体；(b) 非自由体

在工程结构中，每一个构件都和周围的其他构件相互联系着，并且由于受到这些构件的限制不能自由运动。一个物体的运动受到周围物体的限制时，这些周围物体称为该物体的**约束**。如图 1-19 所示的钢筋混凝土框架结构房屋示意图，梁就是板的约束，柱是梁的约束，基础是柱子的约束。

如果没有梁的限制，板就会掉下来。梁要阻止板的下落，就必须给板施加向上的力，这种约束给被约束物体的力，称为**约束反力**，简称**反力**。约束反力是**被动力**，约束反力的方向总是与约束所能限制的运动方向相反。

约束：阻碍非自由体运动的限制物，在力学中称为约束。

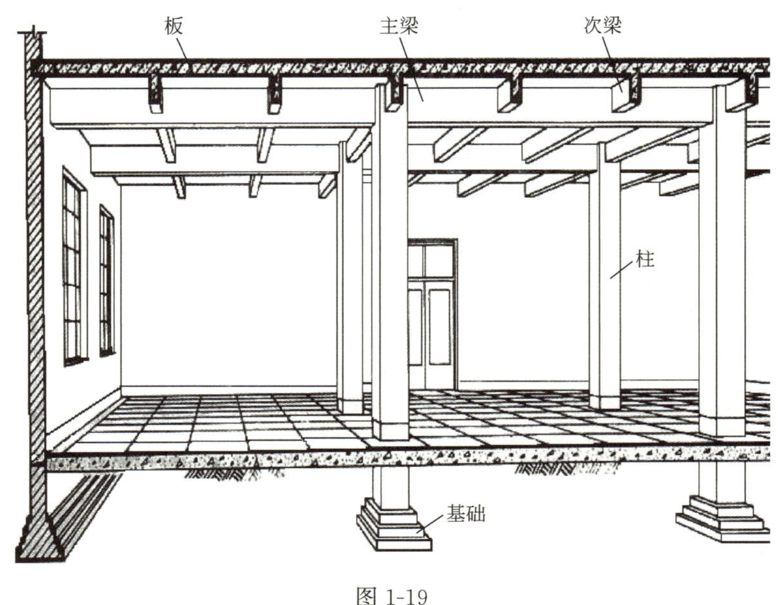

图 1-19

约束反力：约束限制物体沿某些方向运动，当物体在这些方向有运动趋势时，约束就对物体有力的作用，这种力称为约束反力。

除了约束反力外，作用在非自由体上的力还有重力、风压力、水压力等，工程上通常把这种能主动使物体运动或使物体有运动趋势的力称为**主动力**，主动力在工程上称为**荷载**（可查阅任务 1.3 中的【知识小课堂】）。

在工程中通常主动力是已知的，约束反力是未知的，它不仅与主动力的情况有关，同时也与约束类型有关。

二、几种常见的约束及反力

对受约束的非自由体进行受力分析时，主要的工作就是分析约束反力。实际工程中的约束种类多种多样，下面介绍工程中常见的几种约束及其约束反力的特点。

1. 柔体约束

绳索、链条、皮带等用于阻碍物体的运动，是一种约束。这类约束只能承受拉力，不能承受压力，且只能限制物体沿着这类约束伸长的方向运动。这类约束叫做**柔体约束**。柔体约束对物体的约束反力是通过接触点，沿柔体中心线且背离物体的拉力，常用字母 F_T 表示，如图 1-20 所示。

2. 光滑接触面约束

当物体的接触面摩擦力很小，可以略去不计时，由这种接触面所构成的约束就是**光滑接触面约束**。这种约束只能限制物体沿着接触面的垂线并指向光滑面的运动，而不能限制物体沿着接触面的公切线方向的运动及离开接触面的运动。所以，光滑接触面的**约束反力**是通过接触点，沿接触面公法线方向指向被约束的物体，常用字母 F_N 表示。例如，静止的汽车轮胎（图 1-21a）在水平地面的公法线方向所受的约束反力（图 1-21b），请参考例 1-5。

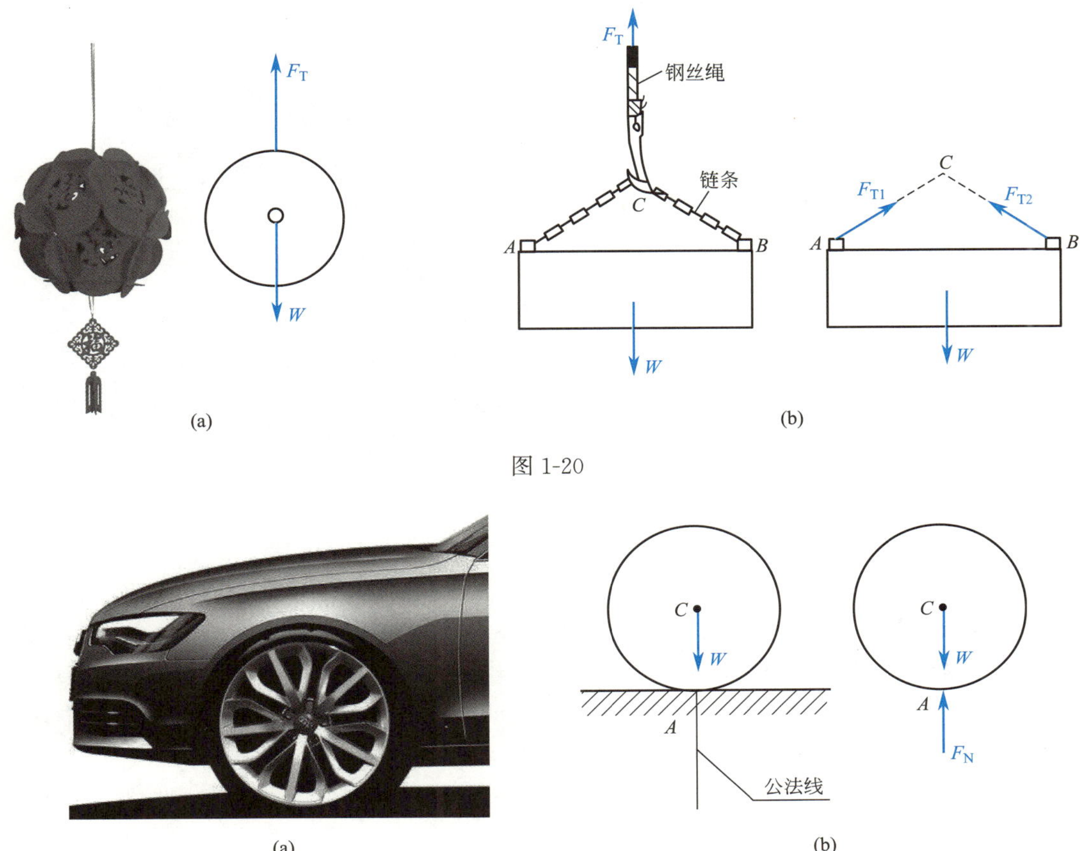

图 1-21

光滑接触面约束反力的方向：

光滑面为平面——接触平面的垂线方向；

光滑面为圆曲面——接触平面的半径方向；

光滑面为尖点——反观受力体的形状；

受力体为直线边缘——受力边缘的垂线方向；

受力体为圆曲边缘——受力边缘的半径方向。

3. 圆柱铰链

圆柱铰链简称铰链，它是由一个圆柱形销钉 C 插入两个物体 A 和 B 的圆孔中构成，并假设销钉与圆孔的面都是完全光滑的，如图 1-22 所示。

如将一个圆柱形光滑销钉插入两个物体的圆孔中，就构成了**圆柱铰链**，圆柱铰链简称为**铰链**。剪刀、订书器就是圆柱铰链的实例。这种约束不能限制物体绕销钉转动，但能限制物体在垂直于销钉轴线的平面内沿任意方向的移动。圆柱铰链的约束力也垂直于销钉轴线，用两个互相垂直的未知力 F_x、F_y 来表示。

4. 支座约束

工程中将构件连接在墙、柱、梁及基础等支撑物上的装置称为**支座**，支座约束在工程中应用比较广泛，通常可把它们划分为**固定铰支座**、**可动铰支座**和**固定端支座**三种。

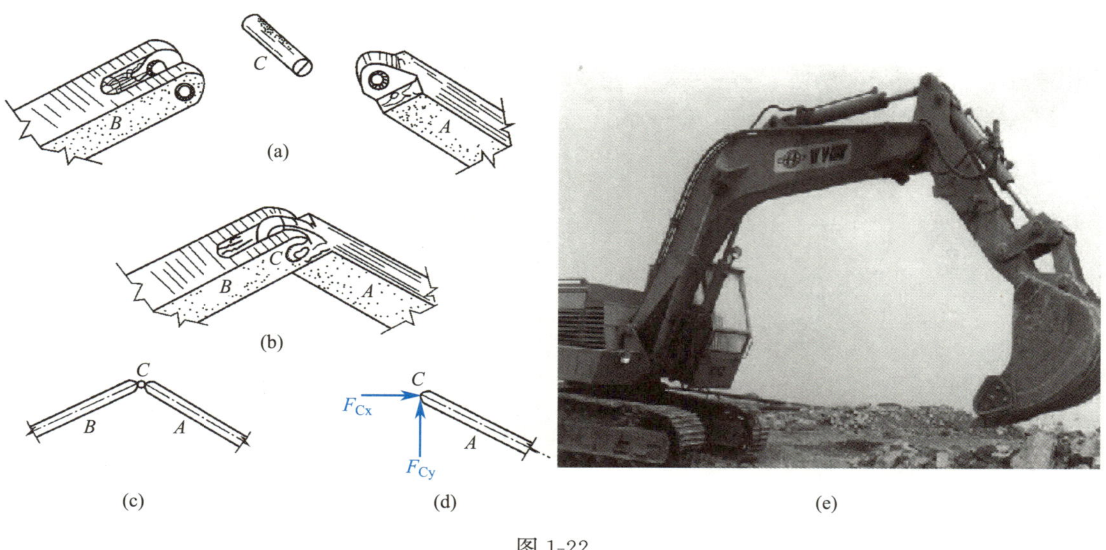

图 1-22

（1）固定铰支座

将构件用光滑的圆柱形销钉与固定支座连接，则该支座称为**固定铰支座**，如图 1-23（a）所示。构件与支座用光滑的圆柱铰链连接，构件不能产生沿任何方向的移动，但可以绕销钉转动，可见固定铰支座的约束反力与圆柱铰链相同，即约束反力一定作用于接触点，垂直于销钉轴线，并通过销钉中心，而方向未定。

固定铰支座的计算简图如图 1-23（b）和图 1-23（c）所示。约束反力如图 1-23（d）和图 1-23（e）所示，A 端固定铰支座用一个水平分力 F_{Ax} 和垂直分力 F_{Ay} 来表示。工程实例如图 1-23（f）所示。

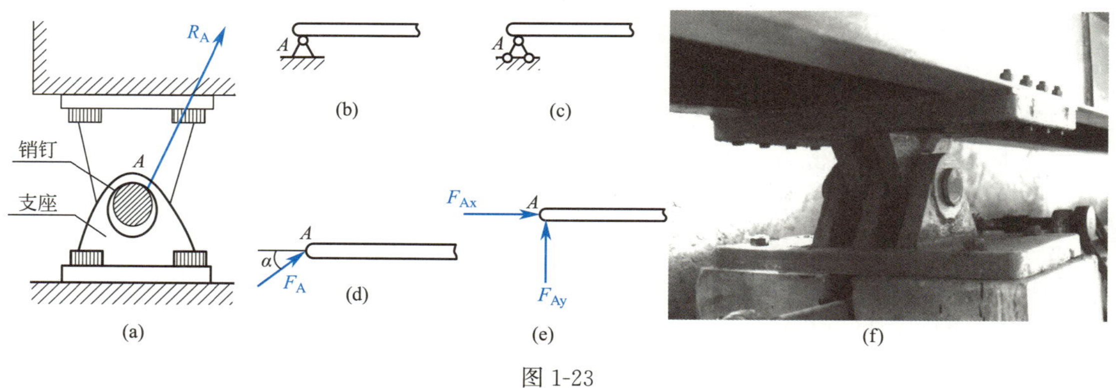

图 1-23

（a）固定铰支座；（b）（c）计算简图；（d）（e）约束反力；（f）工程实例

（2）可动铰支座

用销钉把构件与支座连接，并将支座置于可沿支承面滚动的辊轴上，则这种支座叫作**可动铰支座**，如图 1-24（a）所示。

这种支座只能限制构件垂直于支承面方向的移动，而不能限制物体绕销钉轴线的转动，它的约束反力通过销钉中心，垂直于支承面。

可动铰支座的计算简图如图 1-24（b）和图 1-24（c）所示。约束反力如图 1-24（d）所示，A 端可动铰支座约束反力常用字母 F_A 表示。工程实例如图 1-24（e）所示。请参考例 1-7、例 1-8。

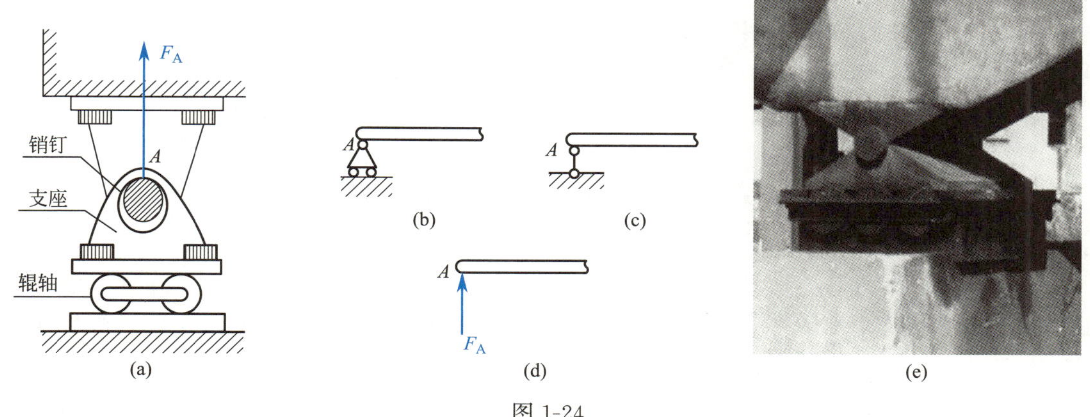

图 1-24

（a）可动铰支座；（b）（c）计算简图；（d）约束反力；（e）工程实例

（3）固定端支座

构件和支承物固定在一起，这种支座称为**固定端支座**。它在固定端处限制物体既不能沿任何方向移动，也不能转动。其约束反力除了两个相互垂直的分力外，还有一个阻止转动的力偶。

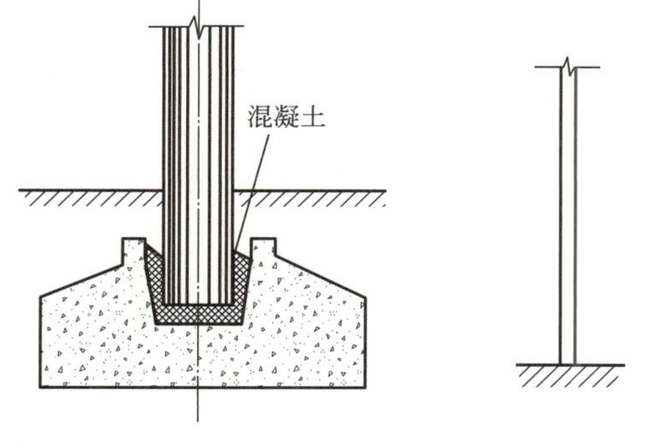

图 1-25

如图 1-25 所示的钢筋混凝土柱，插入基础部分较深，而且四周又用混凝土与基础浇筑在一起，属于固定端支座。

如图 1-26 所示建筑中的外阳台和雨篷呈悬挑形式，它的一端牢固地嵌入墙里，与墙连接在一起，也形成固定端支座，固定端支座的计算简图如图 1-26（b）所示。约束反力如图 1-26（b）所示，A 端固定端支座约束反力可用 F_{Ax}、F_{Ay} 以及一个阻止转动的力偶 M_A 表示。

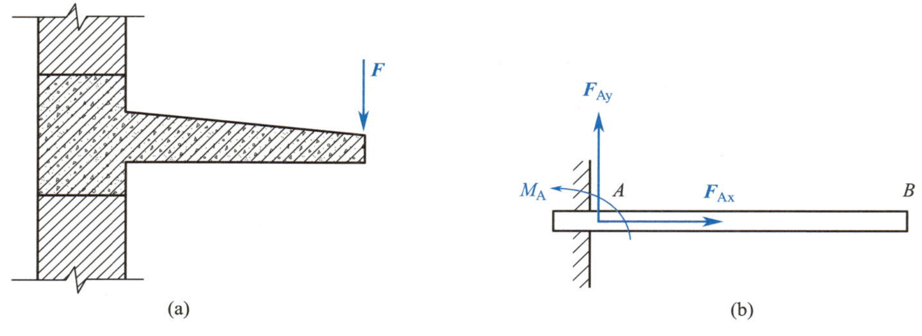

图 1-26

5. 链杆约束

两端用铰链与物体分别连接且中间不受其他力的直杆称为**链杆约束**（图 1-27）。链杆约束的特点是：只能限制物体沿链杆轴线方向上的移动，不能限制物体其他方向的运动。链杆约束对物体的约束反力沿链杆的轴线，而指向未定。

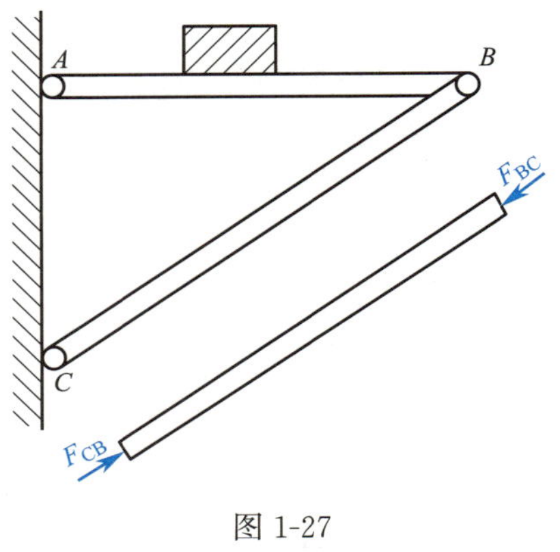

图 1-27

知识链接

有关力偶的知识，参阅本教材项目 2。

【案例展示】

例 1-5 画出图 1-28（a）的受力图。

解析：显然 AC 杆受到 A、B、C 三处的光滑面约束，按照光滑面约束的特点画出其受力图如图 1-28（b）所示。

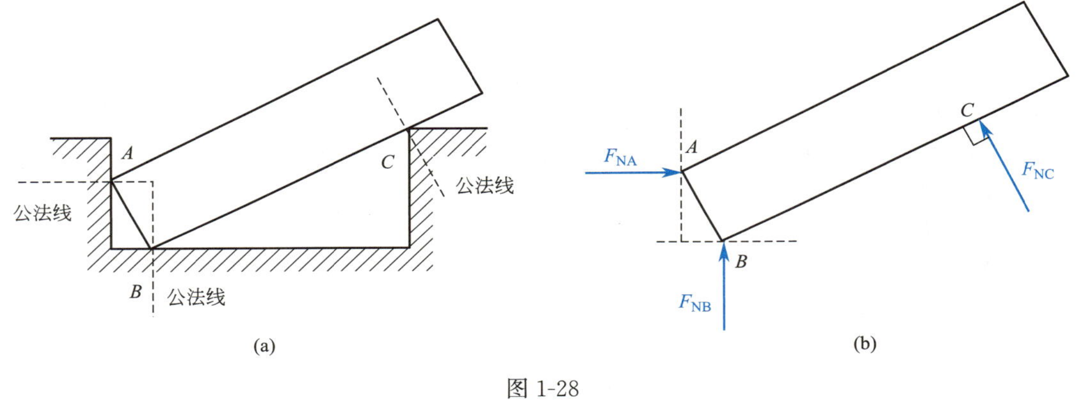

图 1-28

例 1-6 如图 1-29 所示的柱子插入杯形基础后，在柱脚与杯口之间填以沥青麻丝。这种基础可看成什么支座？

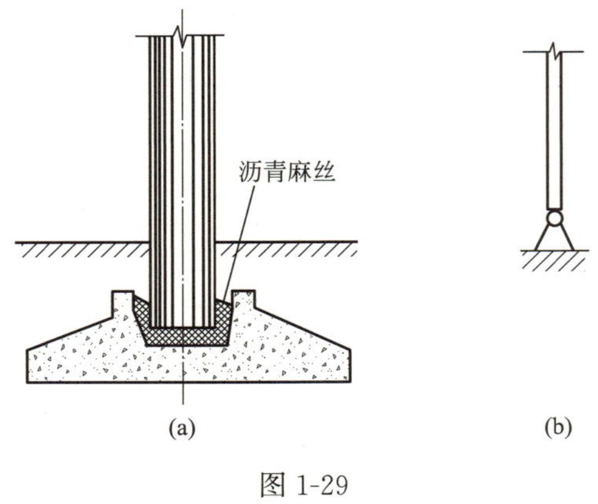

图 1-29

解析：该基础允许柱子产生微小的转动，但不允许柱子上下、左右移动。因此这种基础也可看成固定铰支座。

例 1-7　房屋建筑中将横梁支承在砖墙上，砖墙对横梁的约束可看成可动铰支座约束。如图 1-30（a）所示，梁 L1 搁置在砖墙上，砖墙就是梁的支座，如略去梁与砖墙之间的摩擦力，则砖墙只能限制梁向下运动，而不能限制梁的转动与水平方向的移动。这样，就可以将砖墙简化为可动铰支座，如图 1-30（b）所示。支座处约束反力如图 1-30（c）所示。

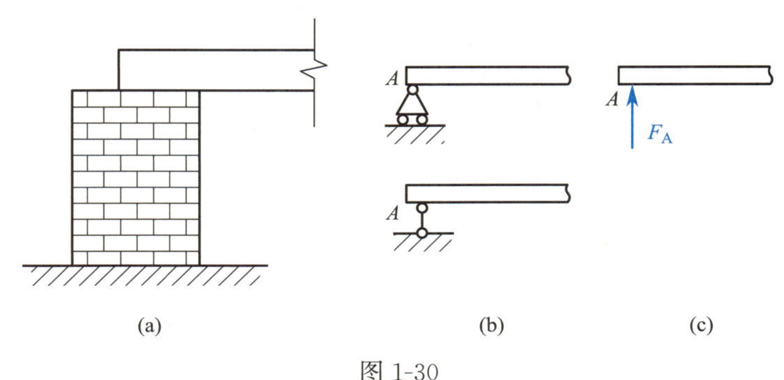

图 1-30

（a）支承在砖墙上的梁 L1；（b）支座简图；（c）约束反力

例 1-8　桥梁伸缩缝处的可动铰支座如图 1-31 所示。在实际工程中，大型钢梁或一些钢架桥以及立交桥伸缩缝处，常在一端采用可动铰支座。其作用是：当因热胀冷缩而长度稍有变化时，可动铰支座相应地沿支承面滑动，从而避免温度变化引起的不良后果。

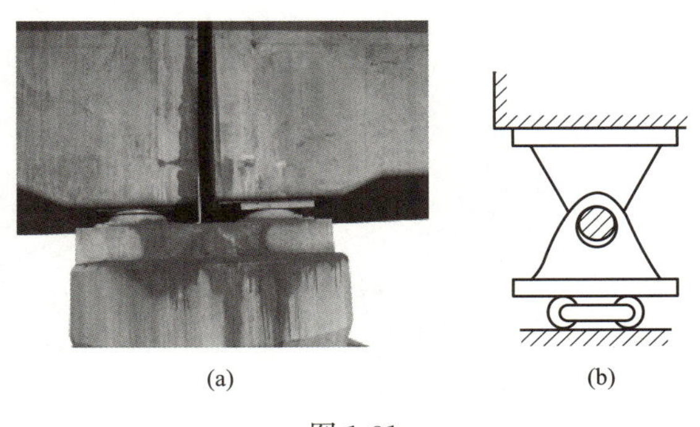

图 1-31

例 1-9　对于任何一个实际问题，在抽象成为力学模型，作成计算简图时，一般须从三方面加以简化：尺寸、载荷（力）和约束。以工程车为例，进行工程实物与模型对应分析。

解析：（1）图 1-32（a）是推土机的照片。推土机刀架的 *AB* 杆可简化为链杆。图 1-32（b）是刀架的简化模型图。链杆只能阻止物体上与链杆连接的一点（*A* 点）沿链杆中心线指向或背离链杆，如图 1-32（c）所示。

（2）图 1-33（a）是自卸载重汽车的原始图形。在进行分析时，首先应将原机构抽象成为力学模型，构成计算简图。对于自卸载重汽车，由于翻斗对称，首先可简化成平面图形。再由于翻斗可绕与底盘连接处转动，故此处可简化为铰连接；油压举升缸筒则可简化为链杆。于是得到翻斗的计算简图如图 1-33（b）所示。

（3）图 1-34（a）是装载机的原始图形，由于装载斗的支承是对称的，可将装载斗及

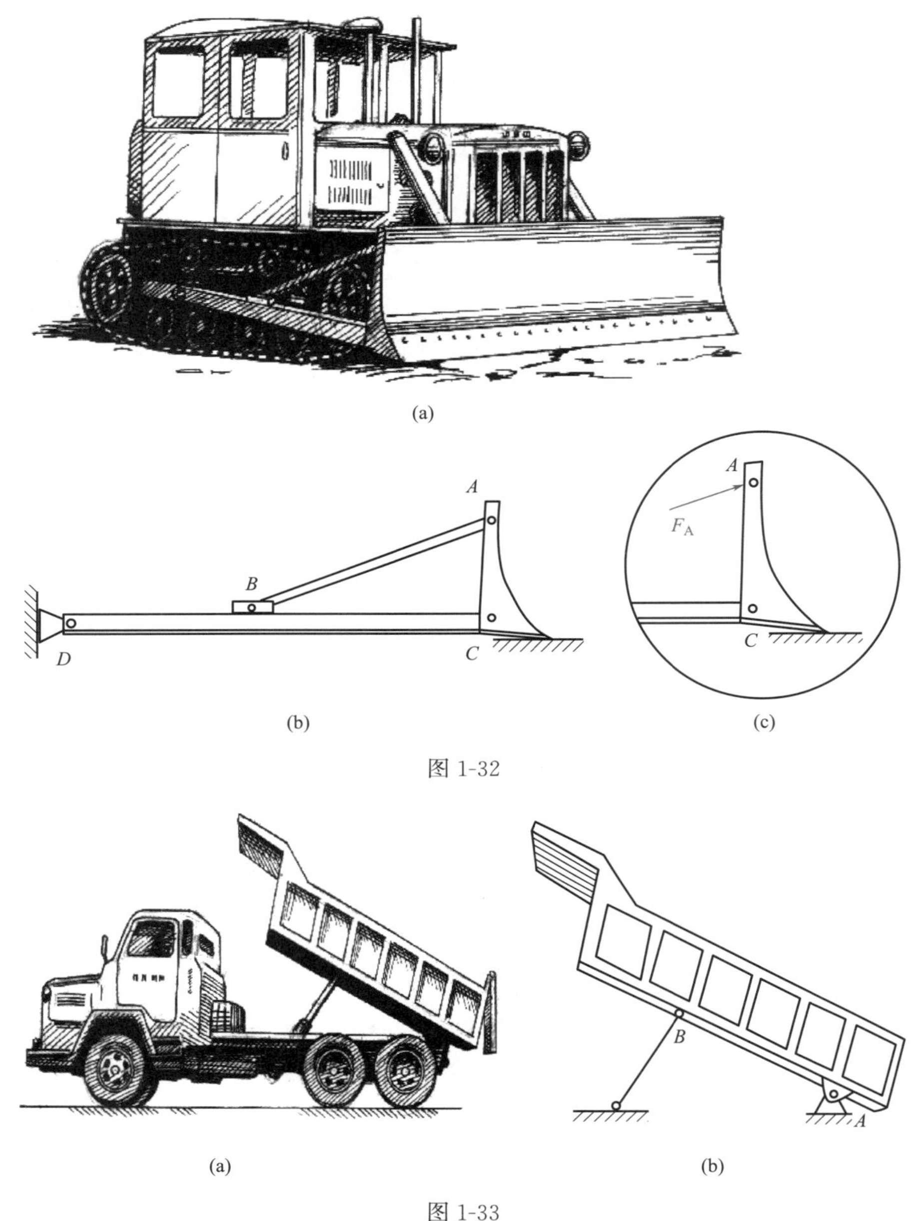

图 1-32

图 1-33

其支承简化成图 1-34（b）的平面机构模型图。其中各构件连接处均为铰，液压筒则简化为链杆 1 和 2。

（4）图 1-35（a）是挖掘机的原始图形。根据其工作特点可简化成图 1-35（b）的力学模型简图。其中Ⅰ、Ⅱ、Ⅲ为液压活塞，A、B、C 处均为铰。挖斗重为 F_P，构件 AB 和 BC 重分别为 F_{P1}、F_{P2}。在工程上，可根据图 1-35（b）的模型图进行有关的计算与设计。

（5）图 1-36（a）是折臂式自升塔式起重机的实物图形，根据受力特点可得力学模型如图 1-36（b）所示。在对起重机进行受力计算和稳定性设计时，可用图 1-36（b）的计算简图进行设计计算。

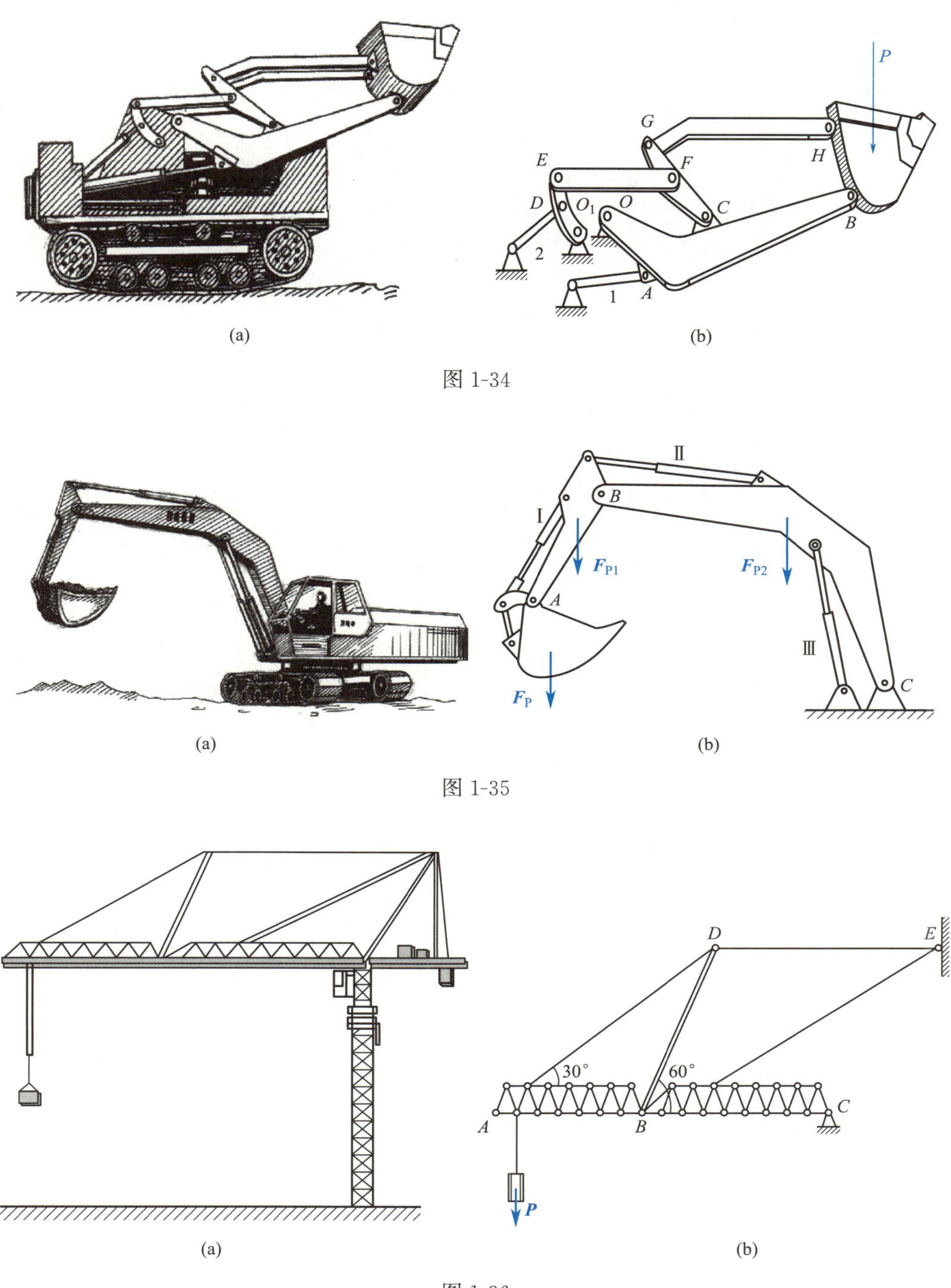

图 1-34

图 1-35

图 1-36

【知识小课堂】

中国古代虽然没有现代意义上的自然科学或力学，但我们不缺乏对中国传统力学知识史的研究。与西方不同，中国古代更为多见的是直觉力学知识和实践力学知识，实践力学知识是基于工匠们制作及使用各种生产工具时，于实践中应用的力学知识。

在中国的建筑历史上，祈年殿无疑是一颗璀璨的明珠。这座庄重典雅的建筑，以其独特的结构和美学价值，成为中国古代建筑的杰出代表。更令人惊叹的是，祈年殿不仅展现了古代中国的建筑艺术，更是传统与力学完美结合的体现（图 1-37）。

图 1-37

祈年殿位于北京天坛公园内，是明清两代皇帝举行祈年祭祀活动的场所。这座宏伟的建筑始建于公元 1420 年，后经多次修缮，至今仍保持着相当完整的结构和装饰。其独特的建筑风格和精巧的结构设计，充分展示了古代中国建造师们的卓越才华和无穷智慧。从力学的角度来看，祈年殿的设计巧妙地利用了结构和材料的力学特性，实现了稳定和抗震的效果。其主体结构采用木制框架，通过榫卯连接，既保证了结构的整体性，又避免了使用铁钉等金属连接件，减少了地震等自然灾害对建筑的影响。其柱网布局合理，能够有效地分散和抵抗地震等外力作用，增强了建筑的稳定性。

在传统方面，祈年殿的建筑风格和装饰细节充分体现了中国古代的文化特色和艺术魅力。其屋顶采用重檐攒尖顶，寓意“天圆地方”，表达了古人对天地的敬畏和崇拜。建筑内部的彩绘和雕刻精美绝伦，寓意吉祥如意、五谷丰登等美好愿景。这些传统元素和装饰细节不仅美化了建筑，更传承了中国优秀的传统文化。总之，祈年殿作为传统与力学的完美结合，既展现了古代中国建筑艺术的卓越成就，又体现了中国古代文化的博大精深。这座充满智慧和美感的建筑，不仅是中国古代建筑的瑰宝，更是全人类共同的文化遗产。

【任务实施】

根据表 1-2 中简图识别约束的类型并描述其定义。

约束类型 **表 1-2**

序号	简图	约束类型	定义
1	A A		

续表

序号	简图	约束类型	定义
2	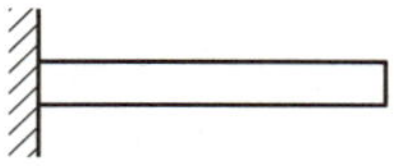		
3	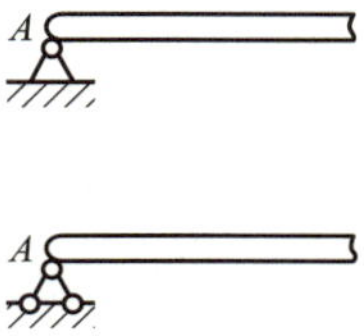 A A		
4	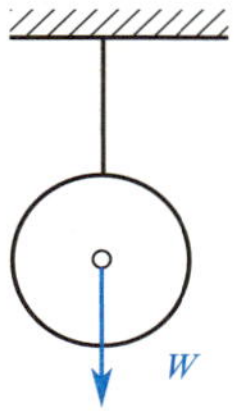 W		
5	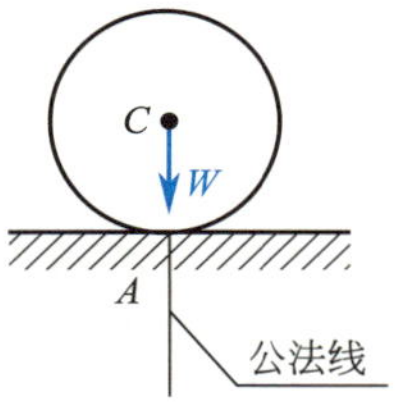 C W A 公法线		
6	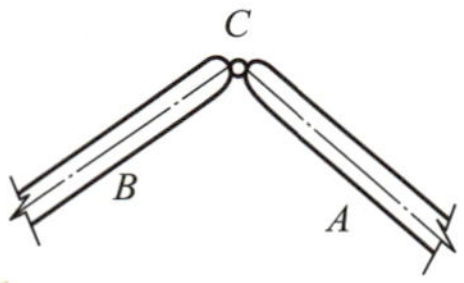 C B A		

【任务质量评估】

一、单项选择题

1. 既限制物体任何方向的移动，又限制物体转动的支座称为（　　）支座。

A. 光滑面　　B. 固定铰　　C. 可动铰　　D. 固定端

2. 只限制物体任何方向移动，不限制物体转动的支座称为（　　）支座。

A. 固定铰　　B. 可动铰　　C. 固定端　　D. 光滑面

3. 只限制构件垂直于支承面方向的移动，不能限制物体绕销钉轴线的转动的支座称为（　　）支座。

A. 固定铰　　B. 可动铰　　C. 固定端　　D. 光滑面

二、填空题

1. 限制非自由体运动的限制物，在力学中称为______。

2. 柔体的约束反力是通过______点、其方向沿着柔体______线且背离物体的拉力。

任务 1.3 受力分析及受力图的绘制

微课

【任务描述】

在实际工程中，建筑结构通常是由多个构件相互联系组合在一起的。如板支承在梁上、梁支承在柱子上、柱子支承在基础上，形成了房屋的传力系统。如果要保证板、梁、柱、基础不破坏或发生过大的变形，就要分别对物体进行受力分析。因此，进行受力分析前，必须首先明确要对哪一种构件进行受力分析，即要明确研究对象。

为了分析研究对象的受力情况，又必须弄清研究对象与哪些物体有联系，受到哪些力的作用，这些力是什么物体给它的，哪些是已知力，哪些是未知力。为此，需要将研究对象从它周围的物体中分离出来。被分离出来的研究对象叫**分离体**，又称脱离体。在分离体上画出周围物体对它的全部作用力（包括主动力和约束力），这样的图形称为**分离体图**，又称**受力图**。

本任务是分析物体受力情况和绘制受力图，其关键是根据约束的性质正确地画出约束反力。

【相关知识】

一、单个物体的受力图

在画物体受力图之前，先要明确对象，画出研究对象的简图，再将已知的力画在简图上，然后根据约束性质在各相互作用点上画出对应的约束反力。这样，就可得到物体的受力图。

画受力图的步骤概括如下：

（1）明确研究对象，并解除研究对象所受到的全部约束而单独画出它的简图，即取出分离体；

（2）在分离体上画出它所受的全部主动力；

（3）根据约束类型在解除约束处画出相应的约束反力。

请参考例 1-10 至例 1-12。

二、简单物体系统的受力图

在工程中，常常遇到由几个物体通过一定的约束联系在一起的系统，这种系统称为**物体系统**，简称为**物系**。

对物体系统进行受力分析时，把作用在物体系统上的力分为外力和内力。所谓外力是指物系以外的物体作用在物系上的力，所谓内力是指物系内各物体之间的相互作用力。

物体系统的受力图画法与单个物体的受力图画法基本相同，研究时只需将物体系统看作一个整体，就像对单个物体一样。当需要画出物体系统中某一单个物体的受力图时，可把它从系统中分离出来，并需加上相应的约束反力。要注意，约束反力作为物体间的相互作用，也一定遵循作用与反作用公理。请参考例 1-13、例 1-14。

【实例展示】

例 1-10　汽车被牵引行驶在坡道上，如图 1-38（a）所示。汽车在钢丝绳的牵引下，沿坡道匀速直线前进。已知汽车重 W，钢丝绳的重量略去不计，试画出汽车的受力图。

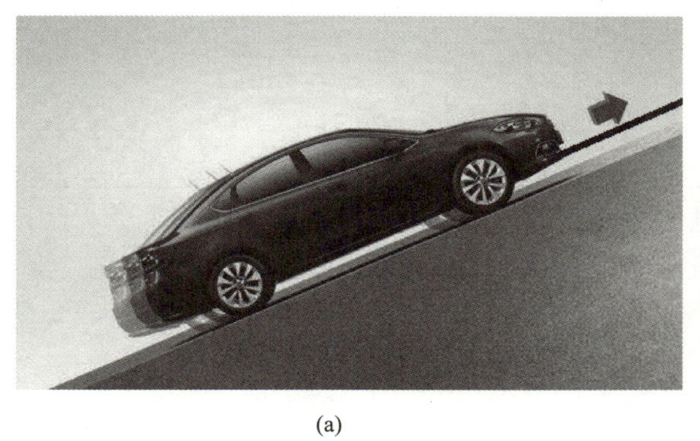

(a)

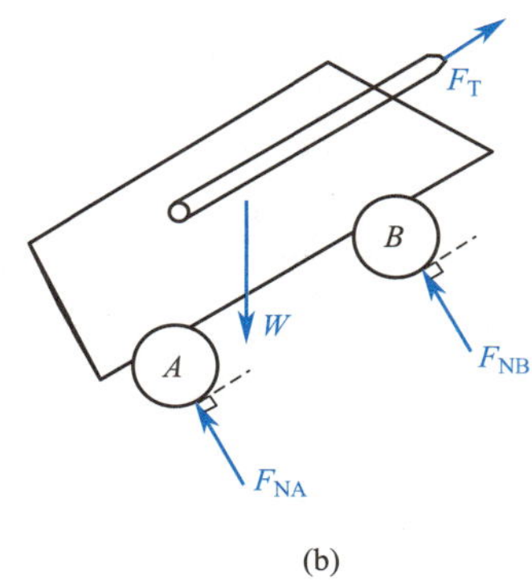

(b)

图 1-38

解析：（1）取汽车为研究对象，将汽车从坡道约束中分离出来。

（2）作用在汽车上的主动力为重量 W，铅垂向下。

（3）根据约束性质画约束反力。钢丝绳对汽车的约束反力是 F_T，它通过接触点并沿绳的中心线，背离汽车。光滑斜面对汽车的约束反力是 F_{NA} 和 F_{NB}，通过车轮的接触点 A、B，垂直于坡道（沿坡道的公法线方向），指向汽车，汽车的受力图如图 1-38（b）所示。

例 1-11　重量为 W 的圆球，用绳索挂于光滑墙上，如图 1-39（a）所示，试画出圆球的受力图。

解析：（1）以圆球为研究对象，将其单独画出。

（2）作用在圆球上的主动力是已知的重力 W，作用在圆球的中心，铅垂向下。

（3）光滑墙面的约束反力是 F_{NB}，它通过接触点 B，垂直于墙面并指向圆球中心；绳索的约束反力是 F_{TA}，作用于绳索与梯子的接触点 A，沿绳索中心线，背离圆球。圆球的受力图如图 1-39（b）所示。

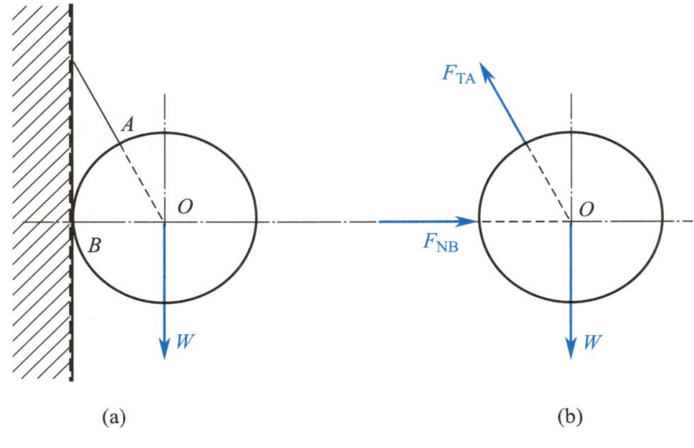

图 1-39

例 1-12 梁 AB 自重不计，其受力情况如图 1-40（a）所示，试画出梁 AB 的受力图。

解析：(1) 以梁 AB 为研究对象，将其单独画出。

(2) 作用在梁上的主动力是已知力 P_1 和 P_2。

(3) A 端是固定铰支座，其约束反力可用两个互相垂直的分力 F_{Ax} 和 F_{Ay} 表示；B 端为可动铰支座，其反力是与支承面垂直的 F_{NB}，如图 1-40（b）所示。

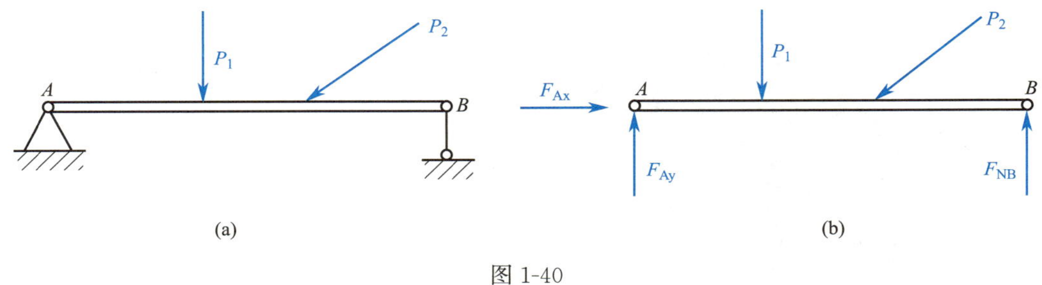

图 1-40

通过以上案例分析，可将画单个物体受力图的要领总结如下：

(1) 明确研究对象。首先要明确画哪个物体的受力图，然后把与它相联系的一切约束（物体）去掉，将它单独画出来。

(2) 画出研究对象所受到的全部力，先画主动力（已知力），再画约束反力。研究对象与其他物体连接之处都有约束反力，千万不要遗漏。

(3) 按约束类型和约束性质确定约束反力。在分析两物体之间的相互作用时，要符合作用与反作用的关系。作用力的方向一经确定，反作用力的方向就必须与之相反。

例 1-13 梁 AC 和 CD 用铰链 C 连接，并支承在三个支座上，A 处为固定铰支座，B、D 处为可动铰支座，受已知力 F 的作用，如图 1-41（a）所示。试画出梁 AC、CD 及整梁 AD 的受力图。

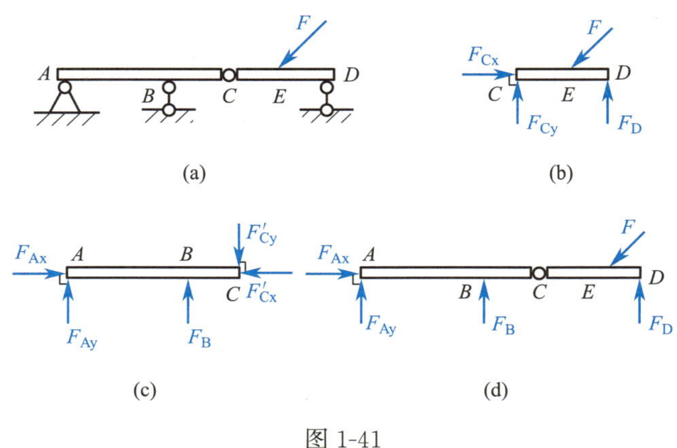

图 1-41

解析：(1) 取梁 CD 为研究对象。梁 CD 上受到的主动力为已知力 F。D 处为可动铰支座，其约束反力是垂直于支承面的 F_D，其指向假设向上；C 处为铰链，其约束反力用两个互相垂直的分力 F_{Cx} 和 F_{Cy} 表示，指向不定，假设如图 1-41（b）所示。

（2）取梁 AC 为研究对象。A 处为固定铰支座，其约束反力可用 F_{Ax} 和 F_{Ay} 表示；B 处为可动铰支座，其约束反力可用 F_B 表示；C 处为铰链，其约束反力用两个互相垂直的分力 F'_{Cx} 和 F'_{Cy} 表示。梁 AC 的受力图如图 1-41（c）所示。

注意：F_{Cx} 和 F'_{Cx}、F_{Cy} 和 F'_{Cy} 是作用力与反作用力的关系。在 CD 梁的受力图上已假设了 F_{Cx} 和 F_{Cy} 的指向，则在 AC 梁的受力图上 F'_{Cx} 和 F'_{Cy} 的指向应分别与 F_{Cx} 和 F_{Cy} 的指向相反，不能再另外任意假设。

（3）取整梁 AD 为研究对象。此时，AC 和 CD 两段梁之间的约束反力为系统内部的相互作用力，故在整梁上不必画出。因此，作用在整梁上的力有主动力 F，A 处固定铰支座的约束反力 F_{Ax} 和 F_{Ay}，B 和 D 两处可动铰支座的约束反力 F_B 和 F_D，其受力图如图 1-41（d）所示。

例 1-14　三铰拱受力如图 1-42（a）所示。不计三铰拱自重，试画出 AC、CB 及整体受力图。

解析：（1）画 CB 受力图（图 1-42b）。右拱 CB 为二力构件，铰链 C 和固定铰支座 B 的约束反力为 F_C 和 F_B。

（2）画左拱 AC 受力图（图 1-42c）。

（3）画系统整体受力图（图 1-42d）。

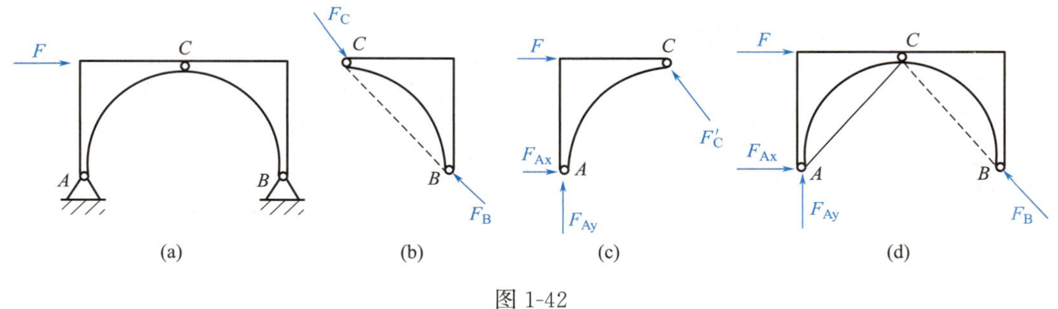

图 1-42

通过以上案例分析，可将画物体系统受力图的**要领**总结如下：

（1）画物体系统的受力图，与画单个物体受力图的三点要领相同。

（2）注意作用力与反作用力关系。作用力的方向一旦确定，反作用力的方向必定与之相反。

（3）画受力图时，通常应先找到二力杆或二力构件，画出它的受力图，然后再画其他物体的受力图。

【知识小课堂】

荷载指的是使结构或构件产生内力和变形的外力及其他因素。习惯上指施加在工程结构上使工程结构或构件产生效应的各种直接作用，常见的有：结构自重、楼面活荷载、屋面活荷载、积灰荷载、车辆荷载、吊车荷载、设备动力荷载以及风、雪、冰、波浪等自然荷载。实际工程中的荷载，根据其不同特征，主要有下列分类：

一、荷载按作用时间的长短分为永久荷载和可变荷载

1. **永久荷载**（恒荷载），永久荷载也称恒荷载，是施加在工程结构上不变的（或其变化与平均值相比可以忽略不计的）荷载。如结构自重、外加永久性的承重、非承重结构构

件和建筑装饰构件的重量、土压力等。因为恒荷载在整个使用期内总是持续地施加在结构上，所以设计结构时，必须考虑它的长期效应。结构自重，一般根据结构的几何尺寸和材料重度的标准值确定。

房屋是由基础、墙（柱）、梁、板这样一些较重的结构构件组成。它们首先要承受自身重量，这就是恒荷载。除此之外，地面、屋面、顶棚、墙面上的抹灰层和门窗都是永久荷载。

注：自重是指材料自身重量产生的荷载（重力）。

2. **可变荷载**（活荷载），在设计基准期间内，其值随时间变化，且变化值和平均值相比不可忽略的荷载。可变荷载是施加在结构上的由人群、物料和交通工具引起的使用或占用荷载和自然产生的自然荷载。例如建筑楼面活荷载、屋面活荷载、积灰荷载、车辆荷载、吊车荷载、风荷载和雪荷载等。

3. **偶然荷载**（特殊荷载或偶然作用），在设计基准期可能出现也可能不出现，一旦出现，其值很大且持续时间较短。例如爆炸力、撞击力、台风、雪崩、海啸、地震等（图 1-43）。

图 1-43

二、荷载按作用的性质划分为静力荷载和动力荷载

1. **静力荷载**的大小、位置和方向不随时间变化或变化极为缓慢。荷载的加载过程比较缓慢，不会使结构产生显著的加速度，因而惯性力的影响可以忽略。如结构自重就是静力荷载。

2. **动力荷载**是随时间迅速变化或在短暂时段内突然作用或消失的荷载。在动力荷载作用下，使结构产生显著加速度，因而惯性力的影响不能忽略。例如动力机械运转时产生的干扰力、吊车设备振动、高空坠落物冲击作用都属于动力荷载。

三、荷载按其作用的作用面大小分为集中荷载和分布荷载

1. 作用在结构上的荷载一般总是分布在一定的面积上，当分布面积远小于结构的尺寸时，为简化计算，可近似地将荷载看成作用在一点上，称为**集中荷载**。如吊车的轮子对吊车梁的压力、柱子传递给基础的压力等，都可认为是集中荷载。其单位一般为 N 或 kN。

2. 当荷载连续地作用在整个结构或结构的一部分上时，就称为**分布荷载**。可分为：

（1）线分布荷载（图 1-44）

把杆件上的荷载简化为沿杆件轴线分布的荷载称为线分布荷载，如梁自重可以简化为

(a)

(b)

图 1-44
(a) 围墙；(b) 梁

沿梁长分布的线分布荷载，其常用单位为 N/m 或 kN/m。

(2) 面分布荷载

沿结构平面分布的荷载称为面荷载，如平放的书本、楼面上的荷载。其常用单位为 N/m^2 或 kN/m^2。

(3) 体分布荷载

沿物体内各点分布的荷载称为体荷载，如重力。其常用单位为 N/m^3 或 kN/m^3。

四、荷载按其作用的方向分为垂直荷载和水平荷载

1. 垂直荷载，如结构自重、雪荷载等。

2. 水平荷载，如风荷载、水平地震作用等。

荷载的常用单位总结见表 1-3。

荷载的常用单位 **表 1-3**

荷载性质	集中荷载	体荷载	面荷载	线荷载
常用单位	N	N/m^3	N/m^2	N/m
	kN	kN/m^3	kN/m^2	kN/m

【任务实施】

1. 如图 1-45 所示，试着利用平行四边形法则画出作用于物体 A 点上的两个力的合力。

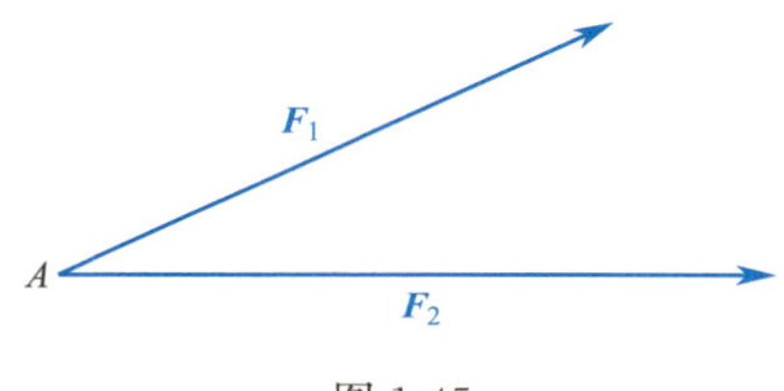

图 1-45

2. 试画出如图 1-46 所示绳索 BD 对 A 的约束反力。

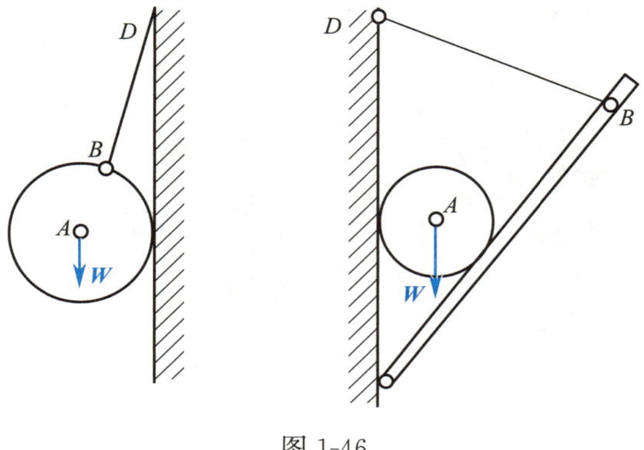

图 1-46

3. 如图 1-47 所示的梯子 AB 重 W，在 D 处用绳索 DE 拉住，A、B 处分别放在光滑的墙及地面上。试画出梯子的受力图。

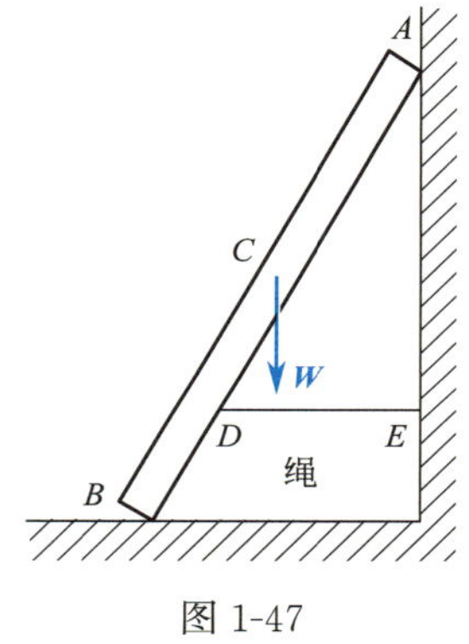

图 1-47

4. 梁 AB 的自重不计，其支承及受力情况如图 1-48 所示，试画出梁的受力图。

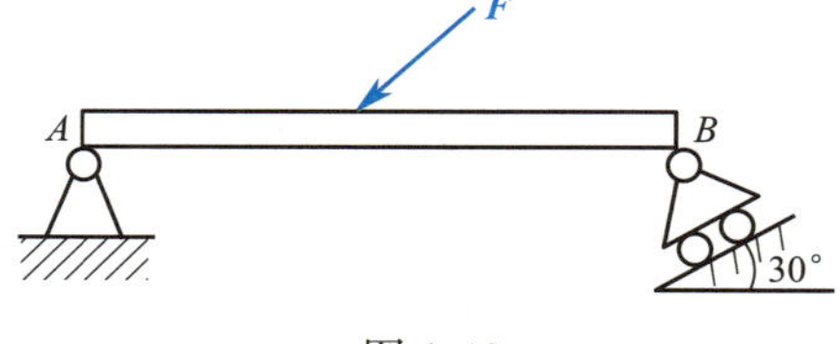

图 1-48

5. 如图 1-49 所示组合体 ABC 受已知力 F 的作用，如不计组合体的自重，试画出 AB、BC 和整体 ABC 的受力图。

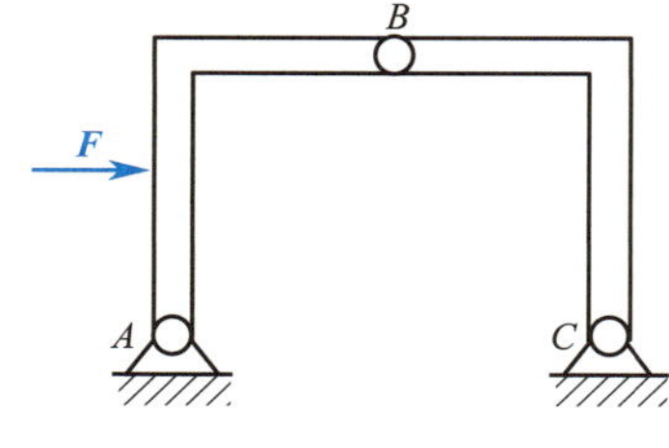

图 1-49

项目知识梳理

一、力的认识

1. 力的概念

力是物体间的相互作用，这种作用引起物体的运动状态发生变化或使物体产生变形。

2. 力对物体的作用效应

（1）使物体的运动状态发生变化，称为外效应或运动效应；

（2）使物体产生变形，称为内效应或变形效应。

3. 力的三要素

力的大小、方向和作用点称为力的三要素。

力的大小表明物体间相互作用的强弱程度，力的方向是指力的方位和指向，力的作用点是指力对物体作用的位置。

4. 力的矢量表达

力是一个具有大小和方向的量，所以力是矢量，通常用一条带箭头的有向线段来表示。

5. 静力学公理

（1）二力平衡公理

作用在刚体上的两个力，使刚体保持平衡状态的必要和充分条件是：两个力大小相等，方向相反，作用在同一直线上。

（2）加减平衡力系公理

在作用于刚体上的任意力系中，加上或减去任意的平衡力系，不改变原力系对刚体的作用效果。

推论：力的可传性原理

作用于刚体上的力可以沿其作用线移至刚体内任意一点，而不改变该力对刚体的效应。

（3）平行四边形法则

作用于刚体上同一点的两个力，可以合成一个合力，合力也作用于该点，合力的大小和方向由这两个力为邻边所组成的平行四边形的对角线确定。

推论：三力平衡汇交定理

刚体受同一平面内互不平行的三个力作用而平衡时，此三力的作用线必汇交于一点，且三力共面。

（4）作用与反作用公理

两个物体间的作用力和反作用力总是同时存在，它们的大小相等，方向相反，并沿同一直线分别作用在这两个物体上。简述为等值、反向、共线。

二、约束的识别与约束反力的分析

1. 约束与约束反力的概念

（1）约束：限制物体运动的周围物体称为约束。

（2）约束反力：约束对被约束物体的作用力。约束反力是被动力，其方向总是与约束所能限制的运动方向相反。

2. 常见约束和约束反力类型

常见的约束及其约束反力见表 1-4。

常见约束及其约束反力 **表 1-4**

约束名称	对运动的限制	约束简图	约束反力		
			图示	方向	未知数个数
柔体约束	限制沿柔体方向移动（受拉）	W	F_T W	沿柔体中心线，背离被约束体	1
光滑接触面约束	限制沿接触点公法线方向的移动（受压）	C W A 公法线	C W A F_N	沿接触面公法线方向指向被约束的物体	1
可动铰支座	限制沿垂直于支承面方向的运动	A A	A F_N	作用于接触点，垂直于销钉轴线，并通过销钉中心，而方向未定	1
固定铰支座	限制移动，不限制绕销钉转动	A A	F_x A F_y	通过销钉中心，方向不定	2
圆柱铰链	限制移动，不限制绕销钉转动	C B A	F_{Cx} C F_{Cy} A	通过销钉中心，方向不定	2
固定端支座	限制移动和转动		F_x M_e F_y	水平反力、竖向反力和力偶，方向不定	3

三、受力分析及受力图的绘制

受力图指在分离体上画出周围物体对它的全部作用力（包括主动力和约束力）的图

形。正确地对物体进行受力分析并画出受力图是解决土木工程力学问题的基础。

1. 画受力图的步骤

（1）取出分离体；

（2）画出全部主动力；

（3）解除约束画出约束反力。

2. 画物体系统受力图要点

（1）先找二力杆，画出其受力图。

只在两点受力而处于平衡状态的杆件称为二力杆或二力构件。二力杆可能是直杆，也可能是曲杆。

（2）注意作用力与反作用力之间的关系。作用力与反作用力必等大、反向、共线。

（3）注意内力和外力的区别。受力图只能画出外力，不能画出内力。

四、思维导图填空

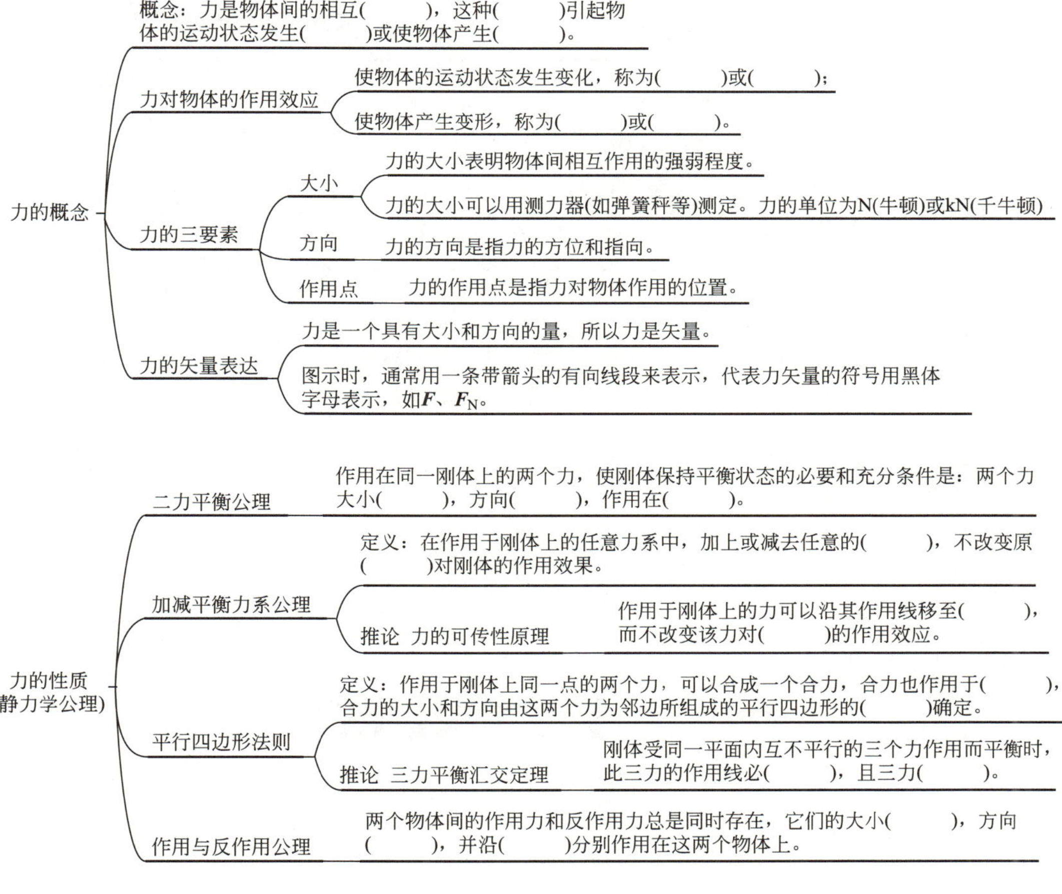

- 几种常见的约束
  - 柔体约束
    - 定义：只能承受(　　)，不能承受(　　)，且只能限制物体沿着这类约束伸长的方向运动。
    - 柔体约束对物体的约束反力是通过接触点，沿柔体中心线且背离物体的(　　)，常用字母F_T表示。
  - 光滑接触面约束
    - 定义：当物体的接触面摩擦力很小，可以(　　)时，由这种接触面所构成的约束就是光滑接触面约束。
    - 光滑接触面约束反力的方向
      - 光滑面为平面——接触平面的(　　)方向
      - 光滑面为圆曲面——接触平面的(　　)方向
      - 光滑面为尖点——反观受力体的形状
      - 受力体为直线边缘——受力边缘的(　　)方向
      - 受力体为圆曲边缘——受力边缘的(　　)方向
  - 圆柱铰链
    - 定义：如将一个圆柱形光滑销钉插入两个物体的(　　)中，就构成了圆柱铰链，圆柱铰链简称为铰链。
    - 举例：(　　　　　　　　　　)
  - 支座约束
    - 固定铰支座
      - 定义：将构件用光滑的圆柱形(　　)与(　　)连接，则该支座称为固定铰支座。
      - 构件与支座用光滑的圆柱铰链连接，构件不能产生沿(　　)方向的移动，但可以绕销钉(　　)，可见固定铰支座的约束反力与圆柱铰链相同，即约束反力一定作用于接触点，(　　)于销钉轴线，并通过销钉(　　)，而方向未定。
    - 可动铰支座
      - 定义：用销钉把构件与支座连接，并将支座置于可沿支承面滚动的辊轴上，则这种支座叫作可动铰支座。
      - 这种支座只能限制构件(　　)于支承面方向的移动，而不能限制物体绕销钉轴线的(　　)，它的约束反力通过(　　)中心，(　　)于支承面。
    - 固定端支座
      - 定义：构件和支承物(　　)在一起，这种支座称为固定端支座。
      - 它在固定端处限制物体既不能沿任何方向(　　)，也不能(　　)。其约束反力除了两个相互(　　)的分力外，还有一个阻止转动的力偶。
  - 链杆约束
    - 定义：两端用铰链与物体分别连接且中间不受其他力的(　　)称为链杆约束。
    - 链杆约束的约束特点是：只能限制物体沿链杆轴线方向上的(　　)，不能限制物体其他方向的运动。链杆约束对物体的约束反力沿链杆的轴线，而指向未定。

- 受力分析及受力图的绘制
  - 定义
    - 分离体是指被分离出来的(　　)。
    - 受力图指在(　　)上画出周围物体对它的全部作用力的图形。
  - 画受力图的步骤
    - 取出(　　)
    - 画出(　　)
    - 解除约束画出(　　)

重点内容点拨

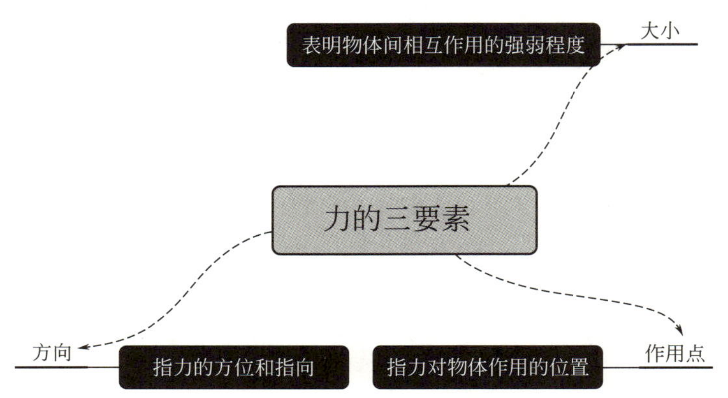

- 力的性质（静力学公理）
  - 二力平衡公理：作用在同一刚体上的两个力，使刚体保持平衡状态的必要和充分条件是：两个力大小相等，方向相反，作用在同一直线上。这就是二力平衡公理。
  - 加减平衡力系公理
    - 定义：在作用于刚体上的任意力系中，加上或减去任意的平衡力系，不改变原力系对刚体的作用效果。
    - 推论　力的可传性原理：作用于刚体上的力可以沿其作用线移至刚体内任意一点，而不改变该力对刚体的作用效应。
  - 平行四边形法则
    - 定义：作用于刚体上同一点的两个力，可以合成一个合力，合力也作用于该点，合力的大小和方向由这两个力为邻边所组成的平行四边形的对角线确定。
    - 推论　三力平衡汇交定理：刚体受同一平面内互不平行的三个力作用而平衡时，此三力的作用线必汇交于一点，且三力共面。
  - 作用与反作用公理：两个物体间的作用力和反作用力总是同时存在，它们的大小相等，方向相反，并沿同一直线分别作用在这两个物体上。简述为等值、反向、共线。

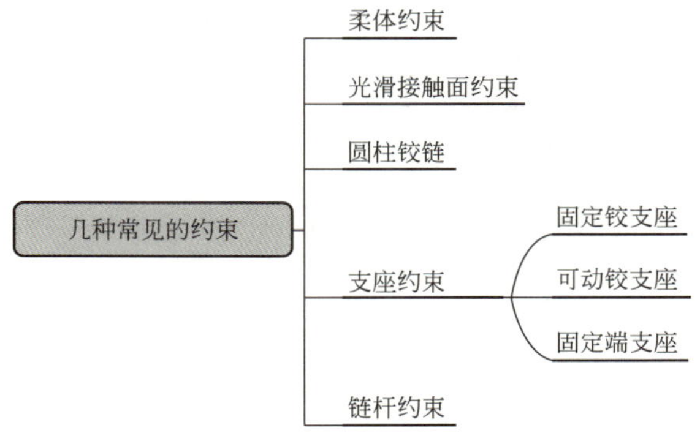

项目质量评估

一、填空题

1. 力是物体间的相互作用，这种作用引起物体的__________发生变化或使物体产生__________。

2. 力对物体的作用效应取决于力的________、________和________，这三个因素称为力的三要素。

3. 力的单位是________或________。

4. 力的方向指的是力的________和________。

5. 静力学四个公理分别是__________、__________、__________和________。

6. 阻碍非自由体运动的限制物，在力学中称为__________。

7. 约束限制物体沿某些方向运动，当物体在这些方向有运动趋势时，约束就对物体有力的作用，这种力称为__________。

8. 使物体产生运动或产生运动趋势的力称为__________。

9. 工程中常见的约束有：柔体约束、__________、__________、可动铰支座、__________、圆柱铰链、链杆约束。

10. 荷载按其作用的作用面大小分为__________和__________。

11. 爆炸力属于________荷载。

二、单项选择题

1. 下列说法错误的是（　　）。

A. 力对物体的作用，使物体的运动状态发生变化或使物体产生变形

B. 力是一个物体对另一个物体的机械作用，因此力不能脱离物体而独立存在

C. 力对物体的作用效果只取决于力的大小

D. 力不仅有大小，而且有方向，因此力是矢量

2. 只限制物体任何方向移动，不限制物体转动的支座称（　　）支座。

A. 固定铰　　B. 可动铰　　C. 固定端　　D. 光滑接触面

3. 只限制物体垂直于支承面方向的移动，不限制物体其他方向运动的是（　　）。

A. 固定铰支座　　B. 可动铰支座　　C. 固定端约束　　D. 光滑接触面约束

4. 既限制物体任何方向运动，又限制物体转动的支座称（　　）支座。

A. 固定铰　　B. 可动铰　　C. 固定端　　D. 光滑接触面

5. 下列关于力的说法正确的是（　　）。

A. 两个力只要大小相等就会对物体产生相同的作用效果

B. 力是一个既有大小又有方向的矢量

C. 力的三要素是力的大小、方向、作用线

D. 作用力与反作用力是一个平衡力系

6. 下列可看成圆柱链的是（　　）。

A. 横梁支撑在墙上

B. 屋架与柱子之间通过垫板焊接连接

C. 柱子插入杯形基础中，并用细石混凝土浇筑

D. 门窗用的合页

7. 作用在刚体上的力可沿其作用线移到物体的任一点，而不改变该力对物体的（　　）效果。

A. 运动　　B. 变形　　C. 作用　　D. 转动

8. 约束力一定垂直于支承面，且指向被约束物体的约束是（　　）。

A. 可动铰支座　　B. 柔体约束

C. 光滑接触面约束　　D. 链杆

三、判断题

1. 力是物体间的相互作用，所以任何力都是成对出现的。（　　）

2. 力的三要素是力的大小、方向、作用线。（　　）

3. 两个力的大小相等，方向相同，这两个力对物体作用效果相同。（　　）

4. 力不可能脱离实际物体而单独存在。（　　）

5. 作用于刚体上的力可以沿其作用线移至刚体内任意一点，而不改变该力对刚体的作用效应。（　　）

6. 雨篷属于固定铰支座。（　　）

7. 限制沿垂直于支承面方向的运动的是可动铰支座。（　　）

项目 2　平面力系的平衡

项目导学

一、学习目标

知识目标：1. 说出力系的概念；

2. 阐述平面力系的分类、力矩的概念、平面一般力系的平衡条件；

3. 辨认力在直角坐标轴上的投影；

4. 列出平面一般力系平衡方程的两种形式。

能力目标：1. 能计算力在直角坐标轴上的投影矢量；

2. 能计算集中力、均布线荷载作用下的力矩；

3. 能应用平衡方程计算单个构件的平衡问题。

素质目标：1. 培养求真务实的学习态度；

2. 提高学生学习的积极性和主动性；

3. 树立正确的价值观。

二、项目思维导图

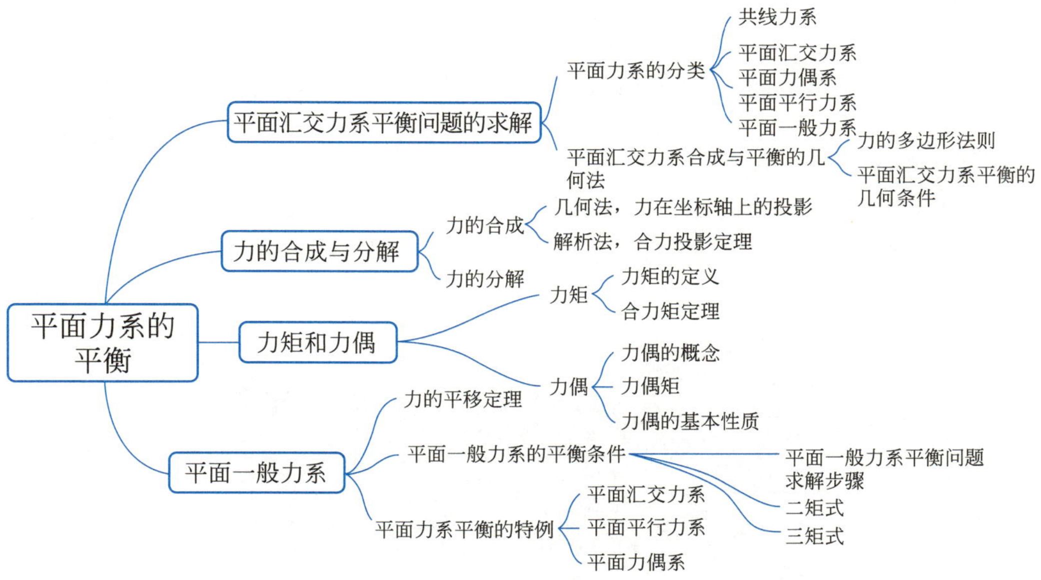

项目概述

作用在物体上各力的作用线都在同一平面内，则这种力系称为**平面力系**；各力的作用线不在同一平面内，则这种力系称为**空间力系**。在实际问题中，物体所受到的作用力大都是空间力系，但通过等效转换、简化处理，很多能够等效成平面力系来处理。塔式起重机所受的作用力即可等效转换成各支座支撑力（拉力）、自重、货物重力、配重等多个同处一个平面的平面力系（图 2-1）。

图 2-1

通过本项目的学习，了解平面力系的相关概念、性质和具体计算方法，能够解决一般力系平衡问题。

微课

任务 2.1　平面汇交力系平衡问题的求解

【任务描述】

工程中大型预制构件的安装，常常需要起重机的吊装。如安装中超限使用吊装设备，会造成构件损坏或者起重机倾倒（图 2-2）。本任务是应用平面汇交力系解决单个构件或者器械平衡问题。

图 2-2

【相关知识】

力系中各力的作用线在同一平面内任意分布的力系称为**平面力系**；平面力系可以分为共线力系、平面汇交力系、平面力偶系、平面平行力系、平面一般力系等。

一、平面力系的分类

如图 2-3（a）所示起重机正在吊起一个桥梁构件，每台起重机承受半根构件的重量。在一个起重机吊钩处钢丝绳所在平面内，用梯形表示半根构件。它的重力 $W/2$ 作用在构件中心处。以吊钩、钢丝绳、半根梁体为隔离体画受力图（图 2-3b）。忽略钢丝绳与吊钩重量，隔离体只受两个力。根据二力平衡原理，这两个力作用在通过重心的竖直线上。如果力系各力的作用线在同一直线上，这个力系称为**共线力系**。

以吊钩为隔离体画受力图（图 2-3c）：吊钩承受两根钢丝绳的拉力及上部悬索的拉力，这三个力的作用线汇交于一点。如果力系各力的作用线汇交一点，并且各力的作用线都在同一平面内，这个力系称为**平面汇交力系**。

(a)

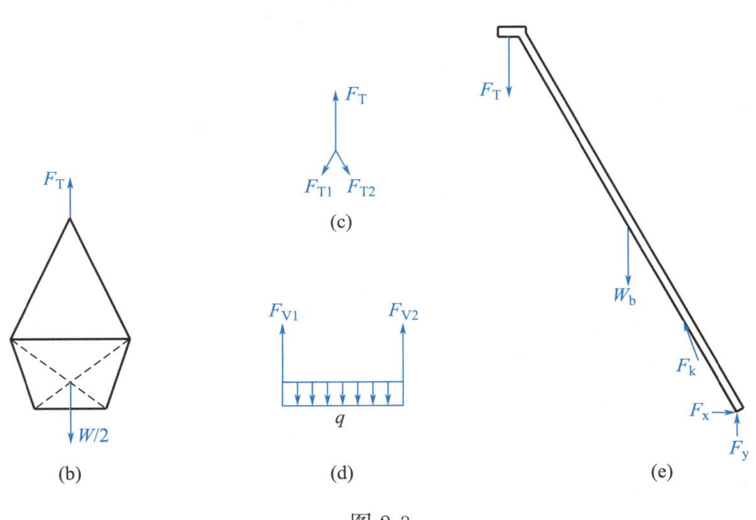

图 2-3

同时作用在物体同一平面内有两个或两个以上的力偶，称为**平面力偶系**。力偶是由两个大小相等、方向相反、作用线不重合的平行力组成的特殊力系。平面力偶系的特点是力偶之间不产生合力，仅产生力矩效应，对物体的运动状态或变形状态产生影响。

以构件为隔离体画受力图（图 2-3d）：构件用它的上表面表示，承受的重力按均布荷载表示。两端吊绳对构件的力竖直向上，与均布荷载受力方向平行。如果力系各力作用线相互平行，并且各力的作用线都在同一平面内，这个力系称为**平面平行力系**。

以起重机吊臂为隔离体画受力图（图 2-3e）：吊臂自重作用于重心处，顶端承受悬索拉力。活塞式变幅缸可视为链杆，支持力沿链杆指向吊臂。吊臂下端铰支。这个力系的各力不共线，不完全汇交，不完全平行，并且各力的作用线都在同一平面内，这个力系称为**平面一般力系**。平面汇交力系、平面力偶系与平面平行力系均属于平面一般力系的特例。

二、平面汇交力系合成与平衡的几何法

平面汇交力系是最简单的基本力系，是研究一般力系的基础。接下来将介绍如何用几何法来分析平面汇交力系的合成和平衡问题。

1. 平面汇交力系合成的几何法——力的多边形法则

如图 2-4 所示假设刚体上作用了一个平面汇交力系，由力的平行四边形法则，可以求出 $\boldsymbol{F}_1$ 和 $\boldsymbol{F}_2$ 的合力 $\boldsymbol{F}_{R1}$，即用 $\boldsymbol{F}_{R1}$ 等效替换了 $\boldsymbol{F}_1$ 和 $\boldsymbol{F}_2$，同理可以求出 $\boldsymbol{F}_{R1}$ 和 $\boldsymbol{F}_3$ 的合力 $\boldsymbol{F}_{R2}$，$\boldsymbol{F}_{R2}$ 和 $\boldsymbol{F}_4$ 的合力 $\boldsymbol{F}_R$。$\boldsymbol{F}_R$ 即为该平面汇交力系的合力。

推广到任意平面汇交力系的情况，则有

$$\boldsymbol{F}_R=\boldsymbol{F}_1+\boldsymbol{F}_2+\cdots+\boldsymbol{F}_n=\Sigma\boldsymbol{F}$$

在以上过程中，$\boldsymbol{F}_{R1}$ 和 $\boldsymbol{F}_{R2}$ 只起到过渡作用，可以不必画出。则此过程即可从任意一点开始，将各力首尾连接，形成一个非闭合的平面图形，而最后一条闭合边即为该平面汇交力系的合力，合力的方向由起点指向终点，如图 2-4（c）所示。

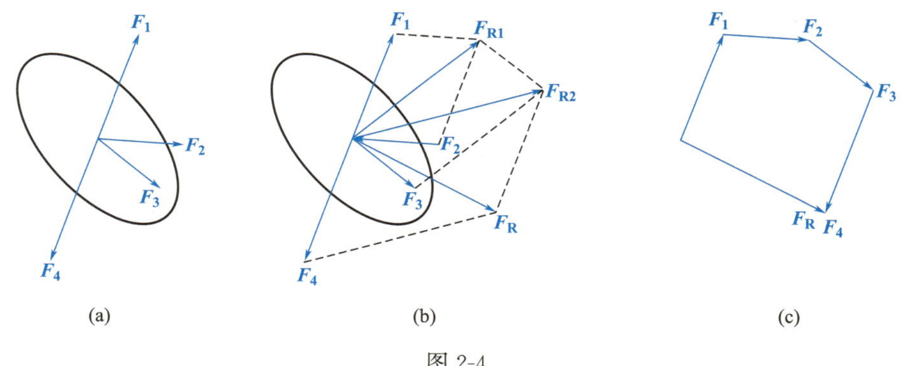

图 2-4

据此可以推出：**平面汇交力系合成的结果是一个合力，其大小、方向均等于原力系各力的矢量和，合力的作用点在原力系的汇交点**。请参考例 2-1。

2. 平面汇交力系平衡的几何条件

由力的多边形可以看出，汇交力系合力的大小和方向是由封闭边表示的，所以如果力系平衡，那么其合力为零，也就是说力的多边形中不存在封闭边，最后一个力的终点与第一个力的起点重合。

平面汇交力系平衡的几何条件：**力的多边形各边首尾相连，自行封闭。**

$$\boldsymbol{F}_R = \Sigma \boldsymbol{F} = 0$$

几何法简单直观，但是需要做图求解，在做图过程中容易产生误差。因为这一特点也就限制了几何法在工程计算中的应用，取代的是一种更为准确的方法——解析法，解析法将在任务 2.2 进行介绍。

【实例展示】

例 2-1　如图 2-5（a）所示物体受四个共面力作用，其中 $F_1=F_4=2\text{kN}$，$F_2=F_3=1\text{kN}$。用几何法求其合力。

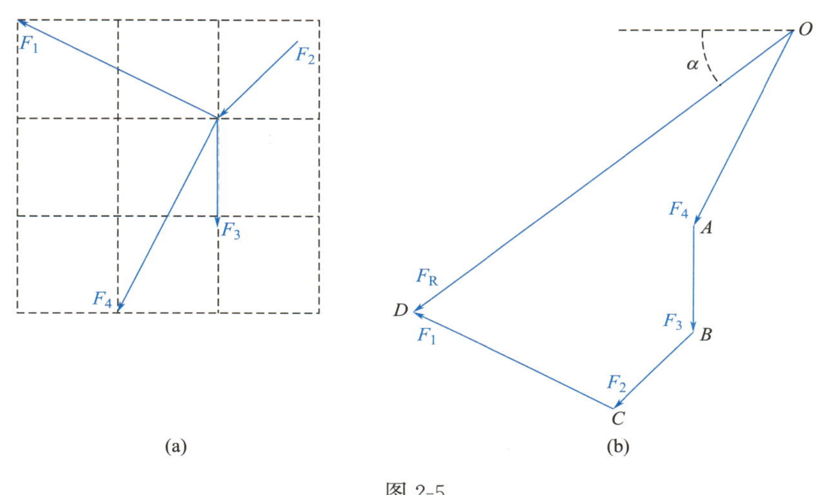

图 2-5

解析：按力的多边形法则，任取一点 O，作 $OA=F_4$，$AB=F_3$，$BC=F_2$，$CD=F_1$，如图 2-5（b）所示，则有 OD 即为所求合力 F_R。经测量得到，$F_R=4.21\text{kN}$，$\alpha=37°$。

【知识小课堂】

大国重器：探访“全球第一吊”——徐工 2600t 全地面起重机

大国之重器，展现了中国在科技、军事、航天、能源等领域的雄厚实力，让世界见证中国的崛起！

清晨，内蒙古乌拉特后旗，茫茫戈壁，长风猎猎。万里晴空下，臂展长 173.5m 的“超级大力士”——徐工 2600t 全地面起重机（以下简称“XCA2600”）格外亮眼。

高度到位、角度到位、配重到位、风速 8m/s……“启动！”7 点整，现场总指挥一声令下，起重机开始运行，随即将总重达 128t、叶片长 97m 的风机叶轮缓缓吊起。叶轮升至 110m 高后，起重机带着它整体旋转，56 颗螺栓精准插入机舱轮毂预留的小孔。

百米高空，上演精准对接，力拔山河的 XCA2600 亮出“绣花”功夫。这样一个全能“大力士”，代表中国起重机再次刷新世界纪录，被人们称为“全球第一吊”。

“从提出想法，到变为图纸，每一步都是全球的第一步，所有的技术都是第一次摸索。”设备总设计师李长青感慨。

第一个难关，臂架结构设计。臂架是起重机最重要的受力结构，决定着最终的起吊能力。在臂架所用原材料不变的情况下，怎样才能让臂架有更强的承重能力？答案是从结构设计入手。李长青团队将 XCA2600 的臂架设计成一个拥有复杂立体结构的“超级鱼竿”。

第二个难关，底盘设计。相同结构设计下，起重机自重越轻，则起重量越大。减自重这一“重任”，落在了底盘身上。行业内有一句话，底盘每减重 1kg，相当于上部结构减重 5kg。徐工零部件技术专家胡小冬介绍，为了兼顾起重性能和产品的机动性、灵活性，XCA2600 用上了徐工自主研制的独立悬架系统，并且采用了断开车桥，能够实现载重 300t 转场。

【任务实施】

如图 2-6 所示某平面汇交力系合成时所做的力的多边形，问该力系的合力在力多边形上怎样表示？

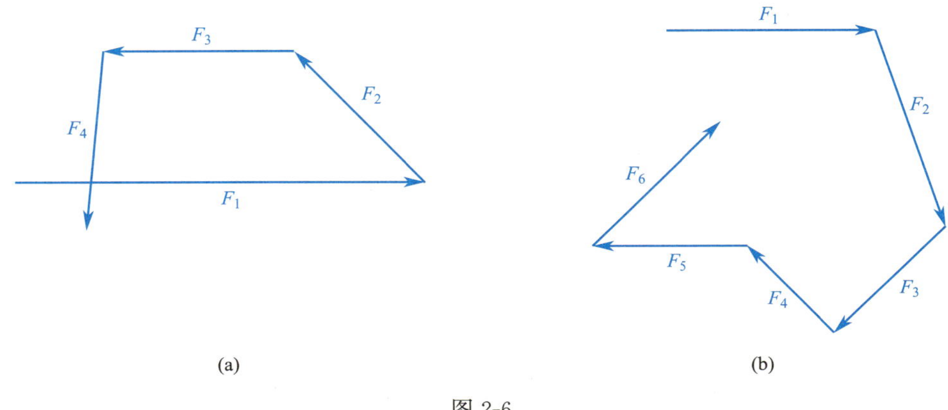

图 2-6

【任务质量评估】

填空题

1. 作用在物体上各力的作用线都在同一平面内，则这种力系称为________力系；各力的作用线不在同一平面内，则这种力系称为________力系。

2. 在实际问题中，物体所受到的作用力大都是空间力系，但通过________、________，很多能够等效成平面力系来处理。

任务 2.2　力的合成与分解

微课

【任务描述】

利用解析法进行力系的合成与平衡计算的基础，是将力投影在坐标轴上。本任务就是学习如何将平面力系中的力投影在坐标轴上，如何使用解析法将力合成与分解。

【相关知识】

一、力的合成

1. 力在坐标轴上的投影

力矢量是投在坐标轴上的“影子”。如图 2-7（a）所示的平面内，有一个力 F 和一个已知的坐标轴 x。假设有一束垂直于 x 轴的平行光照射力矢量，则力 F 投在 x 轴上的“影子”为投影 F_x。坐标轴是参考轴，方位可以随意设置。同一力 F 在不同坐标轴上的投影是不同的。让坐标轴垂直于力 F，力在该轴上的投影为零（图 2-7b）。

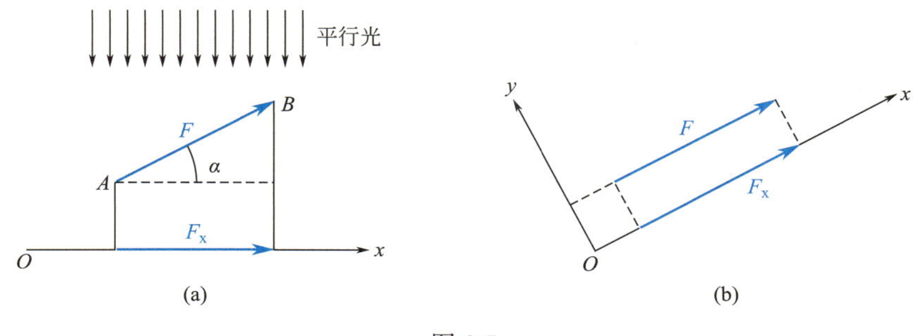

图 2-7

如图 2-8 设力 F 作用在物体上的 A 点，过力 F 的两端分别向坐标引垂线，得到垂足 a、b、a'、b'。线段 ab 和 $a'b'$ 分别表示力 F 在 x 轴和 y 轴上的投影的大小。

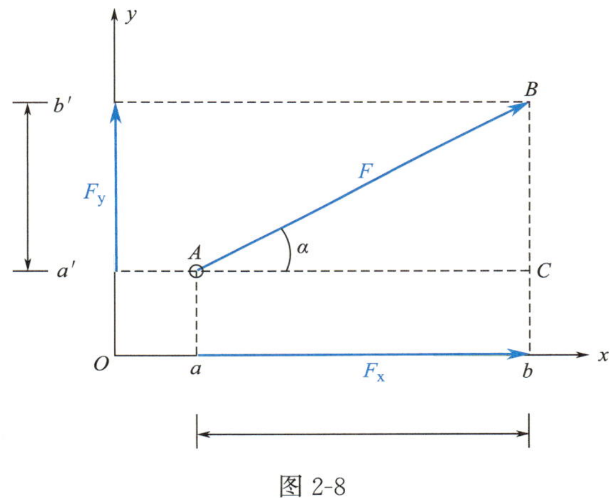

图 2-8

力投影的**正负号规定**为：**从投影的指向与坐标轴的正向一致时为“＋”，反之为“—”**。F 在 x 轴和 y 轴上的投影分别计作 F_x、F_y。

已知 F 的大小，设力 F 与 x 轴所构成的锐角为 α，则有

$$\begin{aligned} F_x &= \pm F\cos\alpha \\ F_y &= \pm F\sin\alpha \end{aligned} \tag{2-1}$$

当力与坐标轴垂直时，力在该轴上的投影为零；力与坐标轴平行时，其投影的绝对值与该力大小相等。

相反，如果已知力 F 在 x 轴和 y 轴上的投影 F_x 和 F_y，则由图 2-7 中的几何关系，可确定力 F 的大小和方向：

$$F = \sqrt{F_x^2 + F_y^2} \tag{2-2}$$

$$\tan\alpha = \left|\frac{F_y}{F_x}\right| \tag{2-3}$$

式中，α 为力 F 与 x 轴所夹锐角，力 F 的方位和指向，可由两投影 F_x、F_y 的正负号来确

定。请参考例 2-2。

2. 合力投影定理

由式（2-2）、式（2-3）可知，如能求出合力在直角坐标轴上的投影 F_x、F_y，则合力的大小和方向就可以确定。为此需讨论合力和它的分力在同一坐标轴上的投影的关系。

设有一平面汇交力系 F_1、F_2、F_3，利用力的平行四边形法则合成 F_1 及 F_2，得到其合力 F_{R12}（即对角线$\overline{OB}$），再次使用力的平行四边形法则合成 F_{R12} 及 F_3，得到合力 F_R。也即平面汇交力系 F_1、F_2、F_3 的合力（图 2-9），该合力也过汇交点 O，并由 O 点指向 C 点。

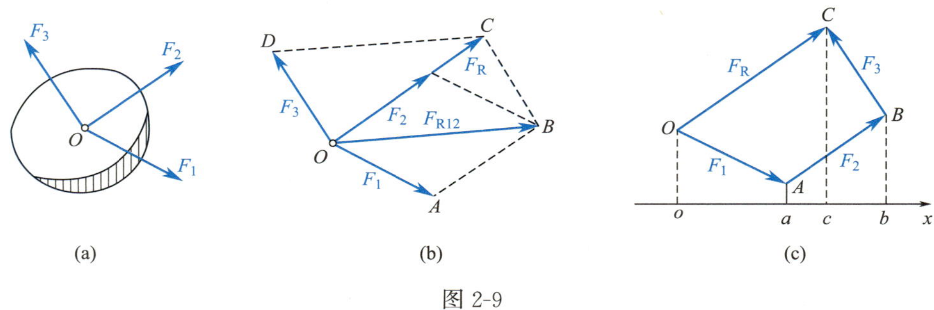

图 2-9

注意图中的$\overrightarrow{AB}/\!/F_2$，$\overrightarrow{BC}/\!/F_3$，且$\overrightarrow{AB}=F_2$，$\overrightarrow{BC}=F_3$，故可认为 F_1、F_2、F_3 及合力 F_R 共同组成一个多边形 $OABC$（图 2-9c）。

由投影的定义可得

$$F_{1x}=\overrightarrow{oa}\ ,\ F_{2x}=\overrightarrow{ab}\ ,\ F_{3x}=-\overrightarrow{bc}\ ,\ F_{Rx}=\overrightarrow{oc}$$

而

$$\overrightarrow{oc}=\overrightarrow{oa}+\overrightarrow{ab}-\overrightarrow{bc}$$

因此可得

$$F_{Rx}=F_{1x}+F_{2x}+F_{3x}$$

这一关系可推广到任意个汇交力的情况，即

$$\begin{cases}F_{Rx}=F_{1x}+F_{2x}+\cdots+F_{nx}\\F_{Ry}=F_{1y}+F_{2y}+\cdots+F_{ny}\end{cases}\tag{2-4}$$

平面汇交力系合力在任意轴上的投影，等于各分力在同一坐标轴上投影的代数和，这就是合力投影定理。

如果进一步计算，可以求得合力的大小及方向，则有：

$$F_R=\sqrt{F_{Rx}^2+F_{Ry}^2}\tag{2-5}$$

$$\tan\alpha=\left|\frac{F_{Ry}}{F_{Rx}}\right|\tag{2-6}$$

具体请参考例 2-3。

二、力的分解

两个共点力可合成为一个力，反之，一个力也可以分解成两个力，但却不是唯一解答（图 2-10a）。故在工程实际问题中，常把一个力 F 沿二正交坐标轴方向分解，可得到两相互垂直的分力 F_x 和 F_y（图 2-10b），且 F_x 和 F_y 的大小可由三角公式得到：

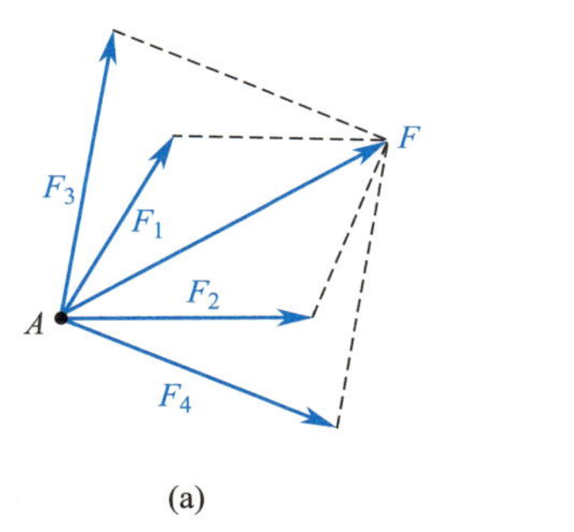

(a)

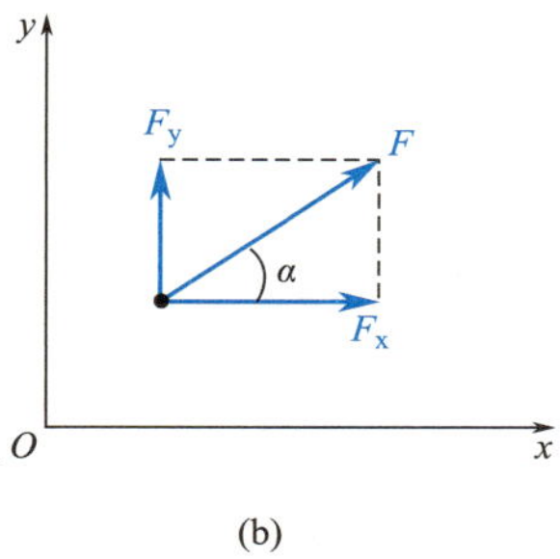

(b)

图 2-10

$$F_x = F\cos\alpha$$
$$F_y = F\sin\alpha$$

由力的定义可知，**力是既有大小又有方向的矢量**，故力在任意方向上的分力也是矢量。

【实例展示】

例 2-2　求图 2-11 中各力在坐标轴上的投影，投影的正负号按规定观测判断。已知 $F_1 = F_2 = F_3 = F_4 = 200\text{N}$。

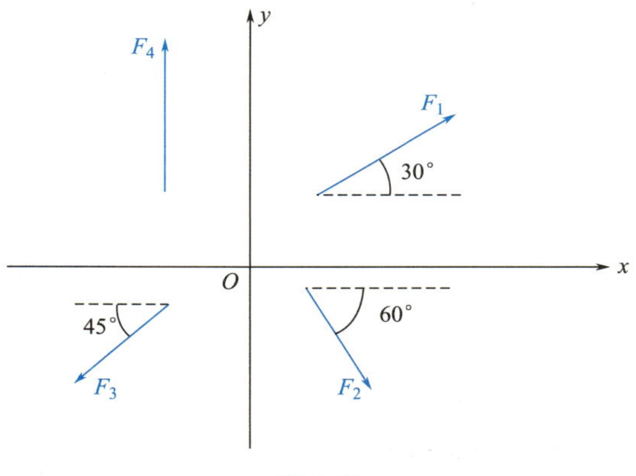

图 2-11

解析：$F_{1x} = F_1\cos30° = 200 \times 0.866 = 173.2\text{N}$

$F_{1y} = F_1\sin30° = 200 \times 0.5 = 100\text{N}$

$F_{2x} = F_2\cos60° = 200 \times 0.5 = 100\text{N}$

$F_{2y} = -F_2\sin60° = -200 \times 0.866 = -173.2\text{N}$

$F_{3x} = -F_3\cos45° = -200 \times 0.707 = -141.4\text{N}$

$F_{3y} = -F_3\sin45° = -200 \times 0.707 = -141.4\text{N}$

$F_{4x} = F_4\cos90° = 200 \times 0 = 0\text{N}$

$F_{4y} = F_4\sin90° = 200 \times 1 = 200\text{N}$

例 2-3　已知某平面汇交力系如图 2-12 所示。已知：$F_1 = 30\text{kN}$，$F_2 = 20\text{kN}$，$F_3 = 15\text{kN}$，$F_4 = 40\text{kN}$，试求该力系的合力。

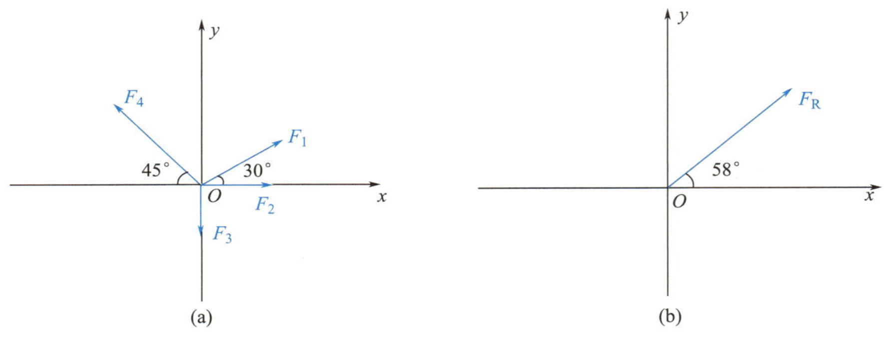

图 2-12

解析：（1）利用合力投影定理计算合力在 x 、y 轴上的投影

由公式（2-4）可知：

$$
\begin{aligned}
F_{Rx} &= F_1\cos30° + F_2 + 0 - F_4\cos45° \\
&= 30\times0.866+20-0-40\times0.707 \\
&= 17.7\text{kN}
\end{aligned}
$$

$$
\begin{aligned}
F_{Ry} &= F_1\sin30° + 0 - F_3 + F_4\sin45° \\
&= 30\times0.5+0-15+40\times0.707 \\
&= 28.28\text{kN}
\end{aligned}
$$

（2）求合力的大小

由公式（2-5）可得：

$$F_R=\sqrt{F_{Rx}^2+F_{Ry}^2}=\sqrt{17.7^2+28.28^2}=33.36\text{kN}$$

（3）求合力的方向

由公式（2-6）可得：

$$\tan\alpha=\left|\frac{F_{Ry}}{F_{Rx}}\right|=\left|\frac{28.28}{17.7}\right|=1.6$$

$$\alpha=58°$$

因为 $F_{Rx}>0$，$F_{Ry}>0$，故合力 F_R 在坐标系的第一象限，指向右上方，且也过汇交点 O，见图 2-12（b）。

【知识小课堂】

车在桥面上行驶时它的重力产生了什么效果（图 2-13）？你能找到它的两个分力吗？桥高一定，引桥很长，目的是什么，这能减少重力的哪个效果，有什么好处？

图 2-13

答：重力 G 可分解成沿坡面的分力 G_1 和垂直坡面的分力 G_2，如图 2-14 所示。引桥很长的目的是为了减小桥面的坡度，从而减小 G_1 对汽车上坡和下坡的影响，使行车方便和安全。

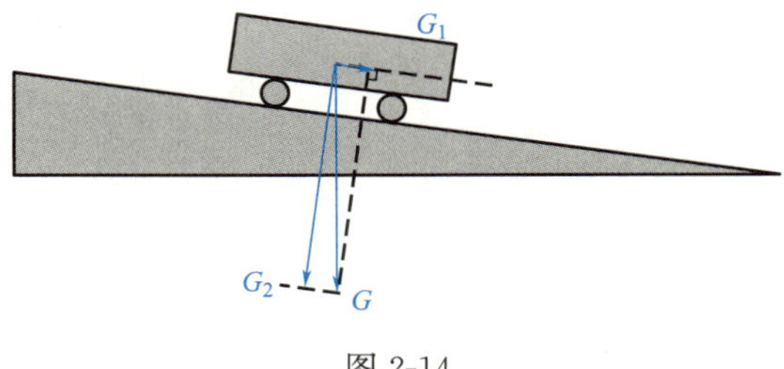

图 2-14

【任务实施】

1. 试求出图 2-15 中各力在 x、y 轴上的投影。已知 $F_1=100\text{N}$，$F_2=150\text{N}$，$F_3=F_4=200\text{N}$。

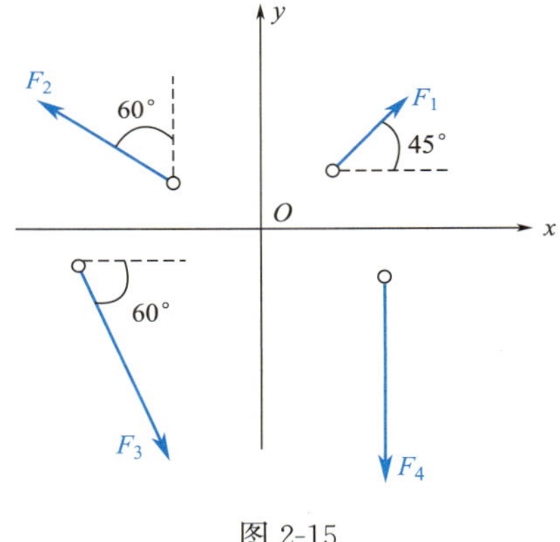

图 2-15

2. 已知：$F_1=20\text{kN}$，$F_2=10\text{kN}$，$F_3=15\text{kN}$，$F_4=25\text{kN}$，各力方向如图 2-16 所示：

（1）选取适当坐标系，计算各力的投影。

（2）求该力系的合力。

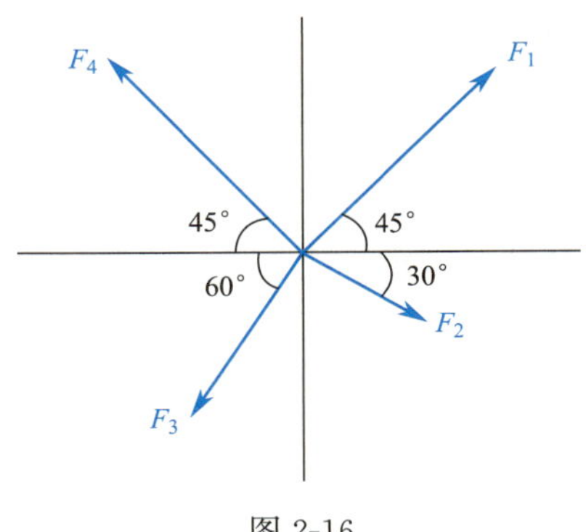

图 2-16

【任务质量评估】

一、填空题

1. 力系是指________作用在________物体上的一组力。

2. 各力作用线不在________________的力系称为空间力系，各力作用线____同一平面的力系称为平面力系。

3. 各力作用线在同一平面且__________________的力系称为平面汇交力系。

4. 各力作用线在同一平面且__________________的力系称为平面平行力系。

5. 力是既有__________又有____________的矢量。

二、单项选择题

如图 2-17 所示，一悬挂条幅用的钉子，钉在 O 点处，其上作用了三个力 F_1、F_2、F_3。已知 $F_1=200\text{kN}$，$F_2=100\text{kN}$，$F_3=150\text{kN}$。

1. F_1 在 y 轴上的投影量为（　　）。

A. 0kN　　　B. −200kN

C. 200kN　　　D. 100kN

2. F_2 在 y 轴上的投影量为（　　）。

A. 0kN　　　B. −100kN

C. 200kN　　　D. 100kN

3. F_3 在 y 轴上的投影量为（　　）。

A. 0kN　　　B. 106kN

C. −106kN　　　D. 100kN

图 2-17

任务 2.3　力矩和力偶

【任务描述】

教室的门需要用力推开。如图 2-18 所示，在推门时，一般的施力方式是将力作用在门把手上，可以使门绕门轴转动。若把手（即受力点）向门轴方向移动，施力方向不变，

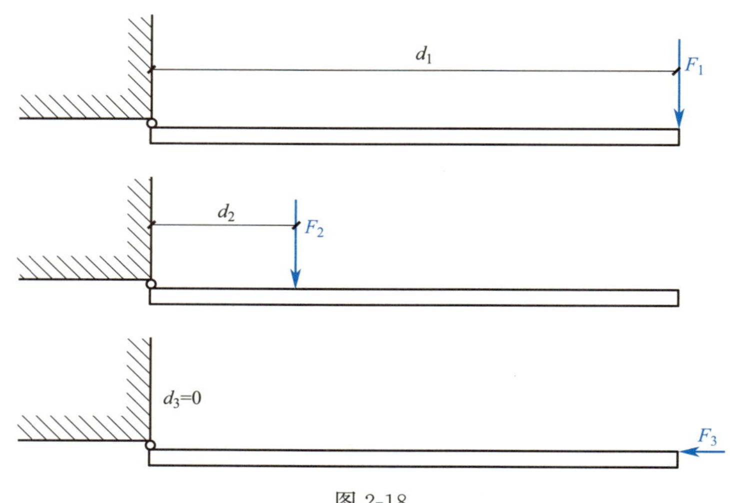

图 2-18

门扇的转动越来越困难。施力位置（即受力点）不变，一直作用在门把手上，但是作用方向与门扇的夹角不断缩小，门扇的转动也会变得更加困难。

力矩是表示力对物体作用时所产生的转动效应的物理量，而力偶是能够使物体完全不呈现任何平移运动，只呈现纯旋转运动的物理量。本任务是学习力矩和力偶的计算。

【相关知识】

一、力矩

1. 力矩的定义

力对物体的作用既可以使物体产生移动也可以使物体产生转动。如图 2-19 所示，用扳手拧螺母，在扳手的 A 点施加一力 F，扳手和螺母将一起绕螺钉中心 O 转动，这表明力有使物体产生转动的效应。

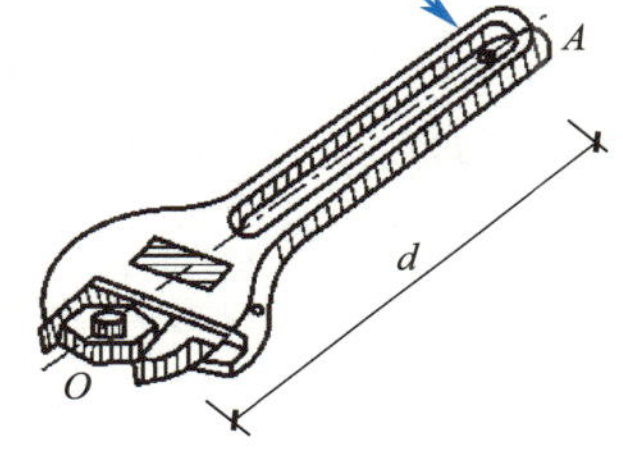

图 2-19

由实践经验可知，力 F 使物体绕 O 点转动的效果，由以下两个因素决定：

（1）力的大小和力臂的乘积；

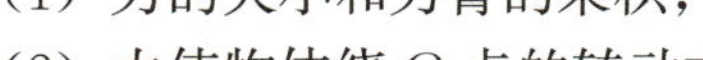
（2）力使物体绕 O 点的转动方向。

转动中心 O，称为**矩心**。矩心到力作用线的垂直距离 d，称为**力臂**。

当 d 保持不变时，力 F 越大，转动越快；当力 F 不变时，d 值越大，转动也越快；若改变力的作用方向，则扳手的转动方向就会发生改变。

因此，我们用 F 与 d 的乘积来表示力 F 使物体绕 O 点转动的效应，称为力 F 对 O 点之矩，简称**力矩**，并用正负号表示力矩的转向，以 $M_O(F)$ 表示，即：

$$M_O(F) = \pm F \cdot d \tag{2-7}$$

通常规定：使物体绕矩心作逆时针方向转动时，力矩为正，反之为负。请参考例 2-4。

力矩在以下两种情况下等于零：①力等于零；②力臂等于零（力的作用线通过矩心）。

力矩的单位是牛顿·米（N·m）或千牛顿·米（kN·m）。

2. 合力矩定理

平面汇交力系的合力 F_R 对平面内任一点 A 之矩 $M_A(F_R)$ 等于该力系的各分力（F_1，F_2，…，F_n）对该点之矩的代数和 $\sum M_A(F_i)$，称为合力矩定理。即

$$M_A(F_R) = M_A(F_1) + M_A(F_2) + \cdots + M_A(F_n) = \sum M_A(F_i) \tag{2-8}$$

合力矩定理是力学中应用十分广泛的一个重要定理。请参考例 2-5。

二、力偶

1. 力偶的概念

在生活和生产实践中，经常碰到大小相等、方向相反但不共线的两个平行力 F、F' 组成的力系。这种力系不能合成一个合力，故不能使物体移动，但能使物体转动，如图 2-20 所示，大小相等、方向相反、作用线不重合的两个平行力称为**力偶**，记作（F，F'）。力偶和力都是组成力系的基本元素。

2. 力偶矩

实践经验告诉我们，力偶对物体作用效果的大小与组成力偶的力的大小和两平行力间

的垂直距离 d 的乘积有关，力偶的两个力作用线间的垂直距离 d 称为**力偶臂**，当力 F 越大，或力偶臂越大，则力偶使物体的转动效应就越强，反之就越弱。

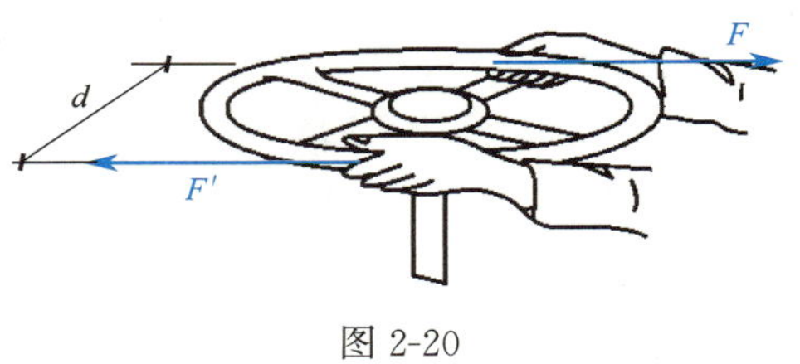

图 2-20

我们用 F 与 d 的乘积来度量力偶对物体的转动效应，转动方向用正负号表示，称为**力偶矩**，记作 $M(F、F')$，可简写为 M，即：

$$M=\pm F\cdot d \tag{2-9}$$

通常规定：**若力偶使物体作逆时针方向转动时，力偶矩为正，反之为负**。力偶矩的单位与力矩相同，也是用牛顿·米（N·m）或千牛顿·米（kN·m）。

3. 力偶的基本性质

（1）力偶在任意轴上的投影等于零；

（2）力偶没有合力，所以不能和一个力平衡，力偶只能和力偶平衡；

（3）力偶对其作用平面内任意一点的矩都等于力偶矩，与矩心位置无关；

（4）在同一平面内的两个力偶，如果它们的力偶矩大小相等，转向相同，则这两个力偶等效。

由此可知：力偶对物体的转动效果取决于力偶的三要素，即**力偶矩的大小、力偶的转向及力偶的作用平面**。

【实例展示】

例 2-4 分别计算图 2-21 所示的 F_1、F_2 对 O 点的力矩。

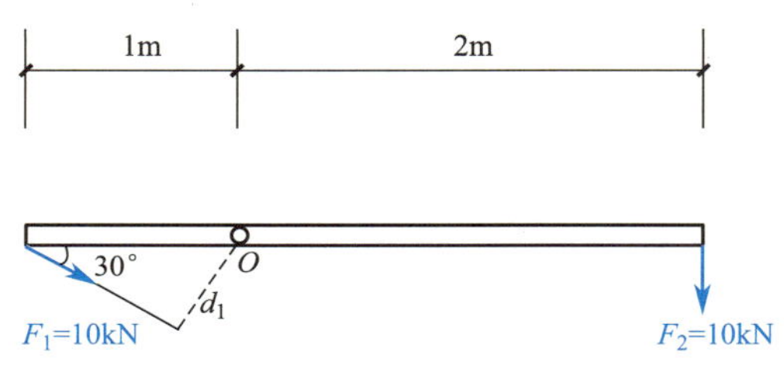

图 2-21

解析：由公式（2-7）可得：

$$M_O(F_1)=F_1d_1=10\times1\times\sin30^\circ=5\text{kN}\cdot\text{m}$$

$$M_O(F_2)=-F_2d_2=-10\times2=-20\text{kN}\cdot\text{m}$$

例 2-5 如图 2-22 所示，每 1m 长挡土墙所受土压力的合力为 F，它的大小为 200kN，土压力 F 可使挡土墙绕 A 点倾覆，求土压力 F 使墙倾覆的力矩（即 F 对 A 点的力矩）。

解析：根据合力矩定理，合力 F 对 A 点之矩等于分力 F_1、F_2 对 A 点之矩的代数和，则有

$$\begin{aligned}M_A(F)&=M_A(F_1)+M_A(F_2)=F_1\times h/3-F_2\times b\\&=200\cos30^\circ\times2-200\sin30^\circ\times2\\&=146.4\text{kN}\cdot\text{m}\end{aligned}$$

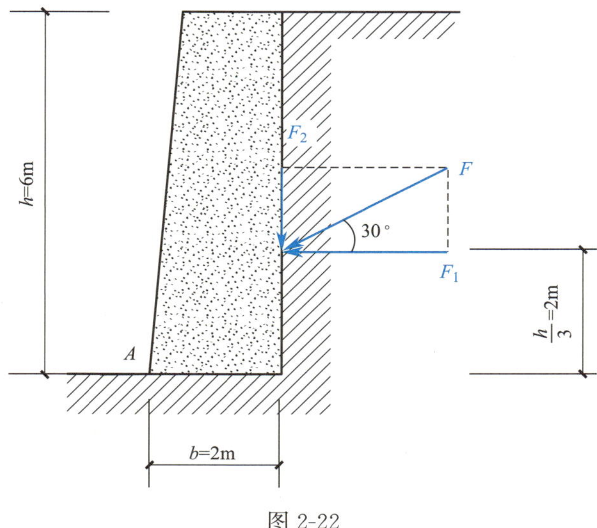

图 2-22

【知识小课堂】

图 2-23

“神舟五号”载人飞船（图 2-23）在太空中如何实现变轨？“神舟五号”载人飞船不仅在它的下部装有发动机，而且在每个舱段的“身上”还安装着发动机，有切向装的，也有侧向装的，这究竟是为什么？

答：切向装的发动机主要用来控制载人飞船的姿态。一旦飞船滚动，就启动两个反向的姿态控制发动机，形成一个“力偶”，控制翻滚。飞船如果出现偏航或者俯仰，航天员或者地面指挥中心就可以启动装在载人飞船侧面的偏航发动机，进行复航。

【任务实施】

1. 计算图 2-24 各杆件中力 F 对 O 点的矩。

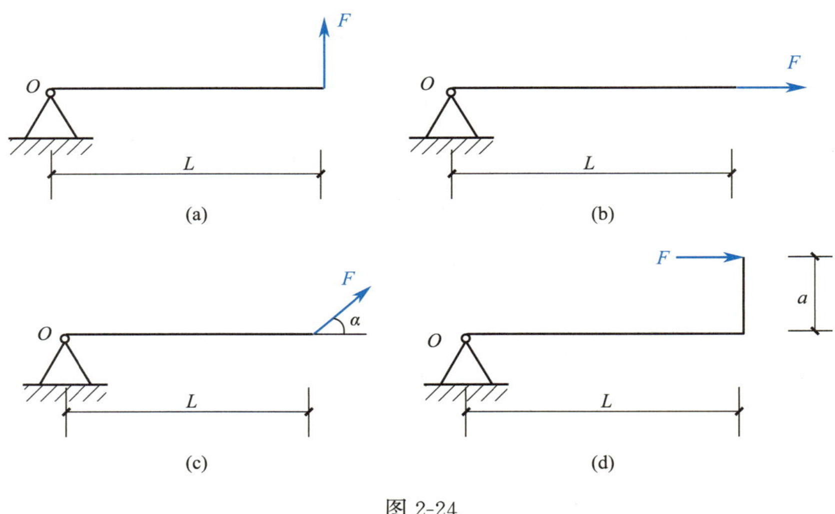

图 2-24

2. 计算图 2-25 中荷载 $F=5\text{kN}$ 在其作用点对 A、B 两点的力矩，$d_1=6\text{m}$、$d_2=3\text{m}$、$d_3=4\text{m}$。

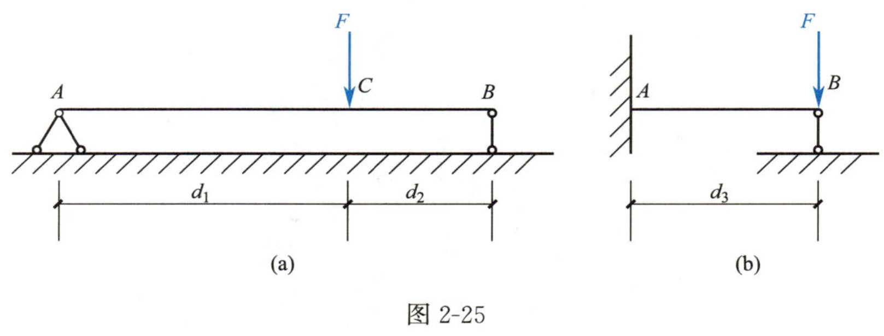

图 2-25

【任务质量评估】

一、填空题

1. 力矩是________和________的乘积。

2. 矩心到力作用线的______________，称为力臂。

3. 通常规定，使物体绕矩心顺时针转动时，力矩为________；使物体绕矩心逆时针转动时，力矩为________。

4. 力臂等于 0，力矩必为________。

5. 力偶的单位是__________或__________。

二、单项选择题

1. 如图 2-26 所示，已知 $F=100\text{N}$，$d=10\text{cm}$，求力 F 对 O 点之矩为（　　）。

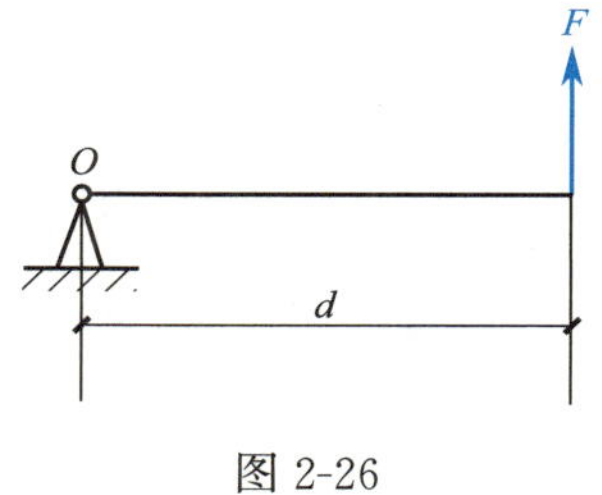

图 2-26

A. －1000N·m　　B. 1000N·m

C. 10N·m　　D. －10N·m

2. 如图 2-27 所示，对 O 点的力矩的大小和方向是（　　）。

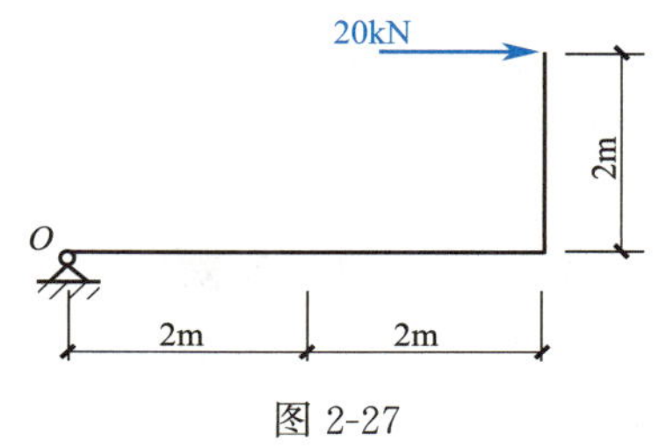

图 2-27

A. 40kN·m　　B. －40kN·m

C. 80kN·m　　D. －80kN·m

任务 2.4　平面一般力系

【任务描述】

在平面力系中，如果各力的作用线不全汇交于一点，也不全相互平行，这样的力系就叫**平面一般力系**。如工程中的平面桁架、水坝、挡土墙等，作用在其上的平面力系都是平面一般力系。本任务是学习求解平面一般力系的平衡问题。

【相关知识】

一、力的平移定理

在物体上某点 A 作用一个力 F，如图 2-28（a）所示。要将该力平移到物体上任意一点 O，先在 O 点加上两个互相平衡的力 F' 和 F''，如图 2-28（b）所示，并使它们的作用线与力 F 平行，大小与力 F 相等。

根据加减平衡力系公理可知，物体受由 F'、F'' 组成的力系的作用效果与原来的力 F 等效。由于力 F 与 F'' 等值、反向、平行，组成了力偶（F、F''），于是，原作用于 A 点的力 F 就与作用在 O 点的力 F' 和力偶（F、F''）等效。如图 2-28（c）所示。

力偶的力偶矩为

$$M(F,F'')=Fd=M_O(F)$$

式中，d 为力 F 的作用线到 A 点的垂直距离。

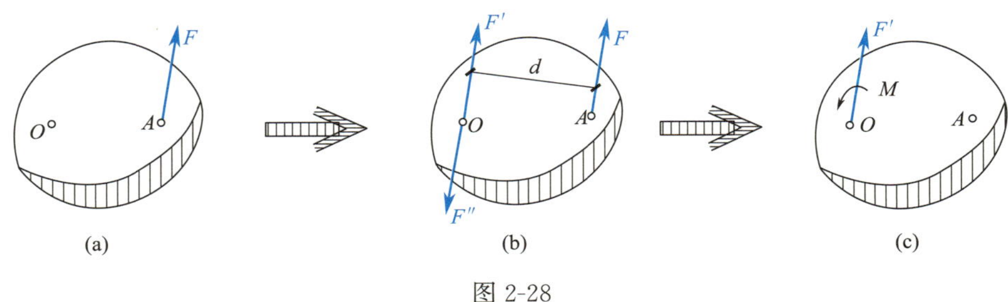

图 2-28

由此可得**力的平移定理：作用在物体上某点的力可平移到该物体上的任一点 O，但必须同时附加一个力偶，其力偶矩等于原力对新作用点 O 的矩。**

二、平面一般力系的平衡条件

平面一般力系向任一点简化时，当力系的合力 F_R 与合力偶矩 M_O 都为零时，物体既不转动，也不移动，则该力系是平衡力系，反之，亦然。故平面一般力系平衡的充分和必要条件是**力系向任一点 O 平移后的合力 $\boldsymbol{F_R}$ 和力系对该点的合力矩 $\boldsymbol{M_O}$ 同时等于零**。即

$$F_R = 0$$
$$M_O = 0$$

由此可得到平面一般力系的平衡条件为

$$\left.\begin{aligned} \sum F_x &= 0 \\ \sum F_y &= 0 \\ \sum M_O(F) &= 0 \end{aligned}\right\} \tag{2-10}$$

即平面一般力系平衡的充要条件是：**力系中所有各力在坐标轴上的投影的代数和分别等于零，且力系中各力对平面内任一点的矩的代数和也等于零。**

式（2-10）称为平面一般力系平衡方程的基本方程，前两式为投影平衡方程，第三式称为力矩平衡方程。这三个方程彼此独立，可求三个未知量。

平面一般力系平衡问题的求解步骤为：

(1) 选取研究对象，并进行受力分析；

(2) 选取适当的矩心，并列出平面一般力系的平衡方程；

(3) 求解未知力，并指明未知力的实际方向。

请参考例 2-6、例 2-7。

另外，根据平衡条件，还可导出平衡方程的其他两种形式，即：

1. 二矩式

$$\left.\begin{aligned} \sum F_x &= 0 \\ \sum M_A(F) &= 0 \\ \sum M_B(F) &= 0 \end{aligned}\right\} \tag{2-11}$$

式中，x 轴与 AB 连线不能垂直。

2. 三矩式

$$\left.\begin{aligned}\sum M_A(F)=0\\ \sum M_B(F)=0\\ \sum M_C(F)=0\end{aligned}\right\}\qquad(2\text{-}12)$$

式中，三矩心 A、B、C 不能共线。

平面一般力系的平衡方程虽有多种形式，但无论采用哪种形式，都只能写出三个独立的平衡方程，因此只能求解三个未知量。在实际解题时，所选的平衡方程形式应尽可能使计算简便，力求在一个方程中只包含一个未知量，避免求解联立方程。

三、平面力系平衡的特例

平面一般力系的平衡方程也适用于平面力系平衡的特例（平面汇交力系、平面平行力系、平面力偶系）。

1. 平面汇交力系

对于平面汇交力系来说，**各力对平面内任一点的矩的代数和恒等于 0**，即 $M_O\equiv M_O(F)\equiv 0$。因此其平衡条件可用下式反映：

$$\left.\begin{aligned}\sum F_x=0\\ \sum F_y=0\end{aligned}\right\}\qquad(2\text{-}13)$$

即平面汇交力系平衡的充要条件：**力系中所有力在不平行的 x、y 轴上的投影的代数和分别为零**。这两个方程彼此独立，可求两个未知量。具体参考例 2-8。

2. 平面平行力系

工程中作用在梁、板的荷载往往是垂直的，如自重等。即力的作用线互相平行，称为平面平行力系。当选取的坐标轴与力的作用线垂直时，则各力在坐标轴上的投影的代数和恒等于零。如图 2-29 所示，各力 F 均与 y 轴平行，则各力在 x 轴的投影的代数和恒等于零。因此，平面平行力系的平衡方程是：

$$\left.\begin{aligned}\sum F_y=0\\ \sum M_O(F)=0\end{aligned}\right\}\qquad(2\text{-}14)$$

式（2-14）表明，平面平行力系平衡的充分必要条件是：**力系中所有力对任一不垂直于力作用线的轴投影的代数和为零，且力系中各力对平面内任一点 O 的矩的代数和也为零。**

同理，可推出平面平行力系平衡方程的二矩形式：

$$\left.\begin{aligned}\sum M_A(F)=0\\ \sum M_B(F)=0\end{aligned}\right\}\qquad(2\text{-}15)$$

式中，A、B 两点连线不与力作用线平行。具体参考例 2-9、例 2-10。

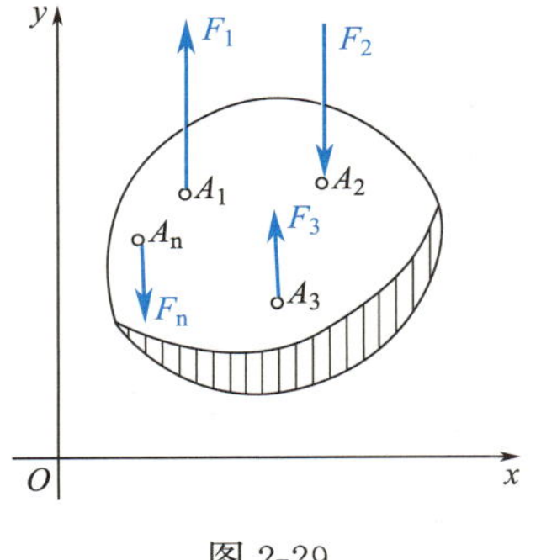

图 2-29

3. 平面力偶系

同时作用在物体同一平面内有两个或两个以上的力偶，称为平面力偶系。根据力偶的性质，平面力偶系只能合成一个合力偶。对物体没有移动效应，即 $\sum F_x = 0$、$\sum F_y = 0$。力偶系中各力偶对物体的转动效应的总和为零，此时，物体处于平衡状态；反之，若物体在平面力偶系的作用下转动效应为零，即物体平衡，则该力偶系的合力偶矩必定等于零。因此，平面力偶平衡的充要条件是：**力偶系中各力偶矩的代数和等于零**。其方程式为

$$\sum M = 0 \tag{2-16}$$

式（2-16）为平面力偶系的平衡方程，可求解一个未知量。具体参考例 2-11。

【实例展示】

例 2-6 刚架如图 2-30 所示，不计刚架自重，试求 A、B 支座反力。

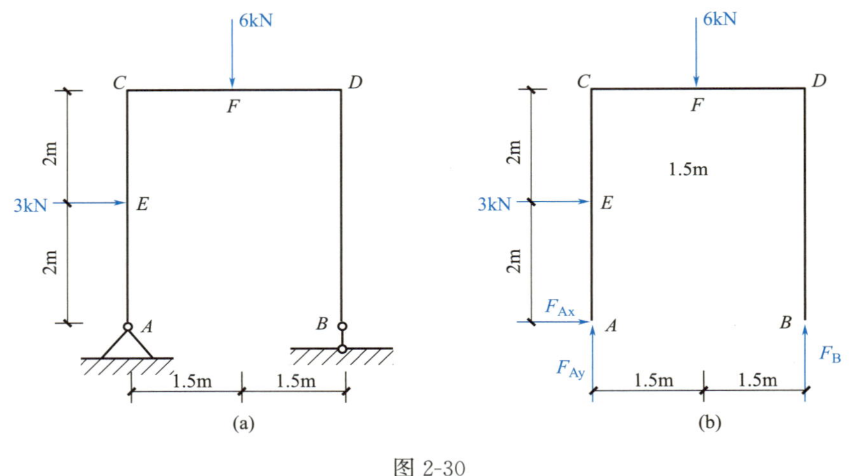

图 2-30

解析：（1）取刚架 $ABCD$ 为研究对象作受力图如图 2-30（b）所示。

（2）列平衡方程并计算未知量

由式（2-10）可得：

$$\sum F_x = 0 \quad F_{Ax} + 3 = 0$$

$$\sum F_y = 0 \quad F_{Ay} + F_B - 6 = 0$$

$$\sum M_A = 0 \quad F_B \times 3 - 6 \times 1.5 - 3 \times 2 = 0$$

（3）解方程得：

$$F_{Ax} = -3\text{kN}\ (\leftarrow)$$

$$F_{Ay} = 1\text{kN}\ (\uparrow)$$

$$F_B = 5\text{kN}\ (\uparrow)$$

支座反力 F_{Ax} 计算结果均为负，故假设的支座反力方向与实际方向相反。F_{Ay} 及 F_B 计算结果均为正，故假设的支座反力方向与实际方向一致。

例 2-7 如图 2-31（a）示悬臂梁，不计梁的自重，试求 A 支座反力。

解析：（1）取 AB 为研究对象作受力图如图 2-31（b）所示。

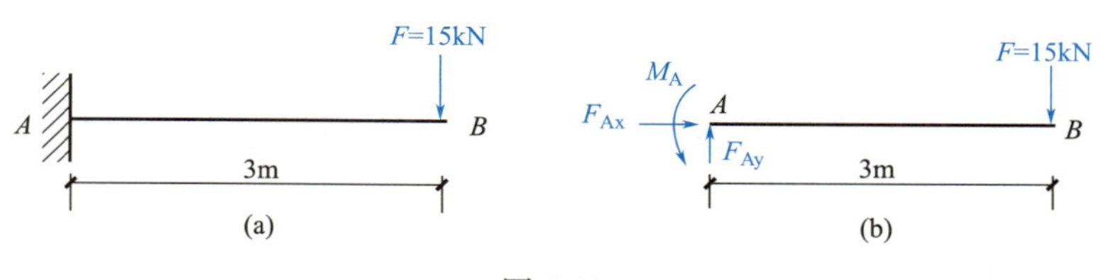

图 2-31

（2）列平衡方程并计算未知量

$$\sum F_x=0 \quad F_{Ax}=0$$

$$\sum F_y=0 \quad F_{Ay}-15=0$$

$$\sum M_A=0 \quad M_A-15\times3=0$$

（3）解方程得：

$$F_{Ax}=0$$

$$F_{Ay}=15\text{kN}\ (\uparrow)$$

$$M_A=45\text{kN}\cdot\text{m}\ (\circlearrowleft)$$

支座反力 F_{Ay} 及 M_A 计算结果均为正，故所假设的支座反力方向，与实际方向一致。

例 2-8　求图 2-32 所示的三角支架中杆 AC 和杆 BC 所受的力，已知重物 D 重 $G=200\text{N}$。

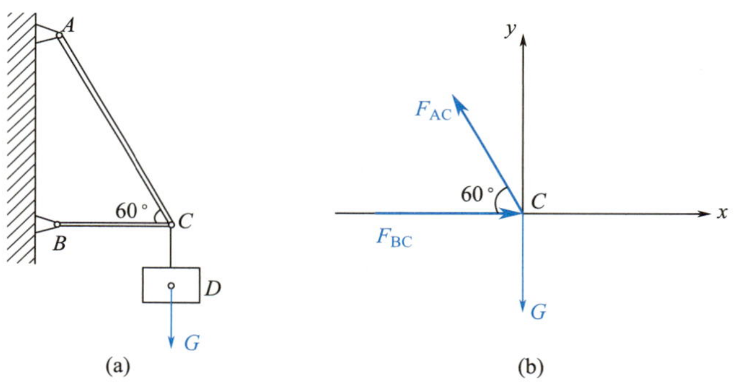

图 2-32

解析：（1）取正 C 为研究对象。因杆 AC 和杆 BC 都是二力杆，所以 F_{AC} 和 F_{BC} 的作用线都为杆轴方向。现假定 F_{AC} 为拉力，F_{BC} 为压力，画受力图，如图 2-32（b）所示。

（2）选取坐标系如图 2-32（b）所示。

（3）列平衡方程，求解未知力 F_{AC} 和 F_{BC}

由　$\sum F_y=0 \quad F_{AC}\sin60^\circ-G=0$

即　$F_{AC}\sin60^\circ-200=0$

$F_{AC}=230.95\text{N}$

由　$\sum F_x=0 \quad F_{BC}-F_{AC}\cos60^\circ=0$

得　$F_{BC}=115.48\text{N}$

因求出的结果均为正值，说明假定的指向与实际指向一致，即杆 AC 受拉，杆 BC 受压。

例 2-9 如图 2-33（a）所示简支梁，不计梁的自重，试求 A、B 支座反力。

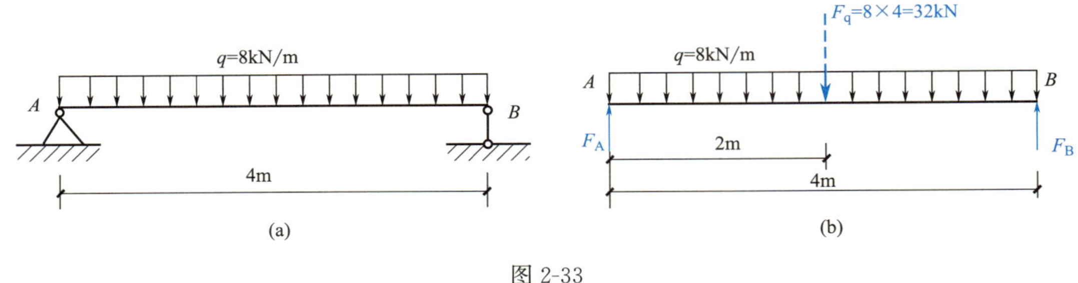

图 2-33

解析：该题中的简支梁只承受竖向荷载，即外荷载 q 和支座反力 F_A、F_B 组成平面平行力系，故支座 A 处不绘制水平向分力。

（1）取 AB 为研究对象作受力图如图 2-33（b）所示。

（2）将均布荷载 q 转化为等效的集中荷载 F_q，其中 F_q 的大小等于均布荷载 q 的大小乘以该荷载的长度，即 $F_q=8\times4=32\text{kN}$。作用在均布荷载的形心处，即距离 A 支座 2m 处。

解法一：列平衡方程并计算未知量，根据式（2-14）：

$$\sum F_y=0 \quad F_A+F_B-F_q=0$$

$$\sum M_A=0 \quad F_B\times4-F_q\times2=0$$

将 F_q 代入上述方程中，解方程得：

$$F_A=16\text{kN}\ (\uparrow)$$

$$F_B=16\text{kN}\ (\uparrow)$$

支座反力 F_A 及 F_B 计算结果均为正，故所假设的支座反力方向与实际方向一致。

解法二：利用平面平行力系平衡方程的二矩形式（2-15）列方程得：

$$\sum M_A=0 \quad F_B\times4-F_q\times2=0$$

$$\sum M_B=0 \quad F_q\times2-F_A\times4=0$$

将 F_q 代入上述方程中，解方程得：

$$F_A=16\text{kN}\ (\uparrow)$$

$$F_B=16\text{kN}\ (\uparrow)$$

结果与解法一相同。

例 2-10 如图 2-34（a）所示外伸梁，不计梁的自重，试求 A、B 支座反力。

解析：该题中的外伸梁只承受竖向荷载，即外荷载 F、q 和支座反力 F_A、F_B 组成平面平行力系，故支座 A 处不绘制水平向分力。

（1）取外伸梁 AB 为研究对象作受力图如图 2-34（b）所示。

（2）将均布荷载 q 转化为等效的集中荷载 F_q，其中 F_q 的大小等于均布荷载 q 的大小乘以该荷载的长度，即 $F_q=2\text{kN/m}\times2\text{m}=4\text{kN}$。作用在均布荷载的形心处，即距离 B 支

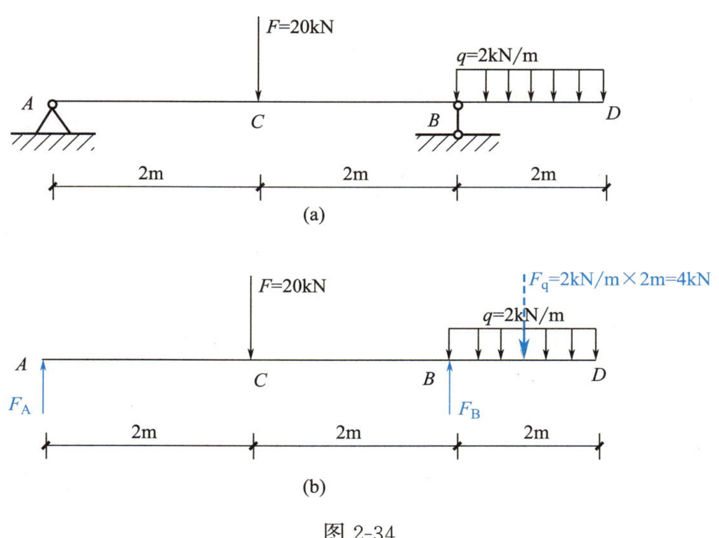

图 2-34

座 1m 处。列平衡方程并计算未知量：

$$\sum F_y=0 \quad F_A+F_B-20-F_q=0$$

$$\sum M_A=0 \quad F_B\times4-20\times2-F_q\times5=0$$

（3）解方程得：

$$F_A=9\text{kN}（\uparrow）$$

$$F_B=15\text{kN}（\uparrow）$$

支座反力 F_A 及 F_B 计算结果均为正，故所假设的支座反力方向，与实际方向一致。

例 2-11　如图 2-35（a）所示简支梁，不计梁的自重，试求 A、B 支座反力。

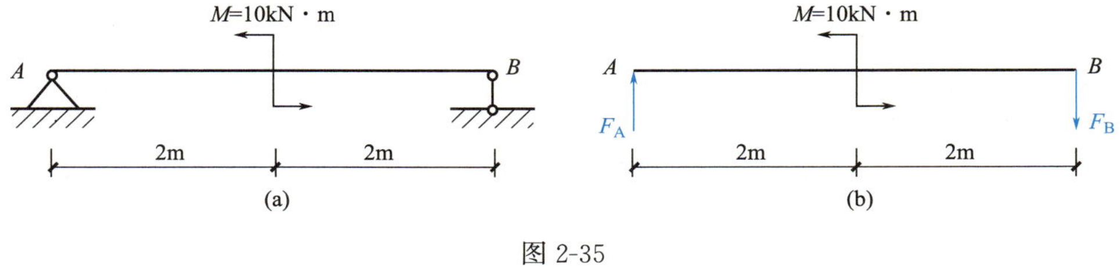

图 2-35

解析：（1）取简支梁 AB 为研究对象，由于 AB 梁只受到一个力偶 M 的作用，根据力偶的性质，力偶只能和力偶平衡，因此 A、B 支座的支座反力必然形成力偶与外力偶 M 平衡，则 A、B 支座的支座反力如图 2-35（b）所示。

（2）列平衡方程并计算未知量，根据式（2-16）可得：

$$\sum M=0 \quad 10-F_A\times4=0$$

（3）解方程得：

$$F_A=2.5\text{kN}（\uparrow）$$

则

$$F_B=2.5\text{kN}（\downarrow）$$

【知识小课堂】

雨篷由雨篷板、雨篷梁两部分组成，如图 2-36 所示。雨篷板上的荷载，可能使整个雨篷绕梁底外缘 A 轴转动而倾覆，雨篷板上的荷载对 A 轴的力矩叫作倾覆力矩，用 $M_{倾}$ 表示，作用于雨篷梁上的墙体重量以及其他可能压在雨篷梁上的荷载，则抵抗倾覆，雨篷梁上所有荷载的合力对 A 轴的力矩，叫作抗倾覆力矩，用 $M_{抗}$ 表示。为了保持雨篷的稳定，规范要求抗倾覆安全系数不小于 1.5，即要求 $M_{抗} \geqslant 1.5M_{倾}$。

某工程中的雨篷倾覆翻倒情形如图 2-37 所示。工程中发生的雨篷、阳台等结构的倾覆事故中，因抗倾覆安全系数太小造成倾覆的情况比较常见；此外，受力钢筋放到下部或被踩到下部，钢筋长度不足或未按要求连接好等情况也易使悬挑结构断裂倾覆。

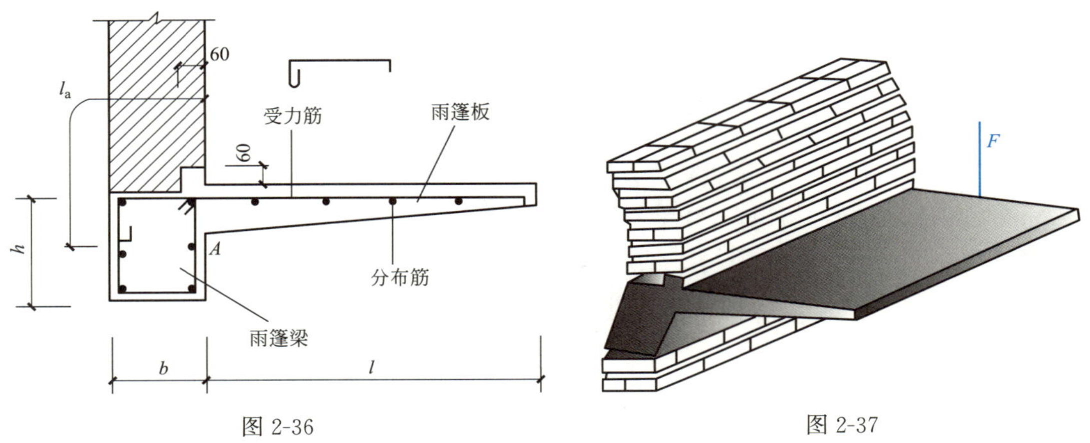

图 2-36　　图 2-37

【任务实施】

1. 求图 2-38 中各梁的支座反力。

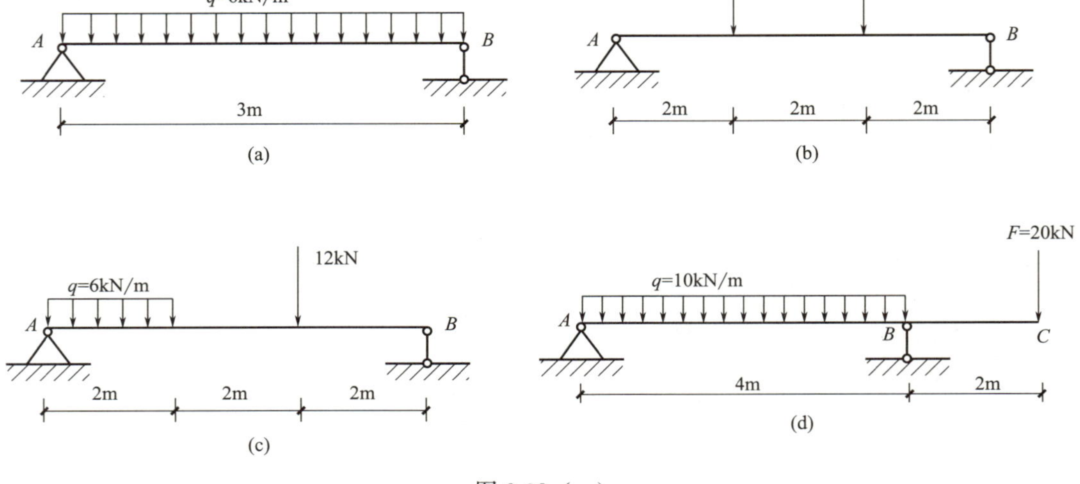

图 2-38（一）

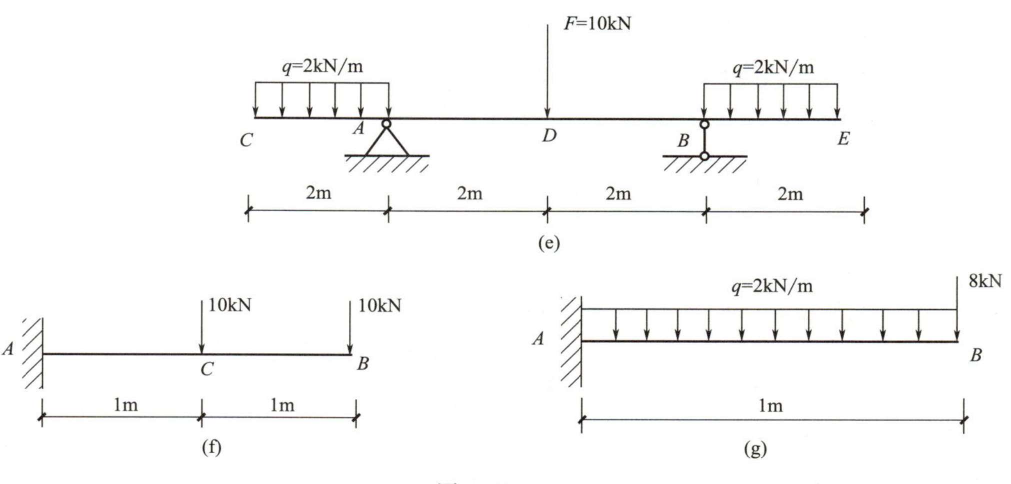

图 2-38（二）

2. 试求图 2-39 中各梁的支座反力。

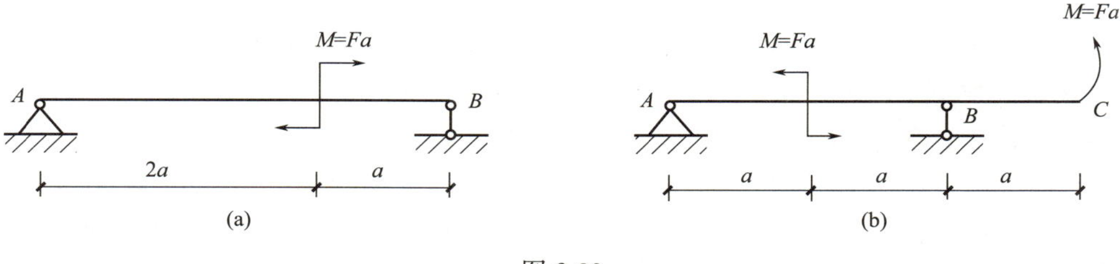

图 2-39

3. 静力刚架受力及尺寸如图 2-40 所示，试计算刚架的支座反力。

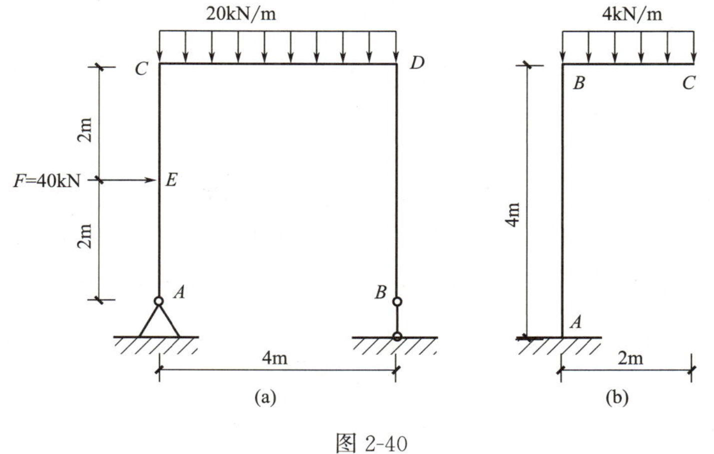

图 2-40

【任务质量评估】

一、填空题

1. 力的作用线既不汇交于一点，又不相互平行的力系称为__________力系。

2. 力的作用线都相互平行的平面力系称为__________力系。

3. 平面汇交力系合成的结果是一个__________。

4. 力系向某点平移的结果，可以得到一个__________和__________。

5. 平面一般力系能列出________个独立平衡方程。

二、单项选择题

1. “力系中所有力在 x、y 两个坐标轴上的投影的代数和分别为零”是平面汇交力系平衡的（　　）。

A. 充分条件　　B. 必要条件　　C. 充分必要条件　　D. 没关系

2. 平衡状态是指物体相对于地球保持静止或（　　）。

A. 转动　　B. 匀速直线运动

C. 匀变速直线运动　　D. 匀加速直线运动

3. 平面一般力系向作用面内任一点简化的结果是（　　）。

A. 一个力和力偶　　B. 一个合力

C. 力偶　　D. 力矩

项目知识梳理

本项目讨论了力的投影和力矩等重要概念，并提出了利用平面汇交力系、平面一般力系的平衡条件解决工程中简单的平衡问题的方法。

一、平面力系的分类

1. 力系各力的作用线在同一直线上，这个力系称为**共线力系**。

2. 力系各力的作用线汇交于一点，并且各力的作用线都在同一平面内，这个力系称为**平面汇交力系**。

3. 同时作用在物体同一平面内有两个或两个以上的力偶，称为**平面力偶系**。

4. 力系各力作用线相互平行，并且各力的作用线都在同一平面内，这个力系称为**平面平行力系**。

5. 力系的各力不共线，不完全汇交，不完全平行，并且各力的作用线都在同一平面内，这个力系称为**平面一般力系**。

二、力的合成与分解

平面汇交力系的合成结果是一个合力 R。合成的方法有几何法、解析法。

几何法：根据力多边形法则求合力，力多边形的封闭边表示合力 R 的大小和方向。

解析法：根据合力投影定理，利用力系中各分力在两个直角坐标轴上的投影的代数和，求合力的大小和方向。

$$F_R=\sqrt{F_{Rx}^2+F_{Ry}^2}$$

$$\tan\alpha=\left|\frac{F_{Ry}}{F_{Rx}}\right|$$

三、力的投影和力矩

力的投影和力矩的定义、计算公式、单位、正负号规定、性质见表 2-1。

四、平面一般力系平衡问题的求解

平面一般力系最后的合成结果或者是一个力，或者是一个力偶，或者是力系平衡。平面一般力系平衡条件及平衡方程等见表 2-2。

力的投影和力矩总结对比 **表 2-1**

项目	力在坐标轴上的投影	力矩
1. 定义	在力 F 的作用平面内取直角坐标系，向坐标轴作垂直投影后得到的线段大小，加上正负号，叫作力 F 在坐标轴上的投影	力 F 与其力臂 d 的乘积加上正负号，叫作力对某点的矩，简称力矩
2. 计算公式	$F_x = \pm F\cos\alpha$ $F_y = \pm F\sin\alpha$ α——力 F 与 x 轴的夹角，且 $0° \leqslant \alpha \leqslant 90°$	$M_O(F) = \pm Fd$ d——力臂
3. 单位	千牛顿(kN) 牛顿(N)	千牛顿·米(kN·m)
4. 正负号规定	投影方向与坐标轴正方向一致时取正号，与坐标轴正方向相反时取负号	使物体作逆时针转动为正，使物体作顺时针转动为负
5. 性质	(1)力垂直于坐标轴，其投影为零。 (2)当力平行于坐标轴时，其投影的绝对值与该力的大小相等。 (3)力平行移动后，在坐标轴上的投影不变	(1)当力 F 大小等于零，或者力的作用线通过矩心时，力矩为零。 (2)当力沿作用线移动后，不会改变力对某点的矩

平面一般力系 **表 2-2**

项目	平面一般力系	平面平行力系
1. 平衡条件	力系中所有各力在两个坐标轴上的投影代数和都等于零；力系中所有各力对任一点的力矩代数和等于零	平面平行力系是平面一般力系的特殊情况。力系中所有各力的代数和等于零；力系中各力对任一点的力矩的代数和等于零
2. 平衡方程	(1)基本形式 $\begin{cases}\sum F_x = 0\\ \sum F_y = 0\\ \sum M_O(F) = 0\end{cases}$ (2)二力矩形式 $\begin{cases}\sum F_x = 0\\ \sum M_A(F) = 0\\ \sum M_B(F) = 0\end{cases}$ (3)三力矩形式 $\begin{cases}\sum M_A(F)=0\\ \sum M_B(F)=0\\ \sum M_C(F)=0\end{cases}$	(1)基本形式 $\begin{cases}\sum F_y = 0\\ \sum M_O(F) = 0\end{cases}$ (2)二力矩形式 $\begin{cases}\sum M_A(F) = 0\\ \sum M_B(F) = 0\end{cases}$
3. 求解未知数个数	3 个	2 个

五、思维导图填空

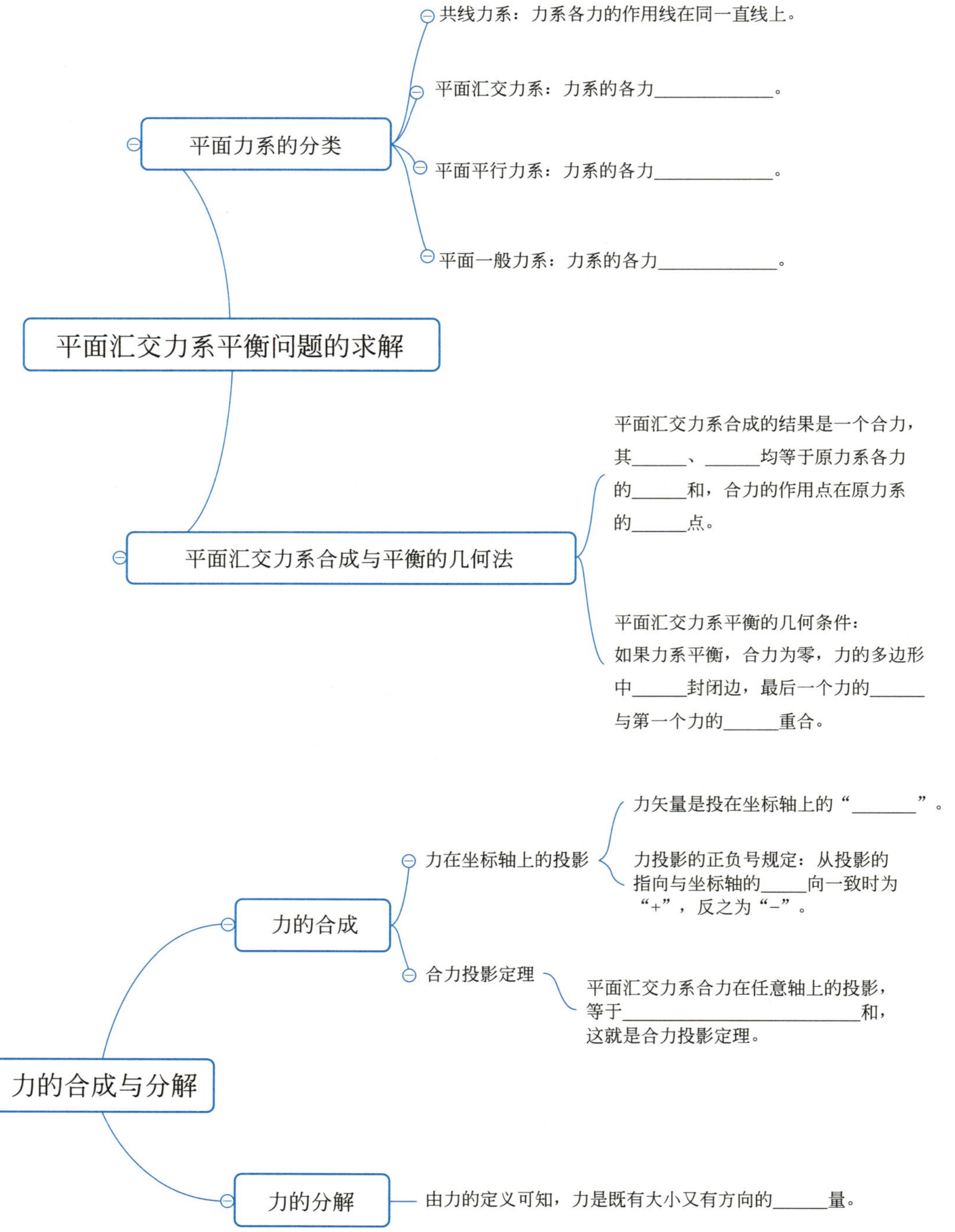
共线力系：力系各力的作用线在同一直线上。
平面汇交力系：力系的各力______。
平面力系的分类
平面平行力系：力系的各力______。
平面一般力系：力系的各力______。
平面汇交力系平衡问题的求解
平面汇交力系合成的结果是一个合力，其______、______均等于原力系各力的______和，合力的作用点在原力系的______点。
平面汇交力系合成与平衡的几何法
平面汇交力系平衡的几何条件：如果力系平衡，合力为零，力的多边形中______封闭边，最后一个力的______与第一个力的______重合。
力矢量是投在坐标轴上的“______”。
力在坐标轴上的投影
力投影的正负号规定：从投影的指向与坐标轴的______向一致时为“+”，反之为“−”。
力的合成
合力投影定理
平面汇交力系合力在任意轴上的投影，等于______和，这就是合力投影定理。
力的合成与分解
力的分解
由力的定义可知，力是既有大小又有方向的______量。

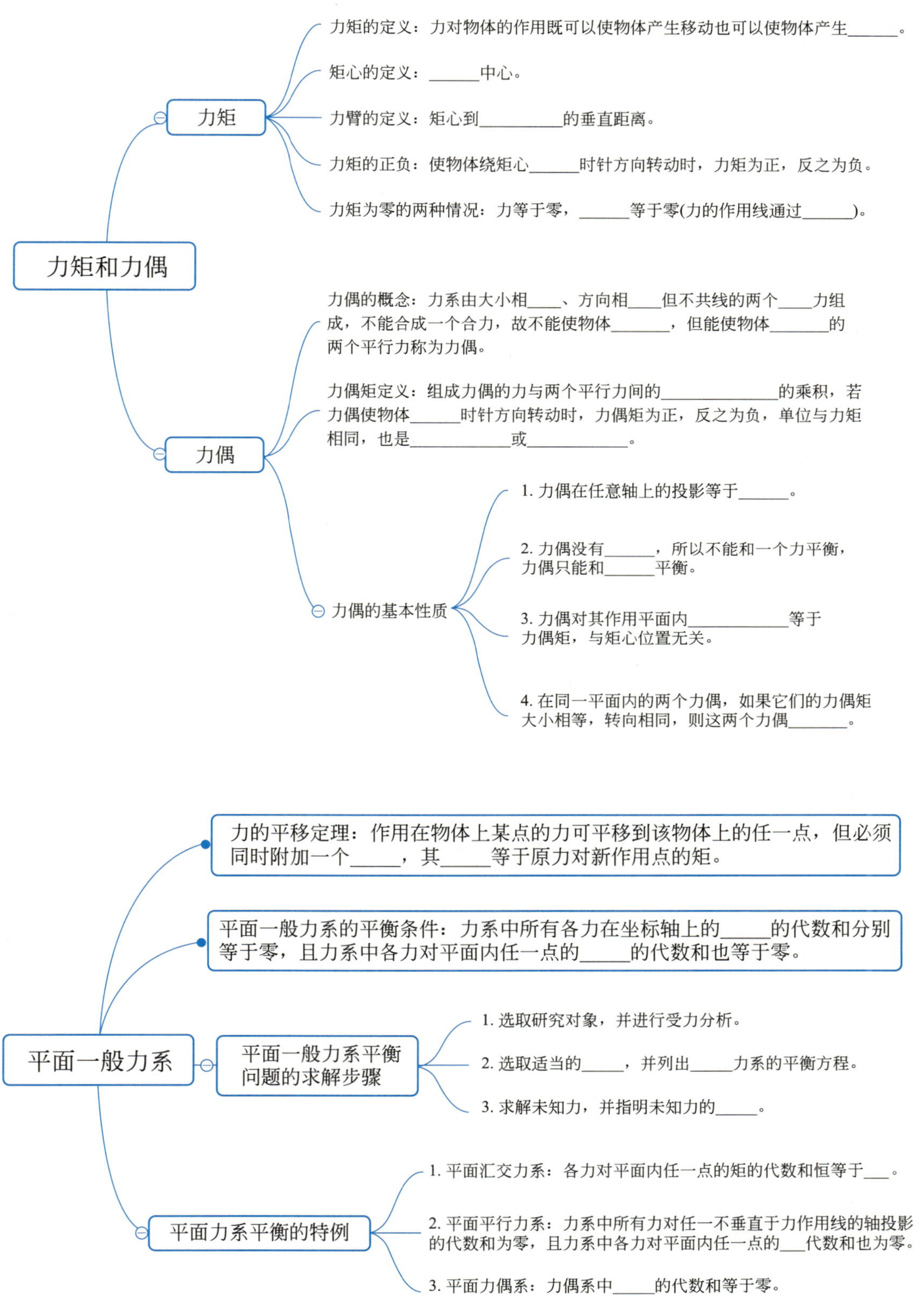
力矩和力偶
力矩
力矩的定义：力对物体的作用既可以使物体产生移动也可以使物体产生______。
矩心的定义：______中心。
力臂的定义：矩心到__________的垂直距离。
力矩的正负：使物体绕矩心______时针方向转动时，力矩为正，反之为负。
力矩为零的两种情况：力等于零，______等于零(力的作用线通过______)。
力偶
力偶的概念：力系由大小相____、方向相____但不共线的两个____力组成，不能合成一个合力，故不能使物体_______，但能使物体_______的两个平行力称为力偶。
力偶矩定义：组成力偶的力与两个平行力间的______________的乘积，若力偶使物体______时针方向转动时，力偶矩为正，反之为负，单位与力矩相同，也是____________或____________。
力偶的基本性质
1. 力偶在任意轴上的投影等于______。
2. 力偶没有______，所以不能和一个力平衡，力偶只能和______平衡。
3. 力偶对其作用平面内____________等于力偶矩，与矩心位置无关。
4. 在同一平面内的两个力偶，如果它们的力偶矩大小相等，转向相同，则这两个力偶_______。
平面一般力系
力的平移定理：作用在物体上某点的力可平移到该物体上的任一点，但必须同时附加一个_____，其_____等于原力对新作用点的矩。
平面一般力系的平衡条件：力系中所有各力在坐标轴上的_____的代数和分别等于零，且力系中各力对平面内任一点的_____的代数和也等于零。
平面一般力系平衡问题的求解步骤
1. 选取研究对象，并进行受力分析。
2. 选取适当的_____，并列出_____力系的平衡方程。
3. 求解未知力，并指明未知力的_____。
平面力系平衡的特例
1. 平面汇交力系：各力对平面内任一点的矩的代数和恒等于___。
2. 平面平行力系：力系中所有力对任一不垂直于力作用线的轴投影的代数和为零，且力系中各力对平面内任一点的___代数和也为零。
3. 平面力偶系：力偶系中_____的代数和等于零。

重点内容点拨

一、力的投影和合成

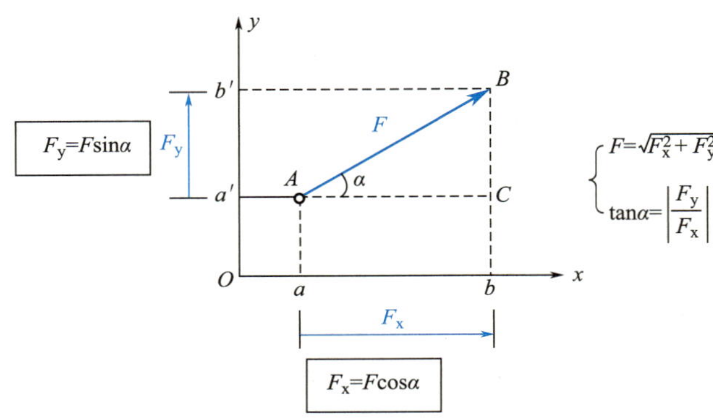

二、力矩和力偶

- 力矩
  - 定义
    - 力有使物体产生转动的效应
  - 影响因素
    - 力的大小和力臂的乘积
    - 力使物体绕矩心的转动方向
  - 公式
    - $M_O(F)=\pm F\cdot d$
  - 单位
    - 牛顿·米(N·m)或千牛顿·米(kN·m)

- 力偶矩
  - 定义
    - 力偶对物体作用效果的大小与组成力偶的力的大小和两平行力间的垂直距离的乘积有关
  - 影响因素
    - 力偶矩的大小
    - 力偶的转向
    - 力偶的作用平面
  - 公式
    - $M=\pm F\cdot d$
  - 单位
    - 牛顿·米(N·m)或千牛顿·米(kN·m)

三、平衡一般力系

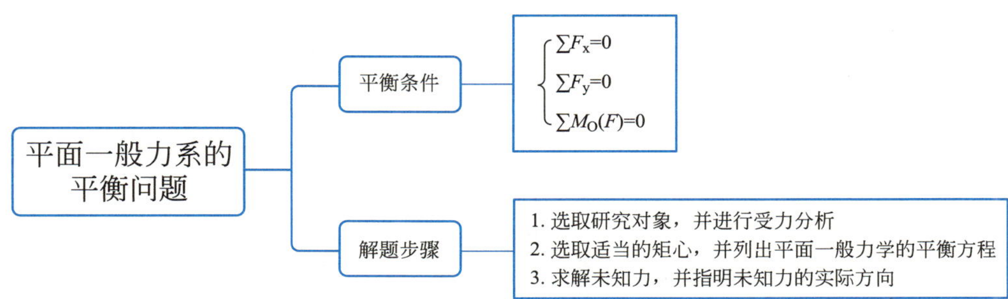

项目质量评估

一、单项选择题

1. 关于合力与分力之间的关系，不正确的说法是（　　）。

A. 合力一定比分力大

B. 两个分力夹角越小合力越大

C. 合力不一定比分力大

D. 两个分力夹角（锐角范围内）越大合力越小

2. 利用平面汇交力系的平衡方程，最多能求解（　　）个未知量。

A. 1　　B. 2

C. 3　　D. 4

3. 在平面力系中如各力的作用线相互平行，这样的力系，称为（　　）。

A. 平面汇交力系　　B. 平面一般力系

C. 平面力偶系　　D. 平面平行力系

4. 矩心到力作用点的垂直距离称为（　　）。

A. 力矩　　B. 力臂

C. 力的投影　　D. 力偶

5. 关于力在坐标轴上的投影，下列说法正确的是（　　）。

A. 力平行于坐标轴时，力在坐标轴上的投影为零

B. 力沿其作用线移动后，在坐标轴上的投影不变

C. 力垂直于坐标轴时，力在该轴上投影的绝对值等于该力的大小

D. 力的投影与坐标轴选取无关

二、填空题

1. 力能使物体移动，＿＿＿＿＿＿能使物体转动，力 F 使物体绕 O 点的转动效应用＿＿＿＿来度量，＿＿＿＿与＿＿＿＿的乘积叫作 F 对 O 点的力矩。

2. 当力垂直于坐标轴时，力在该轴上的投影为＿＿＿＿，当力平行于坐标轴时，其投影的绝对值与该力的＿＿＿＿相等。

3. 使物体沿逆时针方向转动的力矩为＿＿＿＿，反之为＿＿＿＿，所以力矩是代数量。

4. 平面汇交力系的合力对平面内任一点之矩，等于各分力对同一点的力矩的＿＿＿＿。

5. 作用于物体上的力 F，可以平行移动到物体的任一点 O，但必须附加一个＿＿＿＿，

其力偶矩等于______。这就是力的平移定理。

三、计算题

1. 如图 2-41 所示，已知 $F_1=60$kN，$F_2=50$kN，$F_3=30$kN，$F_4=70$kN，F_4 平行于 y 轴，试分别求各力在 x、y 轴上的投影。

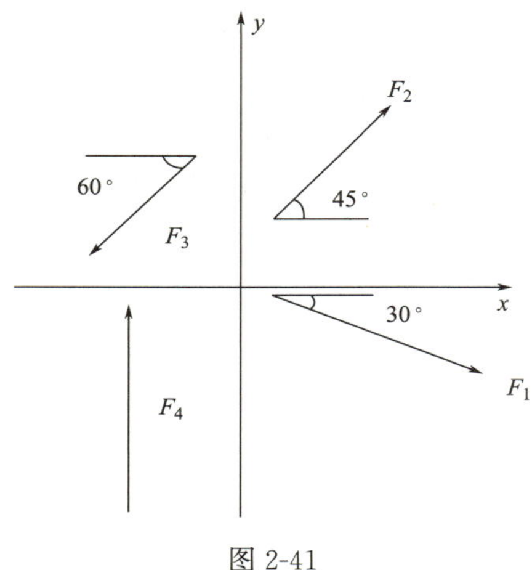

图 2-41

2. 计算图 2-42 各图中力 F 对点 O 的力矩。已知 $F=20$kN，$L=2.5$m。

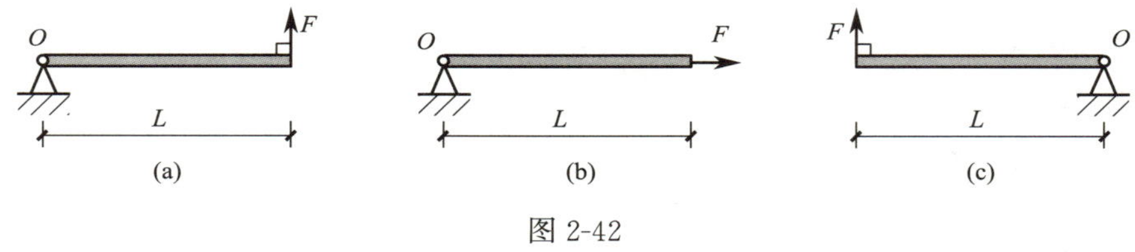

图 2-42

3. 求图 2-43 中梁的支座反力。

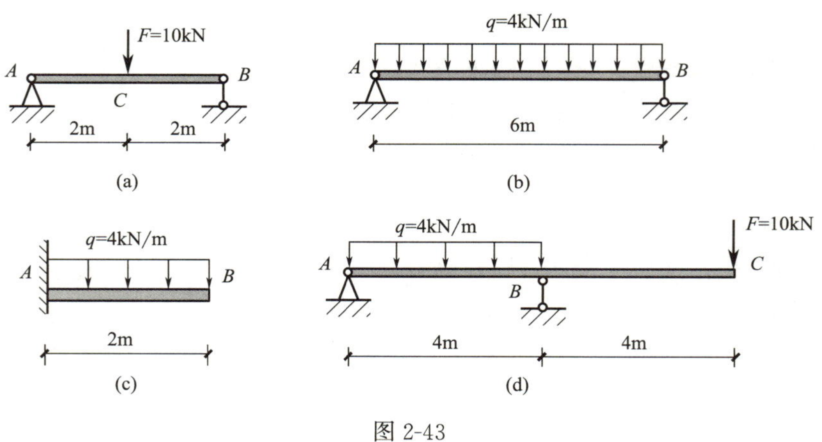

图 2-43

项目 3　直杆轴向拉伸和压缩

项目导学

一、学习目标

知识目标：1. 辨认杆件的四种基本变形和组合变形；

2. 阐明截面法、简便计算法求直杆指定截面的轴力的步骤；

3. 解释应力的概念；

4. 列举一个实物来解释强度的概念。

能力目标：1. 能够应用截面法、简便计算法求直杆指定截面的轴力；

2. 能够绘制和识读直杆的轴力图；

3. 能够对轴向拉（压）杆件的强度进行简单分析；

4. 能够对工程中的拉（压）构件进行定性分析。

素质目标：1. 培养求实的科学态度；

2. 强化严谨细致的工作作风；

3. 提高团队协作能力。

二、项目思维导图

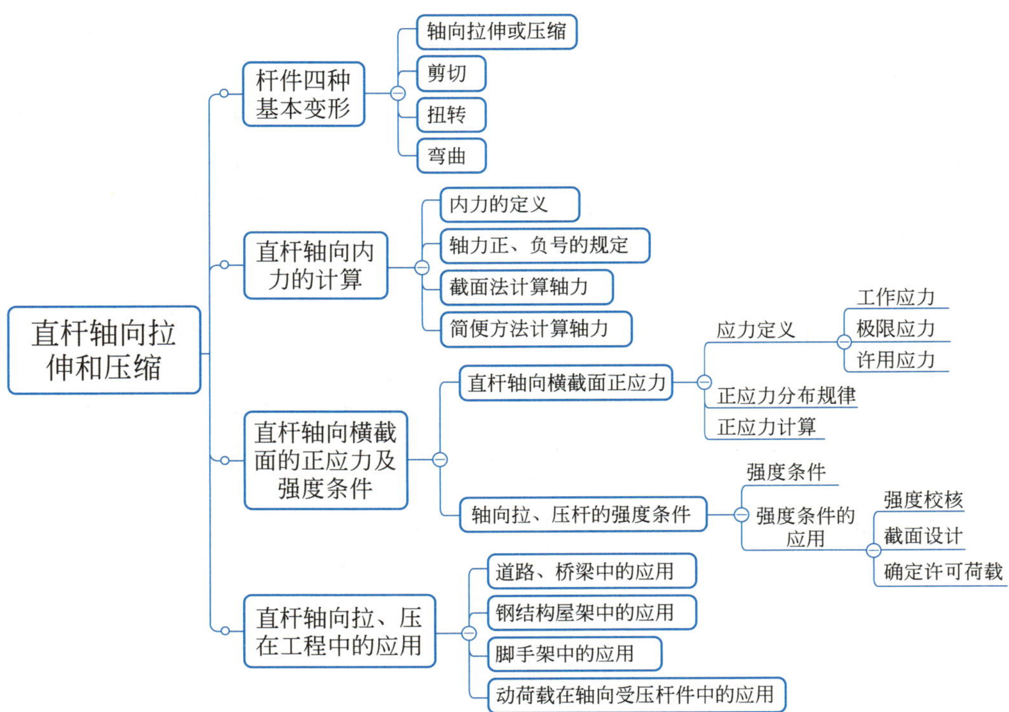

项目概述

建筑工程中，结构构件在受力以后都将产生一定的变形，常见的基本变形有轴向拉伸或压缩、剪切、扭转和弯曲四种形式。但是在工程实际中，许多构件常处于两种或两种以上基本变形的组合情况，这种变形情况称为组合变形。如图 3-1 所示，厂房牛腿在 F_1、F_2 的作用下同时处于压缩和弯曲变形。本项目主要研究构件的轴向拉伸或压缩变形。

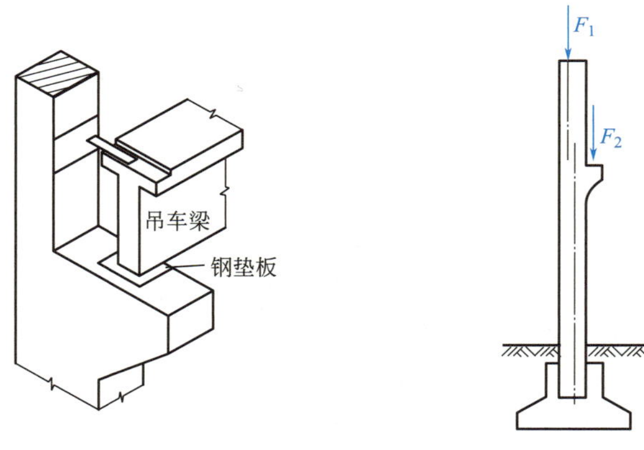

图 3-1

通过本项目的学习，能够绘制直杆的轴力图，会对轴向拉（压）杆件的强度进行简单分析，为钢筋混凝土轴压柱构件施工图的识读奠定力学基础。

任务 3.1　杆件基本变形的识别

微课

【任务描述】

在工程实际中，最常见、最基本的一种构件是杆件，即纵向（长度方向）尺寸远大于横向（垂直于长度方向）尺寸的构件。轴线为直线且横截面大小相等的杆件称为**等直杆**。民用建筑中的柱子、梁等大部分为等直杆。杆件在不同的受力情况下，会产生不同的变形，本任务将学习四种基本的变形形式。

【相关知识】

一、轴向拉伸或压缩

当杆件受到大小相等、方向相反、作用线与杆件轴线重合的一对外力作用时，杆件沿轴线方向产生伸长或缩短变形，这种变形称为**轴向拉伸或压缩**（图 3-2）。产生轴向拉伸

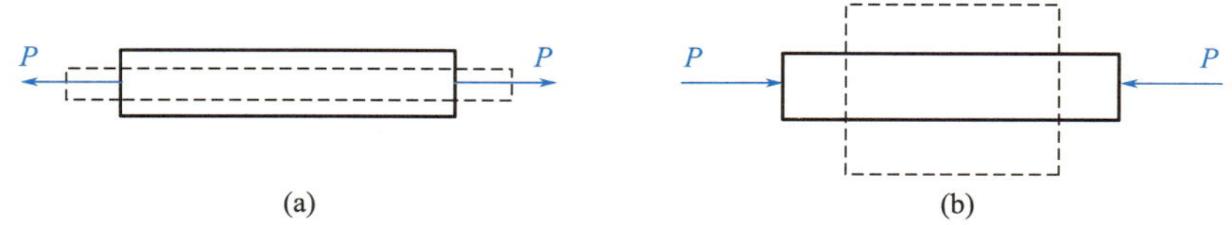

图 3-2
（a）轴向拉伸；（b）轴向压缩

（或压缩）变形的杆件称为**拉杆（或压杆）**。请参考例 3-1。

二、剪切

当杆件受到大小相等、方向相反、作用线垂直于杆件轴线且相距很近的一对横向外力作用时，杆件的横截面沿外力方向发生相对错动变形，这种变形称为**剪切**（图 3-3）。请参考例 3-2。

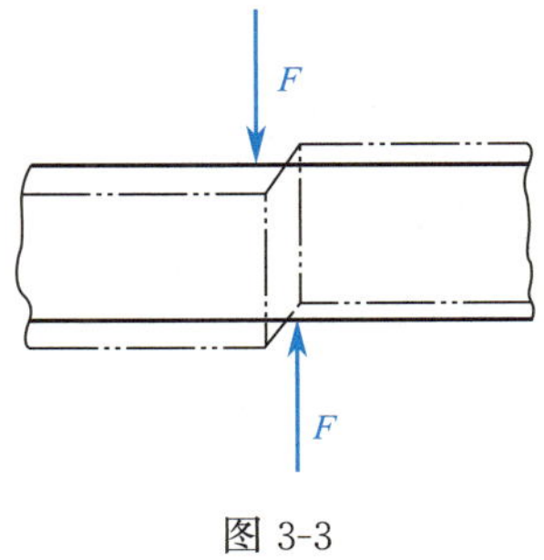

图 3-3

三、扭转

当杆件受到大小相等、转向相反、在垂直于杆件轴线的两个平面内的一对力偶作用时，杆件横截面将产生绕轴线的相对转动变形，这种变形称为**扭转**（图 3-4）。请参考例 3-3。

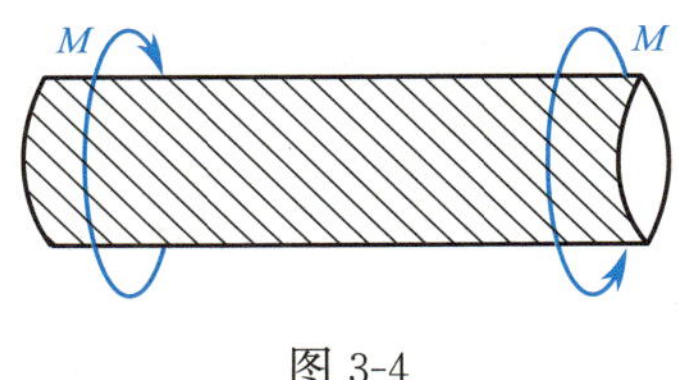

图 3-4

四、弯曲

当杆件受到垂直于杆轴的外力作用或在纵向平面内受到力偶作用（图 3-5）时，杆件轴线由直线变为曲线，这种变形称为**弯曲**。以弯曲变形为主要变形的杆件称为受弯构件。在工业与民用建筑中，各种类型的梁、板以及楼梯等都属于典型的受弯构件。请参考例 3-4。

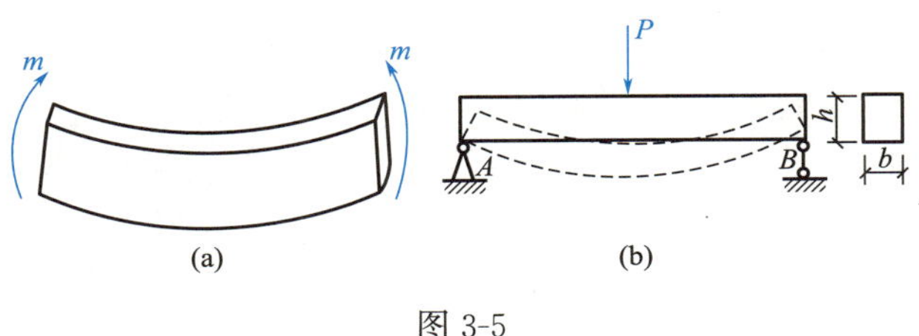

图 3-5

如果梁变形时，其轴线弯曲成在纵向对称平面内的一条曲线，这种梁的弯曲平面与外力作用平面及纵向对称平面重合的弯曲称为**平面弯曲**。

【实例展示】

例 3-1 工程中有很多杆件受轴向力作用而产生拉伸或压缩变形。例如图 3-6（a）所示三角架，杆 AB 受拉，杆 CB 受压；图 3-6（b）中的立柱则是轴向压缩的实例。除此之外，起吊构件的钢索、斜拉桥的钢丝束、桥墩等都是轴向拉伸（压缩）的实例。

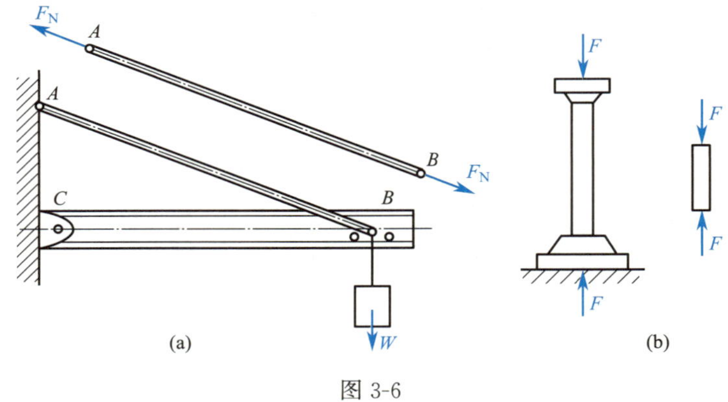

图 3-6

例 3-2 如图 3-7（a）所示为一个铆钉连接的简图。钢板在拉力 F 的作用下使铆钉的左上侧和右下侧受力（图 3-7b），这时，铆钉的上、下两部分将发生水平方向的相互错动（图 3-7c）。当拉力很大时，铆钉将沿水平截面被剪断，这种破坏形式称为剪切破坏。

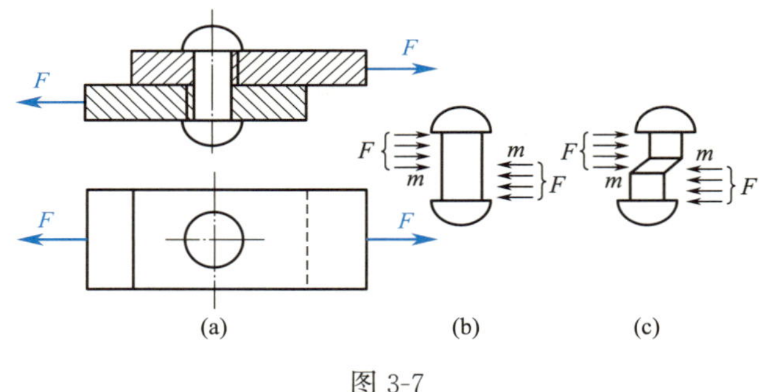

图 3-7

例 3-3 1. 用改锥拧螺钉时，在改锥柄上手指的作用力构成了一个力偶，螺钉的阻力在改锥的刀口上构成了一个方向相反的力偶，这两个力偶都作用在垂直于杆轴的平面内，就使改锥产生了扭转变形，如图 3-8（a）所示。

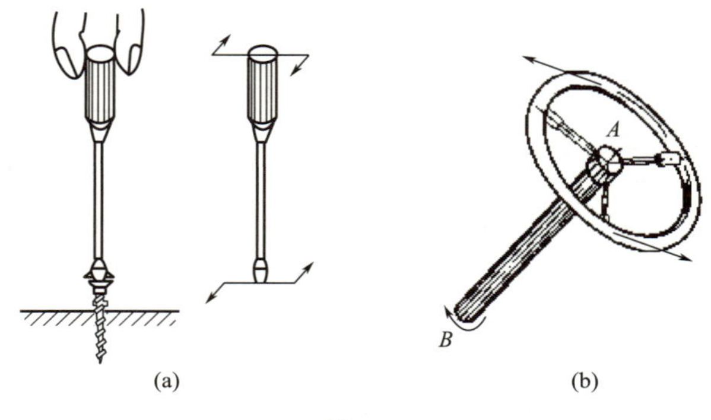

图 3-8

2. 汽车的转向轴如图 3-8（b）所示。当驾驶员转动方向盘时，相当于在转向轴 A 端施加了一个力偶，与此同时，转向轴的 B 端受到了来自转向器的阻抗力偶。于是在轴 AB 的两端受到了一对大小相等、转向相反的力偶作用，使转向轴发生了扭转变形。

例 3-4　弯曲变形是工程中最常见的一种基本变形。例如房屋建筑中的楼面梁，受到楼面荷载和梁自重的作用，如图 3-9（a）、（b）所示，阳台挑梁如图 3-9（c）、（d）所示，都是以弯曲变形为主的构件。

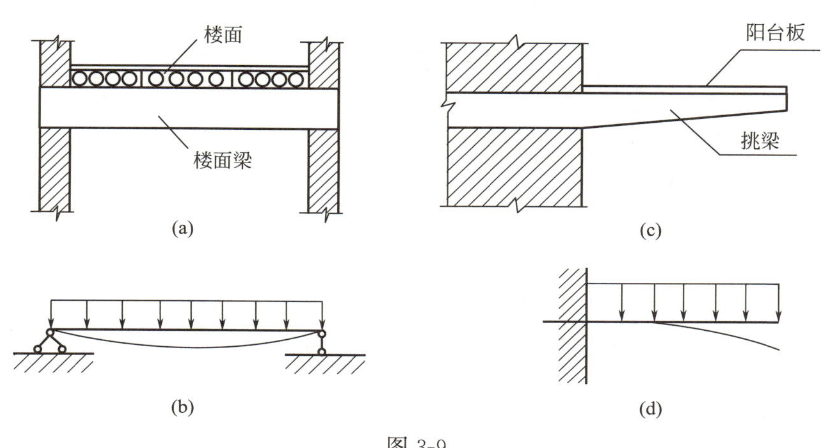

图 3-9

【知识小课堂】

华表是一种中国古代传统建筑形式（图 3-10），是指古代宫殿、陵墓等大型建筑物前面做装饰用的巨大石柱。相传华表是部落时代的一种图腾标志，古称桓表，以一种望柱的形式出现，富有深厚的中国传统文化内涵，散发出中国传统文化的精神、气质、神韵。

天安门前有一对汉白玉华表，又称作“望柱”。华表上石犼蹲立，下面横插云板，柱身雕刻云龙，该华表与天安门同建于明永乐年间，迄今已有 600 多年历史。这一对华表间距为 96m，显得端庄秀丽、庄严肃穆，是少有的精美艺术品。每根华表由须弥座柱础、柱身和承露盘组成，通高为 9.57m，其直径为 98cm，重约 20000kg。

图 3-10

华表的柱身上雕刻着盘龙，柱头上立着瑞兽，它们和天安门前的石狮以及两侧的金水桥一起烘托着这座城市的威严气势。古朴精美的华表，与巍巍壮丽、金碧辉煌的故宫建筑群浑然一体，使人既感到一种艺术上的和谐，又感到历史的庄重和威严。华表实际上已经与中华民族，和中国古老的文化紧密相连，从某种程度上也可以说是我们民族的一种标志。

【任务实施】

根据结构受力情况，请识别表 3-1 中结构构件的基本变形。

结构构件基本变形 表 3-1

序号	结构受力情况	基本变形识别	构件受力分析
(1)轮轴	 M r M		
(2)车道板	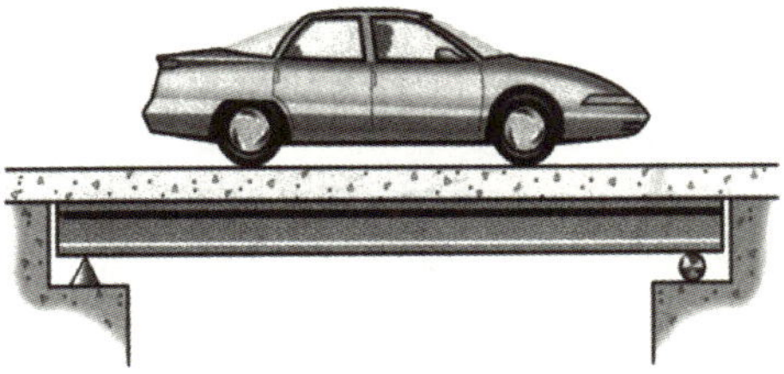		
(3)屋架杆件	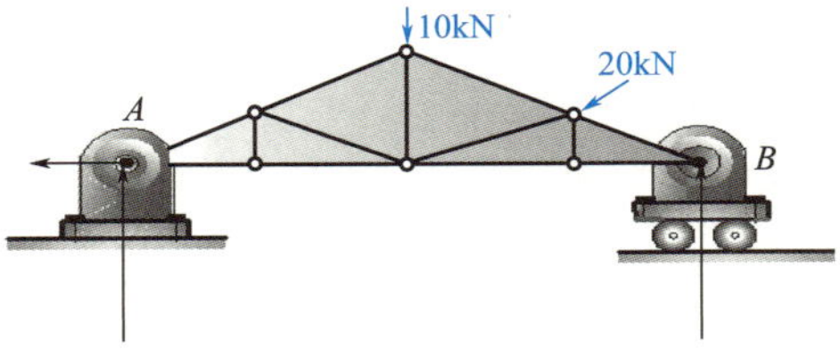 10kN 20kN A B		
(4)销轴连接	 F F		

【任务质量评估】

一、填空题

1. 当杆件沿轴线方向产生伸长或缩短变形，这种变形称为________________。
2. 当杆件的横截面沿外力方向发生相对错动变形，这种变形称为________。
3. 当杆件横截面产生绕轴线的相对转动变形，这种变形称为__________。
4. 当杆件轴线由直线变为曲线，这种变形称为________。

二、不定项选择题

1. 建筑结构中以轴向压缩或拉伸变形为主的结构构件为（　　）。

A. 柱　B. 梁　C. 板　D. 楼梯

2. 建筑结构中以弯曲变形为主的结构构件为（　　）。

A. 柱　B. 梁　C. 板　D. 基础

3. 下列不属于轴向拉伸（压缩）实例的是（　　）。

A. 起吊构件的钢索　B. 斜拉桥的钢丝束

C. 桥墩　D. 改锥拧螺钉

4. 下列选项不属于基本变形对应的内力名称的是（　　）。

A. 轴力　B. 剪力　C. 扭力　D. 弯矩

三、思考题

手拉弹簧，弹簧会发生什么变化？小朋友双臂吊在单杠上，人双手撑地倒立起来，胳膊都有什么样的感觉？胳膊的形状有改变吗？

任务 3.2　轴向拉压杆的内力计算和内力图绘制

【任务描述】

用手拉长一根粗弹簧时，会感到在弹簧内有一种反抗拉长的力。手拉的力越大，弹簧被拉伸得越长，它的反抗力也越大。这种在弹簧内发生的反抗力就是弹簧的内力。这是对内力的一种感性认识。本任务我们来学习轴向拉压杆的内力计算。

【相关知识】

一、内力的概念和截面法

1. 内力的概念

建筑工程中的受拉杆件与弹簧的情形类似。这种由外力（或外在因素）作用而引起杆件内部某一部分与另一部分间的相互作用力称为**内力**。

从弹簧处处都伸长的事实说明，内力将存在于杆件的任意相连两部分之间，是一对作用力和反作用力。当手的拉力增大时，弹簧伸长增大，这时内力也会增大；拉力取消时，内力也随之消失。可见，杆件拉伸或压缩时的内力是由外力引起的，且随着外力的改变而改变，但当外力增大到杆件不能承受时，杆件将被拉断或压坏。建筑工程中，为了保证杆件不被拉断或压坏，必须先计算出杆件的内力。

2. 截面法

研究杆件内力常用的方法是**截面法**。截面法是假想用一平面将杆件在需求内力的截面截开，将杆件分为两部分；取其中一部分作为研究对象，此时，截面上的内力被显示出来，变成研究对象上的外力；再由平衡条件求出内力。

用截面法计算内力的步骤一般可归纳为：

（1）**截**：假想沿待求内力所在截面将杆件截开成两部分。

（2）**取**：完整地取截开后的任一部分作为研究对象。

（3）**代**：画出保留部分的受力图，其中要把弃去部分对保留部分的作用以截面上的内力代替。

（4）**平衡**：列出研究对象的平衡方程，计算内力的大小和方向。

在用截面法求解杆件任一横截面上的内力分量时，若内力分量的方向不易判断，则一般采用**设正法**，即先按正向假设，若最后求得的内力分量为正号，则表示实际内力分量的方向与假设方向一致（为正），若最后求得的内力分量为负号，则表示实际内力分量的方向与假设方向相反（为负）。

二、轴力

为了显示并计算杆件的内力，通常采用截面法。假设用一个截面 m-m（图 3-11a）将杆件“切”成左右两部分，取左边部分为研究对象（图 3-11b），要保持这部分与原来杆件一样处于平衡状态，就必须在被切开处加上杆的内力 F_N，这个内力 F_N 就是右部分对左部分的作用力。在轴向拉（压）杆中横截面中的内力称为轴力，其作用线与杆轴线重合。由于直杆整体是平衡的，左部分也是平衡的，对这部分建立平衡方程：

由 $\sum F_x=0 \quad F-F_N=0$

$F_N=F$

若取右部分为研究对象，则可得

$\sum F_x=0 \quad F-F'_N=0$

$F'_N=F$

可以看出，取任一部分为研究对象，都可以得到相同的结果，其实 F_N 与 F'_N 是一对作用力与反作用力，其数值必然相等。

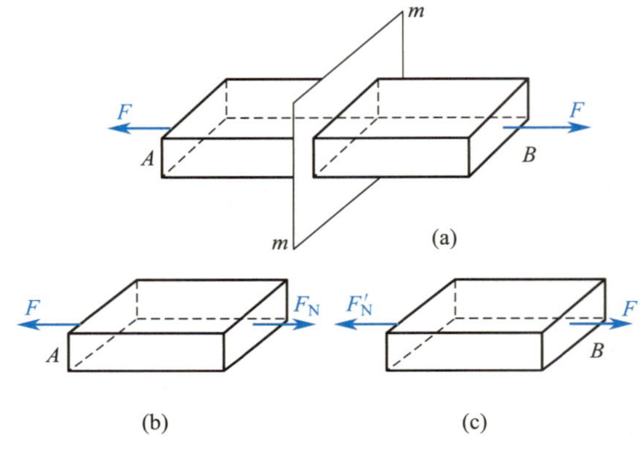

图 3-11

轴力用符号 F_N 表示。轴力的单位是牛顿（N）或千牛顿（kN）。

对轴力正负号作如下规定：当轴力指向离开截面时，杆件受拉，轴力为正；当轴力指向截面时，杆件受压，轴力为负。

运用截面法求轴力时，轴力的方向一般按正方向假设，由此计算结果的正负可与轴力的正负号规定保持一致，即计算结果为正表示正轴力，计算结果为负表示负轴力。请参考例 3-5。

三、轴力的简便计算

由例 3-5 的计算结果不难总结出如下的轴力简便计算法则：

杆件横截面上的轴力，等于该截面一侧（左侧或右侧）所有轴向外力的代数和。在运用该法则时，凡指离所求截面的外力取正号，凡指向所求截面的外力取负号。请参考例 3-6。

四、轴力图

当杆件受到两个以上的轴向外力作用时，杆件不同区段将有不同的轴力。表明杆件各截面轴力变化规律的图形称为**轴力图**。以平行于杆轴线的直线为基线，其坐标表示横截面的位置，用垂直于杆轴线的纵坐标表示横截面上轴力的大小，轴力图可以形象地表示杆件各截面轴力的大小，明显地找到最大轴力所在位置和数值。一般正的轴力绘在基线上方，负的轴力绘在基线下方。请参考例 3-7～例 3-9。

【实例展示】

例 3-5　某等截面直杆受力情况如图 3-12（a）所示。试计算各杆段轴力。

解析：因 AB、BC 两杆段的受力情况不同，应分段求解。

（1）用假想的截面将杆在 AB、BC 段内切开，取左段为研究对象。

（2）画受力图。其中轴力的方向按正方向假设，即指离截面方向，分别以 F_{N1}、F_{N2} 表示（图 3-12b、c）。

（3）列平衡方程求内力。

由 $\Sigma F_x=0$ 得

$F_{N1}-2=0$

$\therefore F_{N1}=2\text{kN}$（结果为正，表示 F_{N1} 指向与原假设方向相同，即 F_{N1} 为拉力）

$F_{N2}-2+10=0$

$\therefore F_{N2}=-8\text{kN}$（结果为负，表示 F_{N2} 指向与原假设方向相反，即 F_{N2} 为压力）

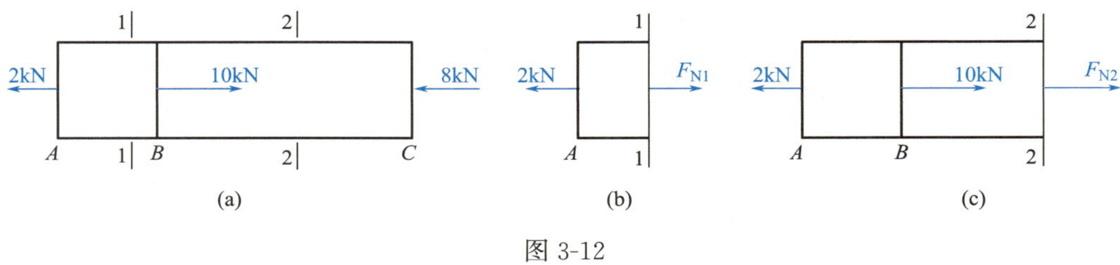

图 3-12

例 3-6　某杆件受力如图 3-13 所示，试用计算轴力的规律计算指定截面 1-1 的轴力。

解析：取左段为研究对象：

$F_{N1}=6-2=4\text{kN}$

式中由于 6kN 指离 1-1 截面所以取正号，2kN 指向 1-1 截面取负号，结果求得轴力 4kN 为正数，表示 1-1 截面所受轴力为拉力 4kN。

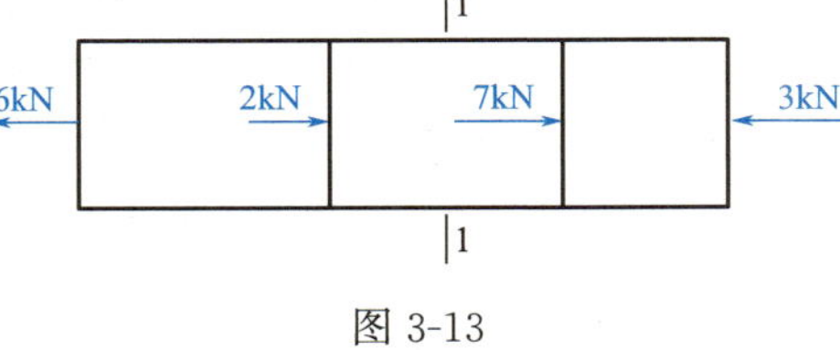

图 3-13

同样若取右段为研究对象：

$F_{N1}=7-3=4\text{kN}$

式中由于 7kN 指离 1-1 截面所以取正号，3kN 指向 1-1 截面取负号，结果与左段相同。

例 3-7　画出如图 3-14 所示轴向拉压杆的轴力图。

解析：用假想的截面 1-1、2-2、3-3 将杆件分别在 AB、BC、CD 段内切开，取左段为研究对象。

（1）用计算轴力的规律分别写出各杆段的轴力值。

$F_{N1}=2\text{kN}$

$F_{N2}=2-6=-4\text{kN}$

$F_{N3}=2-6+5=1\text{kN}$

（2）画出轴力图，如图 3-14（b）所示。

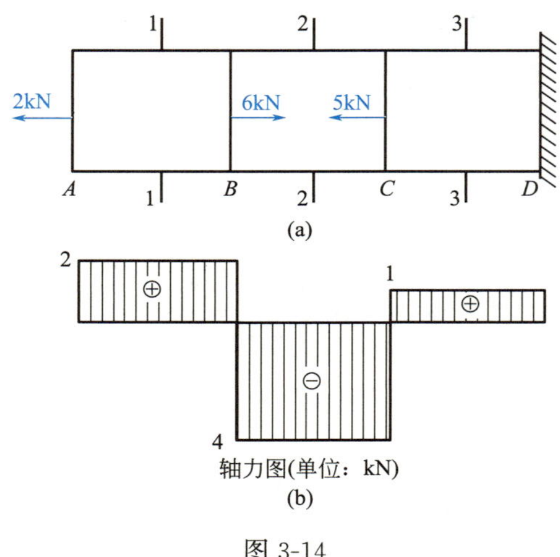

图 3-14

例 3-8 已知 $F_1=10\text{kN}$，$F_2=20\text{kN}$，$F_3=30\text{kN}$，$F_4=40\text{kN}$，试画出图 3-15（a）所示杆件的内力图。

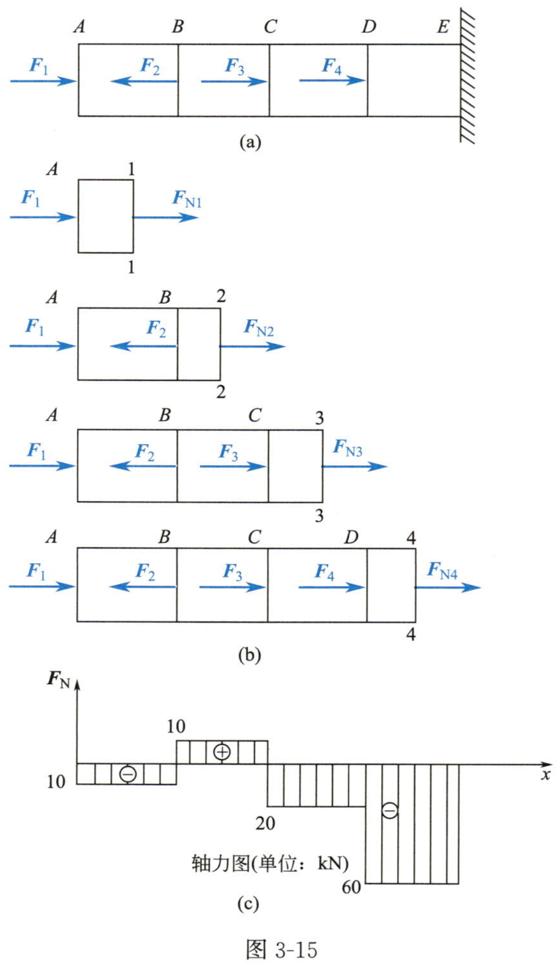

图 3-15

解析：首先分析该杆是轴向拉压杆（杆是直杆且外力都沿杆轴作用），取整根杆件为研究对象，列平衡方程即可求解。本例较简单可以不求支座反力。

（1）计算各段杆的轴力（图 3-15b）。为保证一致，在假设截面轴力指向时，一律假设先受拉（正号）。如果计算结果为正值，表示实际指向与假设指向相同，即内力为拉力，反之，表示实际指向与假设指向相反，即内力为压力。

AB 段：用 1-1 截面将 *AB* 段切开，取左段分析，用 F_{N1} 表示截面上的轴力，列平衡方程：

$$\sum F_x = 0 \quad F_1 + F_{N1} = 0$$

$$\text{得 } F_{N1} = -F_1 = -10\text{kN（压力）}$$

BC 段：用 2-2 截面将 *BC* 段切开，取左段分析，用 F_{N2} 表示截面上的轴力，列平衡方程：

$$\sum F_x = 0 \quad F_1 - F_2 + F_{N2} = 0$$

$$\text{得 } F_{N2} = F_2 - F_1 = 10\text{kN（拉力）}$$

CD 段：用 3-3 截面将 *CD* 段切开，取左段分析，用 F_{N3} 表示截面上的轴力，列平衡方程：

$$\sum F_x = 0 \quad F_1 - F_2 + F_3 + F_{N3} = 0$$

$$\text{得 } F_{N3} = F_2 - F_1 - F_3 = -20\text{kN（压力）}$$

DE 段：用 4-4 截面将 *DE* 段切开，取左段分析，用 F_{N4} 表示截面上的轴力，列平衡方程：

$$\sum F_x = 0 \quad F_1 - F_2 + F_3 + F_4 + F_{N4} = 0$$

$$\text{得 } F_{N4} = F_2 - F_1 - F_3 - F_4 = -60\text{kN（压力）}$$

（2）画轴力图。

以平行于杆轴的 x 轴为横坐标，垂直于杆轴的 F_N 轴为纵坐标，按比例将各段计算各段杆的轴力画在坐标图上，并在受拉区标正号，受压区标负号，画出轴力图如图 3-15（c）所示。

例 3-9　画出图 3-16（a）所示杆件的内力图。

解析：（1）分析该杆件属于轴向拉压杆，该杆只沿着轴线有外力的作用，*A* 点为固定端支座，需求出该固定端支座的反力 $F_{Ax}=10$kN，作出该轴向拉压杆的受力图如图 3-16（b）所示。

（2）取 *A* 点为坐标原点，建立坐标系，以平行于杆轴的 x 轴为横坐标，垂直于杆轴的 F_N 轴为纵坐标。

（3）从起点 *A* 的杆轴开始，首先遇到水平向右的力 10kN，因此往下画 10kN（按比例），*AB* 段无荷载沿杆轴画（水平画），到 *B* 点遇到水平向左的力 40kN，往上画力的大小 40kN，值为正的 30kN，*BC* 段无荷载沿杆轴画（水平画），到 *C* 点遇到水平向右的力 50kN，往下画力的大小 50kN，值为负的 20kN，*CD* 段无荷载沿杆轴画（水平画），到 *D* 点遇到水平向左的力 10kN，往上画力的大小 10kN，值为负的 10kN，*DE* 段同样水平画，最后在 *E* 点遇到水平向左的力 10kN，往上画力的大小 10kN，刚好回到终点 *E* 的杆轴，

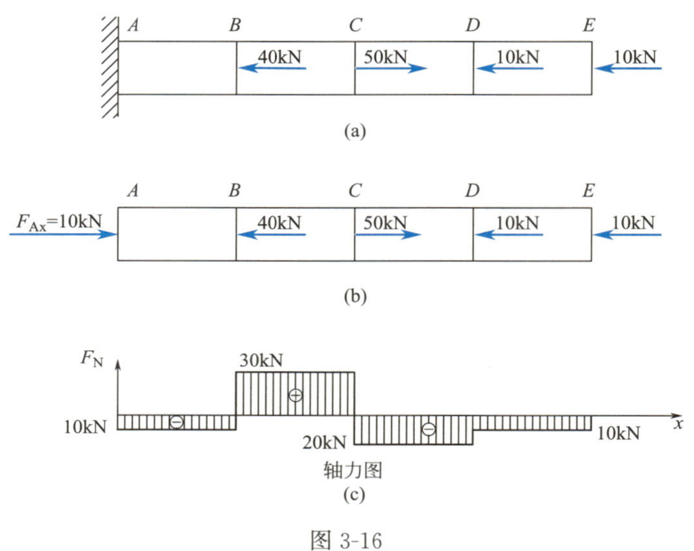

图 3-16

表明轴力图（F_N 图）绘制正确。轴力图如 3-16（c）所示。

内力图一般要和受力图对齐，并必须标明正负号、内力的控制值及单位，最后在内力图旁标明为何种内力图，即轴力图或 F_N 图。

【知识小课堂】

中国古代的工匠技艺高超，留下了不少令人叫绝的古建筑，位于福建泰宁的甘露岩寺（图 3-17），是中国的两大悬空寺之一。整座寺庙藏在一个大岩洞里，仅用一根“状元柱”支撑。采取“一柱插地，不假片瓦”的独特结构建筑，没有用一根铁钉，工艺精湛，巧夺天工，雕梁画栋，别具一格，是我国建筑史上一大杰作，闻名中外。甘露岩寺以其特殊的建筑风格和丰富的历史传说而闻名，至今仍屹立不倒，成为福建省级文物保护单位。

图 3-17

这座寺庙不仅对研究古代寺庙建筑具有重要价值，还承载着丰富的文化传承。通过甘露岩寺，我们可以窥见中国古代建筑工艺的辉煌，感受历史的沧桑。甘露岩寺并不是采用传统的建筑方式，而是利用石头洞穴，巧妙地嵌入其中。寺庙只有一根粗大的柱子作为支撑，并在其上修建了四幢楼阁。这种独特的建筑结构在中国建筑史上被称为奇迹。它的地理位置相当特殊，位于一块红色岩石形成的巨大“钟”的右边，而另一块岩石则像一面独步天下的巨“鼓”。因此，有人形容甘露岩寺的地理位置是“右鼓左钟，庙在其中”。由于甘露岩寺嵌入了岩石洞穴中，即使遭遇刮风下雨，建筑都能得到很好的保护，所以屋顶并没有一片瓦。寺庙的整个建筑都采用木质结构，并以 T 形拱头相连接，没有使用一根铁钉。

【任务实施】

1. 轴力的正负号是怎样规定的？与力的投影和力矩的正负号规定有何区别？

2. 试用截面法求图 3-18 所示杆各段的轴力并绘制轴力图。

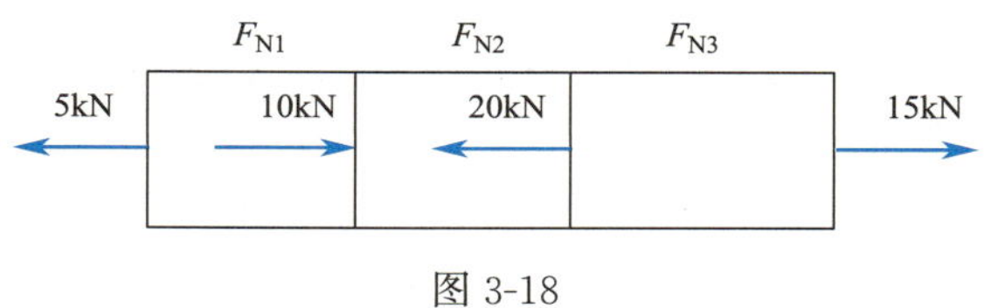

图 3-18

3. 用简便法画出图 3-19 所示杆件的轴力图。

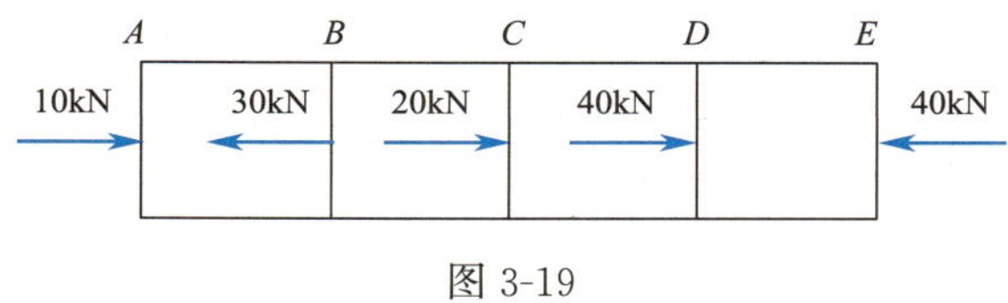

图 3-19

【任务质量评估】

一、填空题

1. 由外力（或外在因素）作用而引起杆件内部某一部分与另一部分间的相互作用力称为________。

2. 假想用一平面将杆件在需求内力的截面截开，将杆件分为两部分；取其中一部分作为研究对象，该方法称为__________。

3. 截面法计算内力的步骤一般可归纳为______、______、______、______。

二、单项选择题

1. 表明杆件各截面轴力变化规律的图形称为（　　）。

A. 轴力图　　B. 剪力图　　C. 弯矩图　　D. 内力图

2. 下列选项不能作为轴力的单位的是（　　）。

A. 牛顿（N）　　B. 千牛顿（kN）　　C. 帕（Pa）　　D. ABC 都可以

3. 计算各段杆的轴力后画在坐标图上，并在受拉区标（　　）号，受压区标（　　）号。

A. 负　正　　B. 负　负　　C. 正　负　　D. 正　正

三、判断题

1. 内力存在于杆件的任意相连两部分之间，是一对作用力和反作用力。（　　）

2. 轴力正负号规定为，当轴力指向离开截面时，杆件受拉，轴力为正；当轴力指向截面时，杆件受压，轴力为负。（　　）

3. 一般正的轴力绘在基线下方，负的轴力绘在基线上方。（　　）

4. 运用截面法求轴力时，轴力的方向一般按正方向假设，由此计算结果的正负可与轴力的正负号规定保持一致，即计算结果为正表示正轴力，计算结果为负表示负轴力。（　　）

任务 3.3　直杆轴向拉、压横截面的正应力

【任务描述】

材质相同，断面尺寸大小不同的构件，施加相同的轴向拉力（或压力），随着拉力（或压力）的逐渐增加，断面尺寸小的构件先被破坏。由此可见，在进行构件轴向受力计算时，不仅要考虑力的大小，还需要考虑单位面积上力的大小。本任务来学习轴向拉压杆的正应力。

【相关知识】

一、应力的概念

实验证明：取两根绳子，材质相同，粗细不同，施加相同的轴向拉力，当拉力逐渐增大时，往往细的绳子比粗的绳子先断。原因是虽轴力相同，但截面不同，单位面积上的内力不同。面积越小，单位面积上的内力就越大，越容易被破坏。我们把单位面积上分布的内力称为应力。应力反映了内力的分布集度。

在国际单位制中，应力的单位是帕（Pa）或兆帕（MPa），有

$$1\text{Pa}=1\text{N/m}^2,\ 1\text{MPa}=1\text{N/mm}^2=10^6\text{Pa}$$

二、轴向拉压杆横截面上的正应力分布规律

取一根等截面的圆形橡胶棒，在其表面绘制一系列直线，这些直线平行于杆轴或者垂直于杆轴，形成大小相同的正方形小格（图 3-20a），在受到拉力后正方形小格变成长方形，即截面 ab、cd 平行移动到 a_1b_1、c_1d_1（图 3-20b），表明横截面上各点的变形相同，即横截面上各点的应力相同。

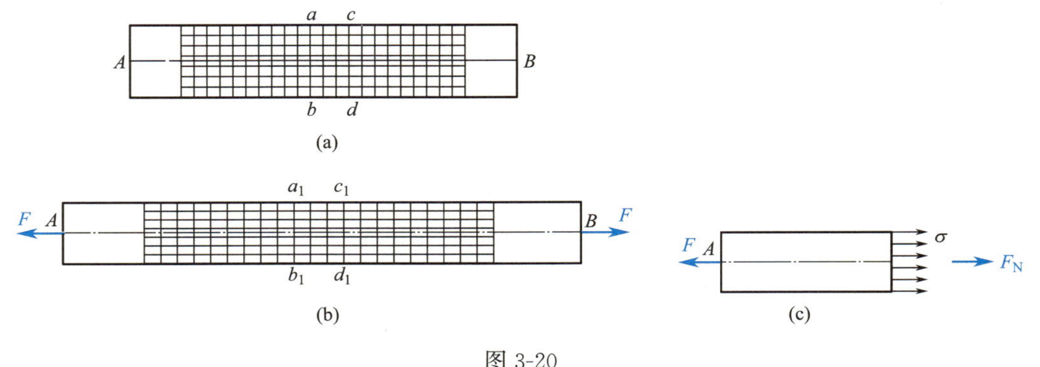

图 3-20

根据这种变形特征，对轴向拉压杆作如下假设：杆件横截面在变形前为平面，变形后仍保持为平面，且垂直于杆轴线。这个假设称为平面假设。

根据平面假设，横截面 ab、cd 在变形后只是发生了相对平移，同截面上各点的变形

是相同的，即同截面上各点的内力是均匀分布的（图 3-20c）。因此，若杆件的横截面面积为 A，横截面上的轴力为 F_N，则单位面积上的内力为

$$\sigma=\frac{F_N}{A} \tag{3-1}$$

式中：σ——正应力，与杆轴平行，垂直于横截面，它反映了内力在横截面上分布的集度；

F_N——截面轴力；

A——截面面积。

当杆件受轴向压缩时，情况完全类似，只需将轴力连同负号一并代入计算即可。当轴力为正号（拉伸）时，正应力 σ 也得正号，称为**拉应力**。当轴力为负号（压缩）时，正应力 σ 得负号，称为**压应力**。

【实例展示】

例 3-10　图 3-21 所示方形杆，所受外力 P 均为 20kN，杆①截面边长 $a_1=10$mm，杆②截面边长 $a_2=20$mm，试分别求两杆件的内力和横截面上的正应力值。

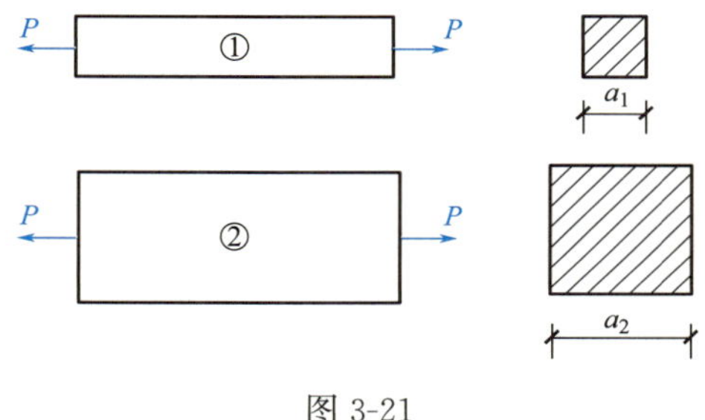

图 3-21

解析：（1）计算内力，运用简便法分别求出两杆的内力值为 $F_{N1}=20$kN，$F_{N2}=20$kN。

（2）计算正应力，由式（3-1）计算出两杆横截面上的正应力 σ 值分别为

杆①：　$\sigma_1=\frac{F_{N1}}{A_1}=\frac{20\times10^3}{10^2}=200\text{N/mm}^2=200\text{MPa}$

杆②：　$\sigma_2=\frac{F_{N2}}{A_2}=\frac{20\times10^3}{20^2}=50\text{N/mm}^2=50\text{MPa}$

由计算结果可知，虽然杆①和杆②中的轴力相等，但由于两杆的粗细不同，横截面上的正应力值相差较大，所以较细的那根杆件承载能力差。同时也进一步说明，判断杆件是否会破坏的标准不是内力的大小，而应该是应力的大小。

例 3-11　铰接三角形支架如图 3-22（a）所示，在点 B 承受一重物 $W=20$kN，杆 BA 为直径 $d=25$mm 的钢制圆杆，杆 BC 为边长 $a=80$mm 的正方形截面木杆。试计算杆 BA 和杆 BC 截面上的正应力。

解析：（1）计算各杆的轴力。如图 3-22（b）所示，取结点 B 为研究对象，杆件轴力均假设为受拉（背离结点）。根据平衡条件得

$\sum F_y=0$，　$-F_{NBC}\sin45^\circ-W=0$

$F_{NBC}=-\frac{W}{\sin45^\circ}=-\frac{20}{0.707}=-28.3\text{kN}$（压力）

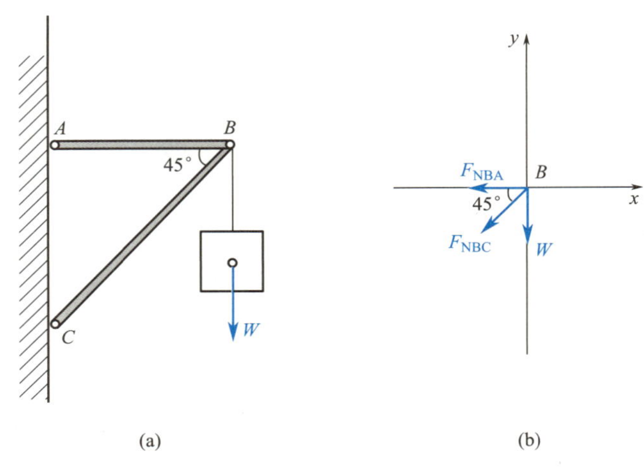

图 3-22

$\sum F_x=0$，　$-F_{NBC}\cos45°-F_{NBA}=0$

$F_{NBA}=-F_{NBC}\cos45°=-(-28.3)\times0.707=20\text{kN}$（拉力）

（2）计算各杆的正应力

$$\sigma_{BA}=\frac{F_{NBA}}{A_{BA}}=\frac{20\times10^3}{\frac{\pi\times25^2}{4}}=40.8\text{MPa}（拉应力）$$

$$\sigma_{BC}=\frac{F_{NBC}}{A_{BC}}=-\frac{28.3\times10^3}{80\times80}=-4.4\text{MPa}（压应力）$$

【知识小课堂】

桁（héng）架：一种由杆件彼此在两端用铰链连接而成的结构（图 3-23）。桁架为由直杆组成的一般具有三角形单元的平面或空间结构，桁架杆件主要承受轴向拉力或压力，从而能充分利用材料的强度，在跨度较大时可比实腹梁节省材料，减轻自重和增大刚度。

图 3-23

桁架被广泛用于房屋结构和桥梁工程，小到日常生活中看到的桥梁、天线塔、起重机，大到国际空间站的某些部分，都能看到桁架的身影，桁架中的杆件就是轴向受力的典型代表。用简单的构件托举其千倍的重量，让不可能变成可能。

桁架结构给我们的启示：面对困难和挑战时，要有足够的勇气和决心去克服困难，正视压力，并且坚持不懈地追求目标。在重压之下找对方法就能爆发出巨大的潜能，以弱小的身躯扛起重担，创造出奇迹。

【任务实施】

1. 内力的概念及计算公式是什么?

2. 应力正负号的规定是什么?

3. 做一做，取一根等截面的方形橡胶块，在其表面绘制一系列直线，这些直线平行于杆轴或者垂直于杆轴，形成大小相同的正方形小格，在受到拉力后正方形变成长方形小格，观察表面横截面上各点的变形。

任务 3.4　直杆轴向拉、压的强度计算

【任务描述】

同样粗细的麻绳和钢索，可以吊起的重物重量却不同，但如果重物持续不断增加，最终都会超过极限断裂，由此可见任何一种材料都有一个极限应力。那么在实际的构件设计中，如何确定构件的允许应力？本任务将带领大家学习。

【相关知识】

一、许用应力

在建筑工地上起重机用钢索起吊重物，钢索是否可以用同样粗细的麻绳代替呢？实验证明用同样粗细的麻绳和钢索，起吊相同的重物，重物不断增加，麻绳先断，而钢索完好无损，如果持续增加重物，最终钢索也会超过其极限而断裂。由此可见，不同材料，所能承受的应力不同，任何材料承受的应力都有一个限度。我们把材料所能承受的应力限度称为材料的**极限应力**或**危险应力**；材料的极限应力一般由实验确定，用 σ_u 表示。在荷载作用下产生的实际应力称为**工作应力**。

在设计构件时，有许多情况难以准确估计，同时，构件在使用时还要留有必要的安全储备。土木工程中，常将极限应力 σ_u 除以一个大于 1 的安全系数 n 作为构件正常工作时所允许的最大应力，称为**许用应力**，用 $[\sigma]$ 表示。为保证构件的安全，构件的工作应力必须小于许用应力。

$$[\sigma]=\frac{\sigma_u}{n} \tag{3-2}$$

注：安全系数 n 由设计规范来确定。

二、轴向拉（压）杆的强度条件

为了保证构件能安全正常地工作，则拉（压）杆内最大的工作应力不得超过材料的许

用应力。即

$$\sigma_{max}=\frac{F_N}{A}\leqslant[\sigma] \tag{3-3}$$

称为拉（压）杆的强度条件。

在轴向拉（压）杆中，产生最大正应力的截面称为**危险截面**。对于轴向拉压的等直杆，其轴力最大的截面就是危险截面；在变截面杆中，要对不同截面计算应力，并选择应力最大的截面进行强度计算。

利用强度条件可以解决土木工程中的三类问题：

1. 强度校核

已知杆的材料、尺寸（已知 $[\sigma]$ 和 A）和所受的荷载（已知 F_N）的情况下，可用式（3-3）检查和校核杆件的强度是否满足要求。如 $\sigma_{max}=\frac{F_N}{A}\leqslant[\sigma]$ 表示杆的强度是满足的，否则不满足强度条件。

根据既要保证安全又要节约材料的原则，构件的工作应力不应该小于材料的许用应力 $[\sigma]$ 太多。

2. 截面设计

已知荷载、材料的许用应力，则构件所需的横截面面积 A 可用下式计算

$$A\geqslant\frac{F_N}{[\sigma]} \tag{3-4}$$

在计算出最小的截面面积后，可根据实际情况确定截面形状和尺寸。工程中将钢材制成标准的截面形状，称为**型钢**，如工字钢、角钢等。各类型钢的几何尺寸和几何性质可查相关规范。

3. 确定许可荷载

已知杆件的尺寸、材料的许用应力，可求得构件所能承受的最大轴力为

$$F_{N,max}\leqslant A[\sigma] \tag{3-5}$$

先算出最大轴力，再由荷载与轴力的关系，确定杆的许可荷载。

【实例展示】

例 3-12 一直杆受力情况如图 3-24（a）所示。直杆的截面面积 $A=10\text{cm}^2$，材料的许用应力 $[\sigma]=160\text{MPa}$，试校核杆的强度。

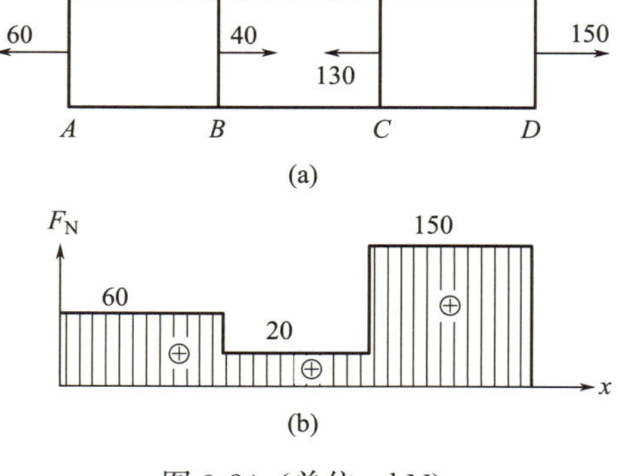

图 3-24（单位：kN）

解析：首先绘制出直杆的轴力图，如图 3-24（b）所示，由于是等直杆，产生最大内力的 CD 段的截面是危险截面，由强度条件得

$$\sigma_{max}=\frac{F_{N,max}}{A}=\frac{150\times10^{3}}{10\times10^{-4}}=150\times10^{6}Pa=150MPa<[\sigma]=160MPa$$

所以满足条件。

例 3-13　如图 3-25（a）所示，一起重用钢索匀速向上吊装 $W=100kN$ 的重物，钢索的直径 $d=30mm$，钢索的许用应力 $[\sigma]=170MPa$。试：（1）校核钢索的强度；（2）钢索的直径为多少时既安全又经济？

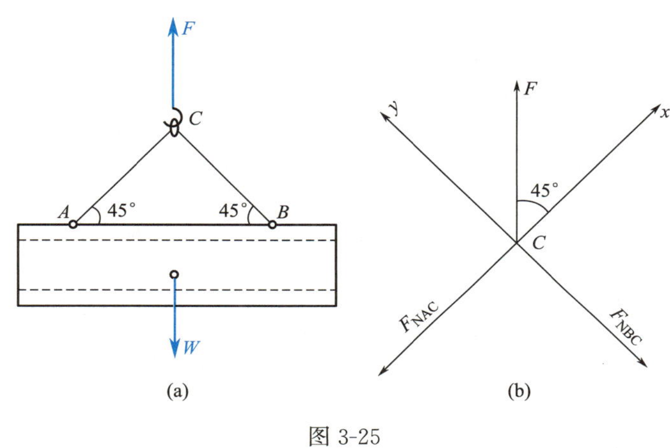

图 3-25

解析：（1）求钢索 AC、BC 的轴力。取结点 C 为研究对象，钢索 AC、BC 的轴力分别用 F_{NAC}、F_{NBC} 表示，画出受力图并建立坐标如图 3-25（b）所示。由二力平衡可知，$F=W=100kN$。由平面汇交力系的平衡条件得：

$$\sum F_x=0,\quad -F_{NAC}+F\cos45°=0$$

$$F_{NAC}=F\cos45°=100\times\frac{\sqrt{2}}{2}=70.7kN$$

$$\sum F_y=0,\quad -F_{NBC}+F\sin45°=0$$

$$F_{NBC}=F\sin45°=100\times\frac{\sqrt{2}}{2}=70.7kN$$

校核钢索的强度：

$$\sigma_{AC}=\sigma_{BC}=\frac{70.7\times10^{3}}{\frac{\pi\times30^{2}}{4}}=100MPa<[\sigma]=170MPa$$

经校核，钢索的强度满足要求。

（2）求钢索的直径。由强度条件：

$$\sigma=\frac{F_N}{A}=\frac{F_N}{\frac{\pi d^{2}}{4}}=\frac{4F_N}{\pi d^{2}}\leqslant[\sigma]$$

得 $d \geqslant \sqrt{\dfrac{4F_N}{\pi[\sigma]}} = \sqrt{\dfrac{4 \times 70.7 \times 10^3}{3.14 \times 170}} = 23.02\text{mm}$，取 $d=24\text{mm}$

例 3-14 如图 3-26（a）所示的支架，①杆为直径 $d=16\text{mm}$ 的钢圆截面杆，许用应力 $[\sigma]_1=160\text{MPa}$，②杆为边长 $a=12\text{cm}$ 的正方形截面杆，$[\sigma]_2=10\text{MPa}$，在结点 B 处挂一重物 P，求许用荷载 $[P]$。

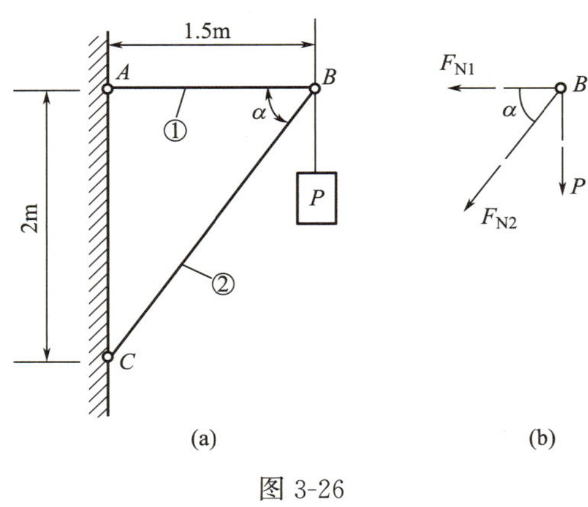

图 3-26

解析：（1）计算杆件的轴力

取结点 B 为研究对象（图 3-26b），列平衡方程

$\sum F_x=0$　　　　$-F_{N1}-F_{N2}\cos\alpha=0$

$\sum F_y=0$　　　　$-P-F_{N2}\sin\alpha=0$

式中 α 由几何关系得：$\tan\alpha=\dfrac{2}{1.5}=1.333$，则 $\alpha=53.13°$

解方程得：$F_{N1}=0.75P$（拉力）

$F_{N2}=-1.25P$（压力）

（2）计算许用荷载

先根据①杆的强度条件计算①杆能承受的许用荷载

$$\sigma_1=\frac{F_{N1}}{A_1}=\frac{0.75P}{A_1}\leqslant[\sigma]_1$$

所以　$[P]\leqslant\dfrac{A_1[\sigma]_1}{0.75}=\dfrac{\frac{1}{4}\times3.14\times16^2\times160}{0.75}=4.29\times10^4\text{N}=42.9\text{kN}$

再根据②杆的强度条件计算②杆能承受的许用荷载 $[P]$

$$\sigma_2=\frac{F_{N2}}{A_2}=\frac{1.25P}{A_2}\leqslant[\sigma]_2$$

所以　$[P]\leqslant\dfrac{A_2[\sigma]_2}{1.25}=\dfrac{120^2\times10}{1.25}=11.52\times10^4\text{N}=115.2\text{kN}$

比较两次所得的许用荷载，取其较小者，则整个支架的许用荷载为 $[P]\leqslant42.9\text{kN}$。

【知识小课堂】

2019 年 3 月 2 日 11 时左右，吴江区太湖新城金茂中心工地上，总承包单位江苏金土木建设集团有限公司的分包单位桃源建筑机械租赁有限公司，在塔机顶升、加节施工过程中钢丝绳断裂，导致约两吨重的标准节从高空掉落，砸中工地地面上两名人员，事故造成 2 人死亡，直接经济损失 291.5 万元。因钢丝绳断裂造成的安全事故时有发生。施工前，必须重视钢丝绳的检查工作。钢丝绳不得有扭结、压扁、弯折、断股、断丝、断芯、笼状畸变等变形，钢丝绳润滑良好，并保持清洁。防止实际作业过程中超出极限应力，造成不可估量的损失。**力学研究是实现“安全永第一”执业信条的首道屏障。**

【任务实施】

1. 许用应力、极限应力和工作应力的概念及区别分别是什么？
2. 运用强度条件可以解决土木工程中的哪三类问题？

任务 3.5　直杆轴向拉、压在工程中的应用

【实例展示】

微课

工程中常见的轴向受拉或受压构件分析有：

1. 道路与桥梁工程中，常见的轴向受拉或受压构件分析

某斜拉桥如图 3-27（a）所示，主要由桥面体系、梁、拉索、索塔、桥墩等组件组成。力的传递路径是梁→拉索→索塔→桥墩。我们以一个索塔为对象来分析，索塔两侧是对称的斜拉索，通过拉索将索塔和主梁连接在一起，现任选对称的两根拉索和索塔组成一个力学体系进行受力分析：拉索受到主梁对它的作用力 F_1 和 F_2（图 3-27b），根据平行四边形定则，这两个力的合力竖直向下，力就从梁通过拉索传递给了索塔，索塔垂直下传给桥墩。在这个力系中，拉索主要承受轴向拉力，索塔和桥墩主要承受轴向压力。

(a)

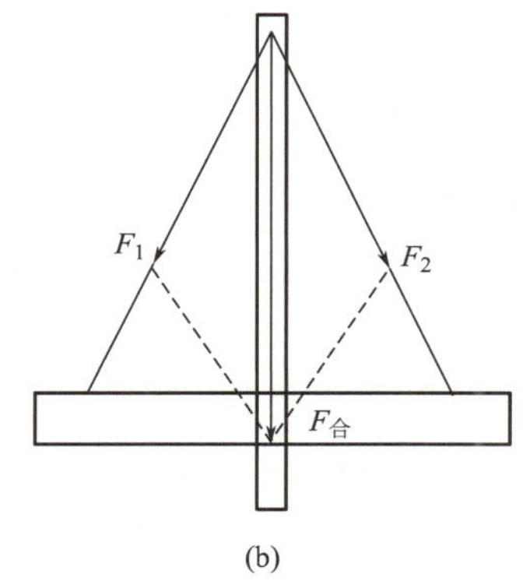

(b)

图 3-27

2. 钢结构屋架中，常见的轴向受拉或受压构件分析

由于钢结构具有质轻、强度高、塑性和韧性好、密封性好、制造简便、可工程化生

产、施工安装周期短、材料可循环使用等优点，又称“绿色建筑”。另外，钢材的内部组织比较均匀，非常接近匀质和各向同性体，这些性能和力学计算中的假定比较符合，因此计算结果符合实际的受力情况。近些年，钢结构在土木工程中得到了广泛的应用。钢屋架中主要有空间的网架结构（图 3-28a）和平面的桁架结构（三角形桁架，图 3-28b）。钢网架结构由钢杆件（钢管）通过螺栓球连接，杆件可以绕螺栓球做微小的转动。在计算杆件内力时，螺栓球结点可以简化为圆柱铰接连接，每根连接的杆件都可以看成二力杆。平面的桁架结构一般采用型钢作为杆件，结点通过小螺栓连接或焊接。杆件也可绕结点作微小的转动，计算结点可视为铰链连接。把杆件上的荷载简化到结点上，通过结点连接的杆件就是二力杆。网架和桁架结构在承受向下的荷载时，一般上弦杆受压，下弦杆受拉。

(a)

(b)

图 3-28

3. 脚手架中常见的受压构件分析

脚手架主要用于施工作业、供人员行走或解决垂直水平运输问题。满堂红脚手架主要用于单层厂房、展览大厅、体育馆等层高、开间较大的建筑的施工中。如图 3-29 所示满堂红脚手架，采用钢管脚手架，主要由立杆、横杆等组件组成。在力系传递过程中，立杆主要承受压力，负责把上部荷载传递到基础。立杆承受轴向压力时，杆内应力分布是均匀的，能充分利用材料性能，因此立杆的垂直度对整个脚手架受力起到至关重要的作用。为防止立杆倾斜而承受过大的偏心荷载，应对立杆垂直度进行双控。立杆垂直度必须同时满足：①满堂红脚手架搭设高度 $H<30$m 时，立杆垂直偏差累积绝对值≤100mm；②满堂红脚手架高度 $H<25$m 时，立杆垂直偏差相对值≤$H/200$。

4. 动荷载在轴向受压构件中的应用

前面案例中结构或构件上作用的荷载主要是静荷载。保持不变或者变化很小的荷载称为静荷载；而荷载位置、大小和方向随时间迅速变化，并能产生明显的加速度的荷载称为动荷载，如起重机吊重物加速上升时吊绳对重物的拉力，打桩时重锤对桩的冲击荷载等。

某房屋工程为预应力混凝土管桩基础，采用干打锤击沉桩方法（图 3-30）进行沉桩时桩身应垂直，垂直度偏差不得超过 0.5%，并用两台 90°方向的经纬仪校准。管桩是按主要承受轴向受压设计的，主要承受竖直向下的荷载。在锤击沉桩过程中，管桩受到冲击动荷载的作用，冲击动荷载能有效地把管桩沉入地基中。在沉桩施工过程中，冲击荷载的作用线与桩身、桩帽、送桩应在同一中心线上，并采用两台成 90°方向的经纬仪校准，防止打偏，确保桩身垂直，保证管桩主要承受轴向压力。

图 3-29

图 3-30

项目知识梳理

一、基本概念

1. 杆件：纵向（长度方向）尺寸远大于横向（垂直于长度方向）尺寸的构件。

2. 内力：由外力（或外在因素）作用而引起杆件内部某一部分与另一部分间的相互作用力。

3. 轴力：轴向拉、压变形的内力。

4. 剪力：剪切变形时的内力。

5. 扭矩：扭转变形时的内力。

6. 弯矩：弯曲变形时的内力。

二、四种基本变形

四种基本变形见表 3-2。

四种基本变形 **表 3-2**

基本变形	受力特点	受力分析	变形特点	常见典型构件
轴向拉、压	大小相等 方向相反 作用线与杆件轴线重合的一对外力	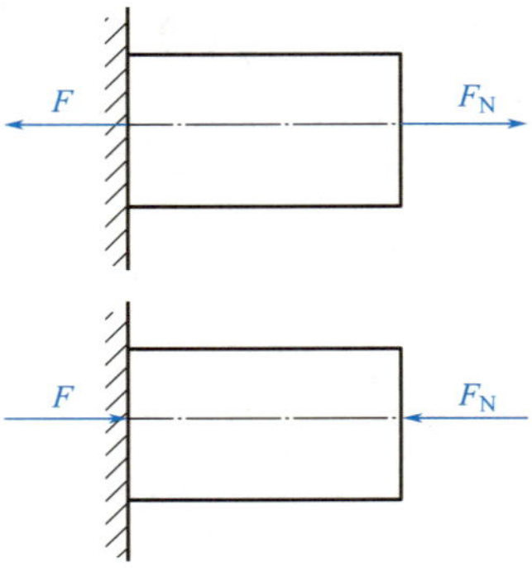 F F_N F F_N	沿轴线方向产生伸长或缩短	斜拉桥的拉索、钢架（桁架）结构、桥梁中的桥墩等
剪切	大小相等 方向相反 作用线垂直于杆件轴线且相距很近的一对外力	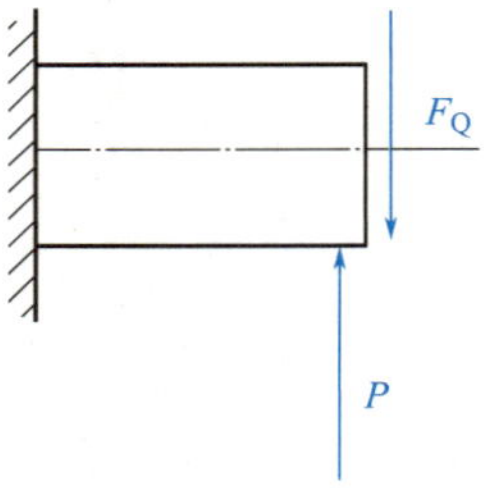 F_Q P	横截面沿外力方向发生相对错动	主梁支座附近出现的破坏
扭转	大小相等 转向相反 在垂直于杆件轴线的两个平面内的一对力偶作用	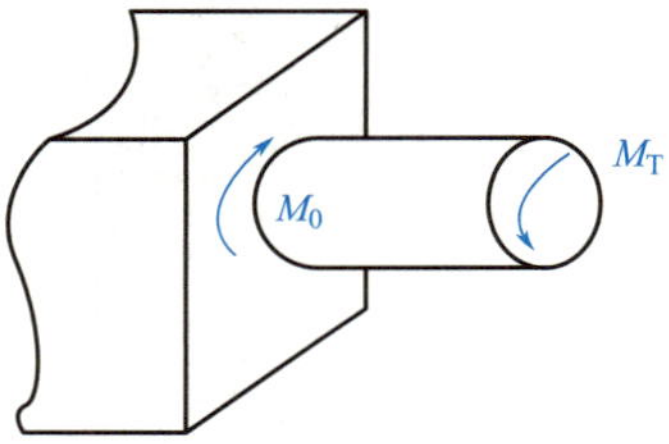 M_T M_0	横截面将产生绕轴线的相对转动	汽车的方向盘、雨篷梁等
弯曲	受到垂直于杆轴的外力作用或在纵向平面内受到力偶作用	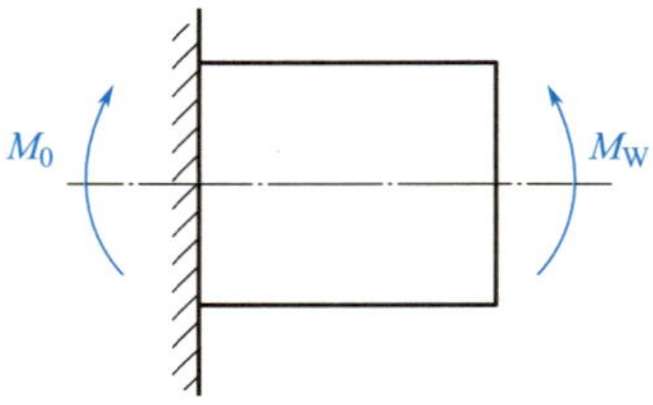 M_0 M_W	杆件轴线由直线变为曲线	主梁、过梁、挑梁等

三、轴力

1. 轴力方向规定

当轴力指向离开截面时，杆件受拉，轴力为正；当轴力指向截面时，杆件受压，轴力为负。

2. 轴力截面法计算

（1）截面法的基本思想

假想用截面把构件切开，分成两部分，将内力转化为外力而显示出来，并用静力平衡条件计算。

（2）截面法的具体步骤

① 截开：在需要求内力的截面处，假想将构件截分成两部分。

② 代替：将两部分中任一部分留下，并用内力代替另一部分对留下部分的作用。

③ 画受力图：其中轴力的方向按正向假设。由此计算结果的正负可与轴力的正负号规定保持一致，即计算结果为正表示正轴力，计算结果为负表示负轴力。

④ 平衡：用平衡条件求出该截面上的内力。

（3）轴力的简便计算

计算法则：杆件截面上的轴力，等于该截面一侧（左侧或右侧）所有轴向外力的代数和。运用该法则时，凡指离所求截面的外力取正号，凡指向所求截面的外力取负号。

四、轴力图

轴力图：当杆件受到两个以上的轴向外力作用时，杆件不同区段将有不同的轴力。轴力图为表明杆件各截面轴力变化规律的图形。

绘制方法：以平行于杆轴线的直线为基线，其坐标表示横截面的位置，用垂直于杆轴线的纵坐标表示横截面上轴力的大小，轴力图可以形象地表示杆件各截面轴力的大小，明显地找到最大轴力所在位置和数值。一般正的轴力绘在基线上方，负的轴力绘在基线下方。

五、轴向拉、压时杆件的应力

单位面积上分布的内力称为应力，反映内力的分布集度。与轴向拉、压杆横截面相垂直的应力，称为正应力，用σ表示。正应力在横截面上均匀分布，即

$$\sigma=\frac{F_{\mathrm{N}}}{A}$$

六、轴向拉、压时杆件的强度条件

为了保证构件能安全正常地工作，则拉、压杆内最大的工作应力不得超过材料的许用应力，即

$$\sigma_{\max}=\frac{F_{\mathrm{N}}}{A}\leqslant[\sigma]$$

应用强度条件可以解决土木工程中的三类计算问题：强度校核、截面设计、确定许可荷载。

七、思维导图填空

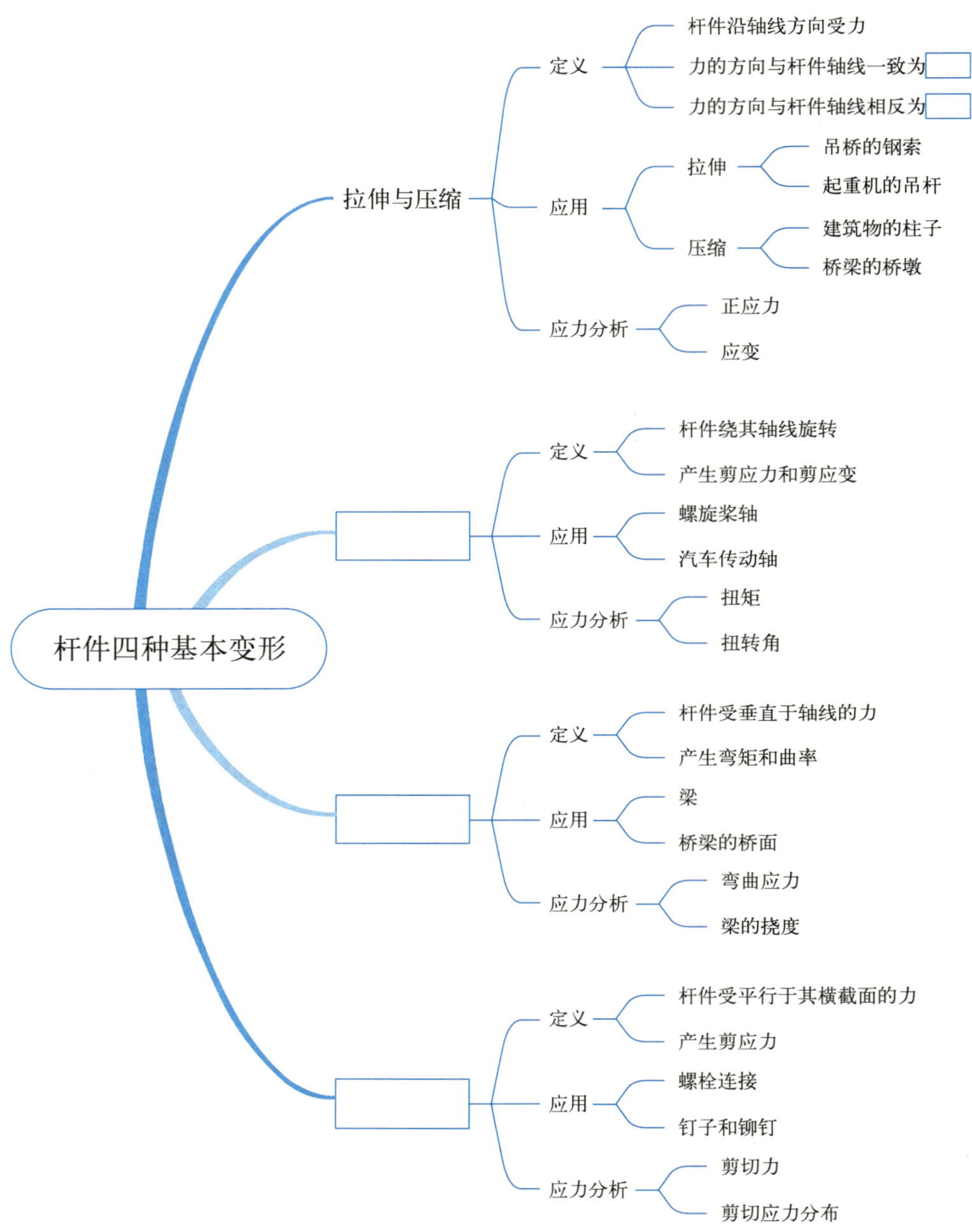

重点内容点拨

一、柱内力图规律

图 3-31 所示为某三层三跨框架在竖向均布荷载和水平集中力作用下的计算简图以及框架内力图，从图中可以看出，在荷载作用下，框架梁、柱截面上均产生内力，其中框架柱在竖向荷载作用下产生轴力，由框架柱的轴力图可知，在同一根柱中由下至上轴力逐层减小。

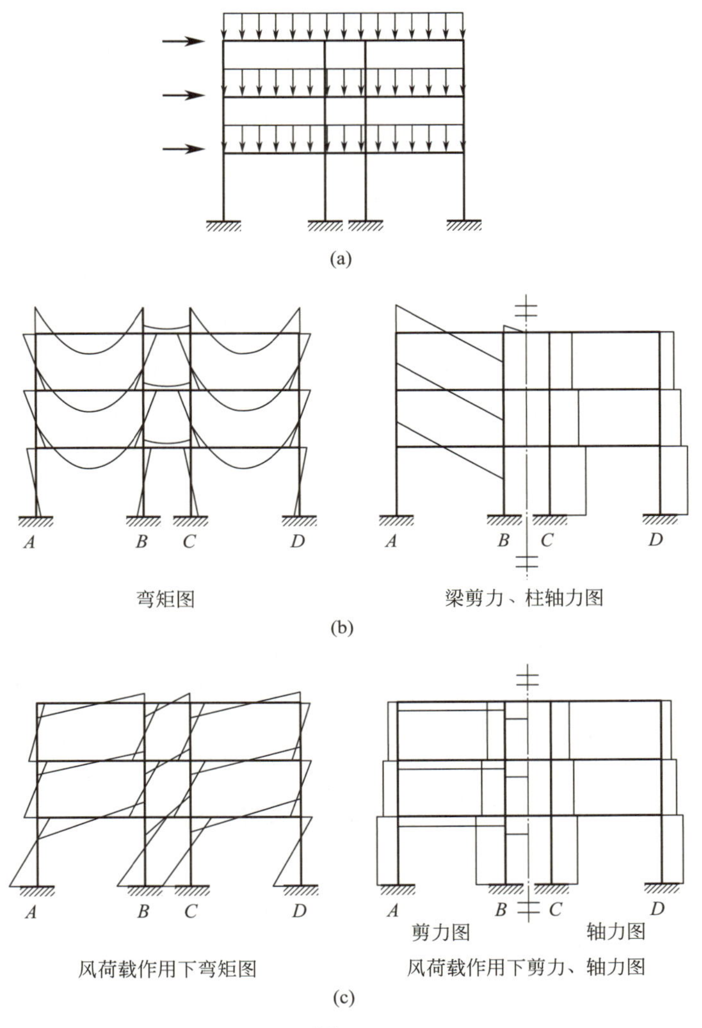

图 3-31

（a）计算简图；（b）竖向荷载下框架的内力图；（c）水平荷载下框架的内力图

二、柱中钢筋构造

矩形柱内主要包含纵筋和箍筋（图 3-32）：纵筋的作用为协助混凝土承受压力以减小构件尺寸，承受可能的弯矩以及混凝土收缩、徐变和温度变形引起的拉应力，防止构件突然的脆性破坏；箍筋的作用为满足斜截面抗剪强度，固定纵筋的位置而形成钢筋骨架，联结受力主筋和混凝土共同工作。

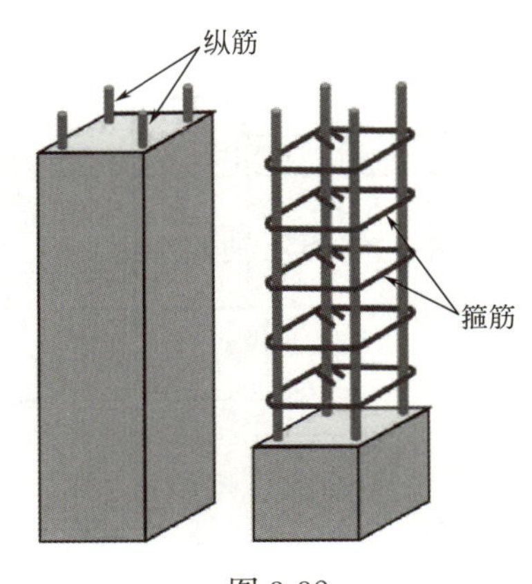

图 3-32

项目质量评估

一、填空题

1. 杆件是指其________远大于________的构件，轴线是直线的杆件称为直杆。

2. 杆件变形可简化为________、________、________、________四种。

3. 轴向拉伸和压缩的受力特点是直杆的两端沿杆轴线方向作用一对大小________、方向________的力；变形特点是在外力作用下产生轴向或________。

4. 产生轴向拉伸或压缩变形的杆件，作用力方向指向杆件是________；作用力方向背离杆件是________。

5. 当杆件受到大小相等、方向相反、作用线垂直于杆件轴线且相距很近的一对横向外力作用时，杆件的横截面沿外力方向发生的相对错动变形称为________。

6. 扭转变形的受力特点：在垂直于杆轴线的平面内，作用有________大小、方向________的一对________。

7. 垂直于横截面的应力称为________。

二、单项选择题

1. 下列实例中属于扭转变形的是（　　）。

A. 起重吊钩　　B. 钻孔的钻头　　C. 火车车轴　　D. 钻孔的零件

2. （　　）变形是由于直杆受到与其轴线垂直的外力的作用，或受到作用面过直杆轴线的力偶的作用而产生的。

A. 轴向　　B. 剪切　　C. 扭转　　D. 弯曲

3. 图 3-33 所示受力杆件的轴力有以下四种，正确的是（　　）。

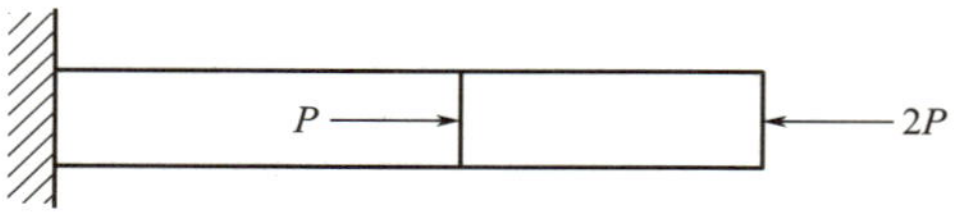

P　$2P$

图 3-33

A. P ⊕ ⊖ $2P$

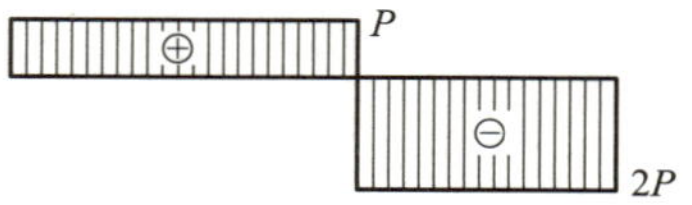

B. P ⊖ $2P$

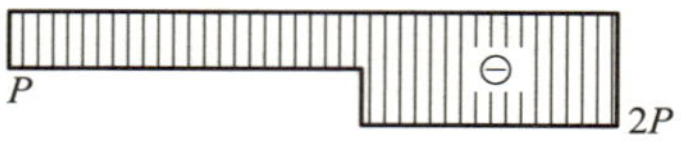

C. P ⊕ $2P$

D. $2P$ ⊕ ⊖ P

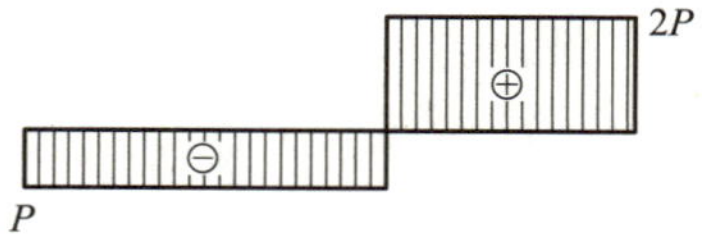

4. 如图 3-34 所示轴向受力杆件，杆内最大拉力为（　　）。

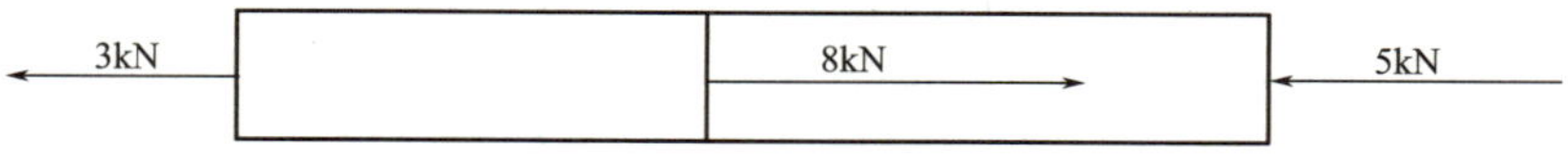

3kN　8kN　5kN

图 3-34

A. 8kN　　B. 4kN　　C. 5kN　　D. 3kN

5. 如图 3-35 所示轴向受拉（压）等直杆的受力情况，则杆内最大拉力为（　　）。

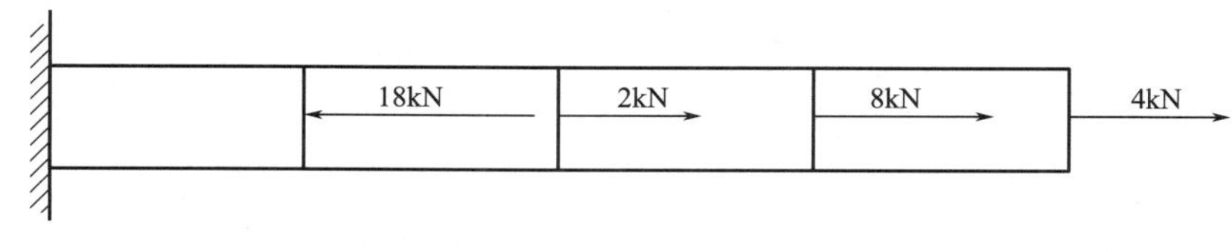

图 3-35

A. 14kN　　B. 16kN　　C. 12kN　　D. 15kN

三、计算题

1. 运用截面法计算图 3-36 所示各杆截面的内力。

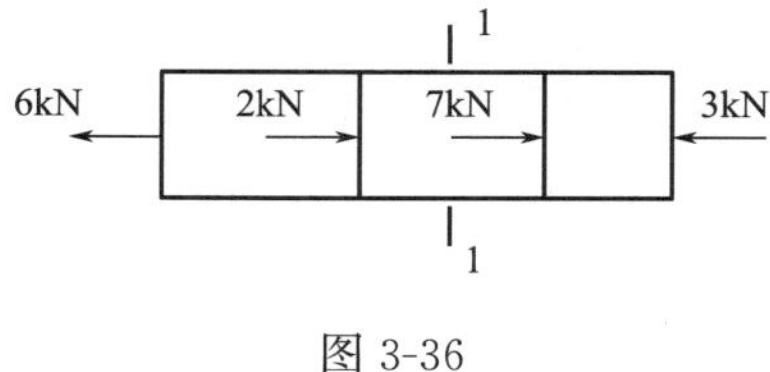

图 3-36

2. 试求图 3-37 所示各杆的轴力，并指出轴力的最大值。

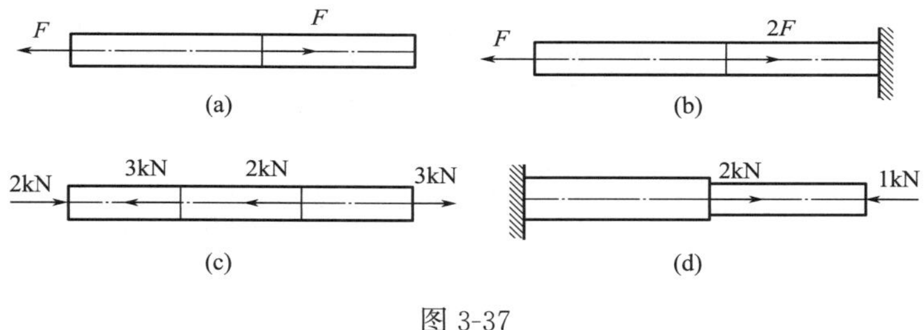

图 3-37

3. 一正方形截面柱如图 3-38 所示，上段柱边长 $a_1=200$mm，下段柱边长 $a_2=400$mm，承受荷载 $P_1=50$kN，$P_2=100$kN。试求各段柱横截面上的正应力。

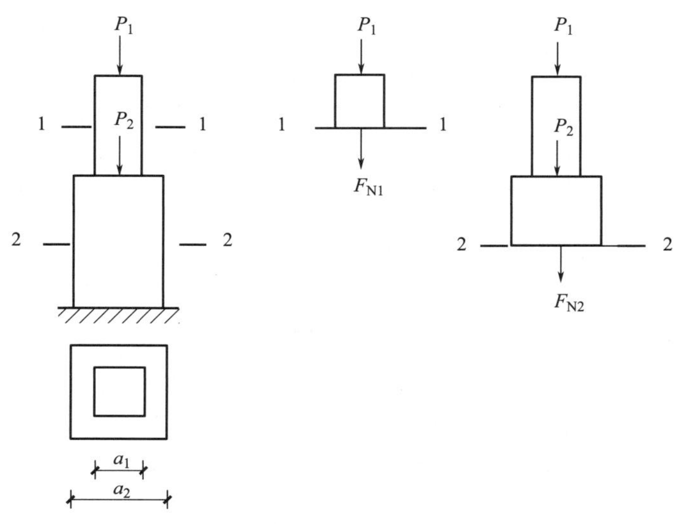

图 3-38

4. 如图 3-39 所示，已知 $A_1=200\text{mm}^2$，$A_2=500\text{mm}^2$，$A_3=600\text{mm}^2$，$[\sigma]=12\text{MPa}$，试校核该杆的强度。

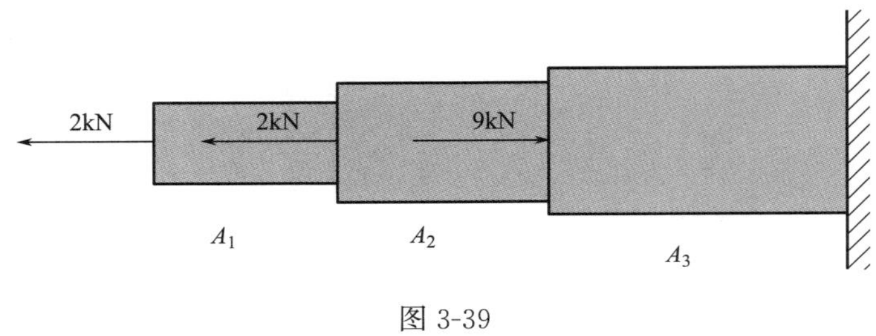

图 3-39

5. 如图 3-40 所示的铰接支架中，杆 AC 为圆形钢杆，直径 $d=10\text{mm}$，许用应力 $[\sigma]=160\text{MPa}$，横梁 BC 受到均布荷载 q 作用。试根据正应力强度条件确定许可荷载 $[q]$ 的值。

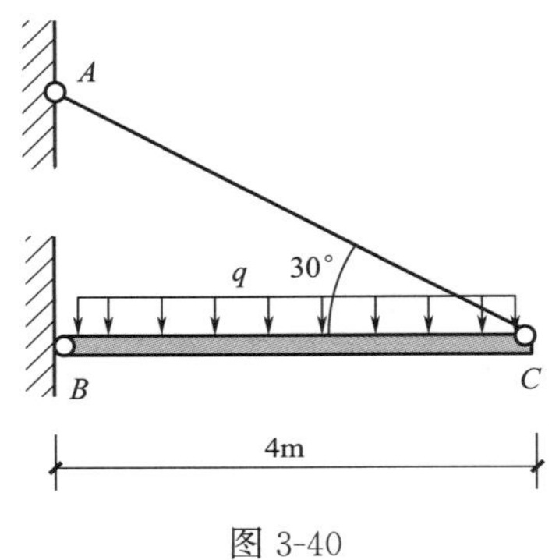

图 3-40

四、绘图题

绘制图 3-41 中各杆件的轴力图，并仔细观察比对各轴力图，你有什么发现?

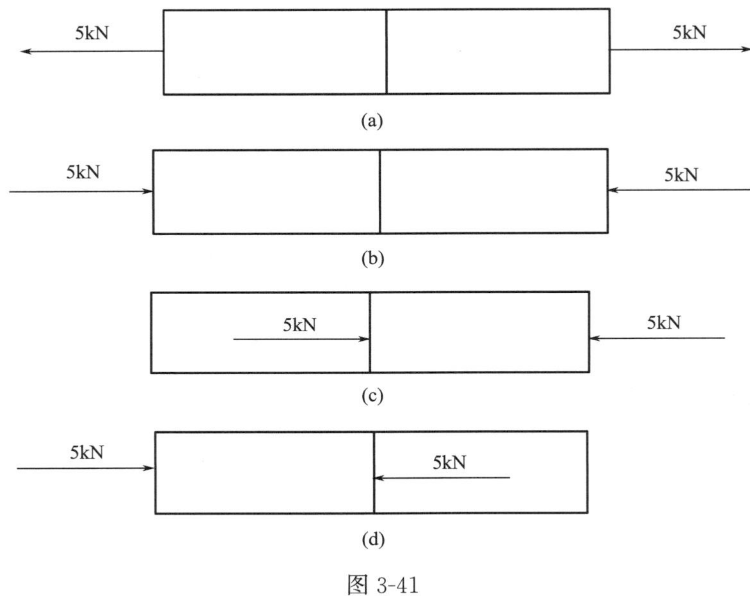

图 3-41

五、简答题

1. 简述运用截面法计算杆件轴力的计算步骤。

2. 计算杆件某截面 n-n 上的轴力，取左截面和取右截面计算的结果是否相同？为什么？

3. 试举例说明你生活中的受拉受压构件。

4. 两根轴力和截面面积相等而截面形状和材料、长度不等的拉杆，它们的正应力是否相等？

5. 轴向拉、压杆的强度条件是什么？利用强度条件可以解决哪几类问题？

项目4　直梁弯曲

项目导学

一、学习目标

知识目标：1. 说出弯曲变形的特点；

2. 阐明截面法求直杆指定截面的弯矩和剪力的步骤；

3. 列举简便方法绘制梁弯矩图和剪力图的规律；

4. 解释挠度和转角的概念。

能力目标：1. 能应用规律绘制常见梁在简单荷载作用下的弯矩图和剪力图；

2. 能说出工程中的一些弯曲变形的工程实例；

3. 能在工程中选择应用提高梁的强度和刚度的措施。

素质目标：1. 提高有效沟通的能力；

2. 培养认真倾听他人意见的能力。

二、项目思维导图

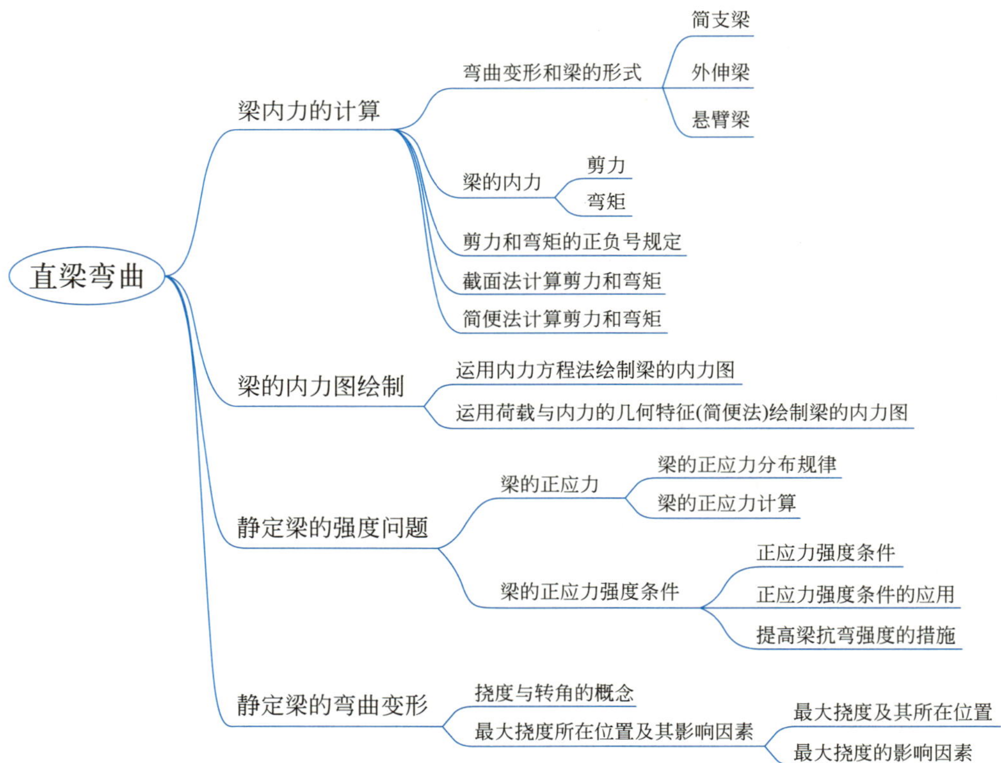

项目概述

杆件受到垂直于杆轴的外力作用或在纵向平面内受到力偶作用（图 4-1），杆轴由直线变成曲线，这种变形称为**弯曲**。

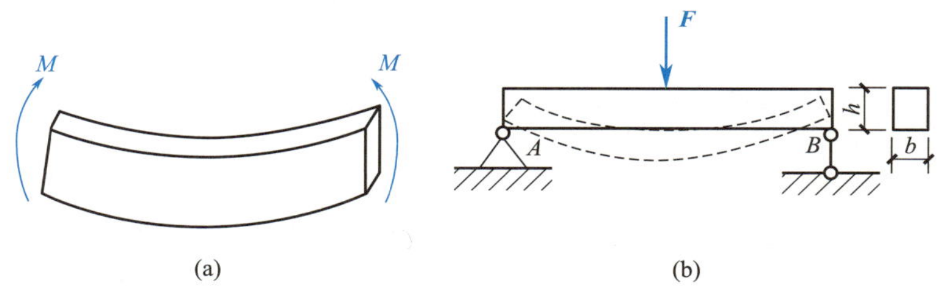

图 4-1

通过本项目的学习，能够绘制直杆的弯矩图和剪力图，会对弯曲杆件的强度进行简单分析，为钢筋混凝土受弯构件施工图的识读奠定力学基础。

微课

任务 4.1　梁内力的计算

【任务描述】

日常生活中，两个人用扁担抬一桶水，当水较重时，扁担会发生很大的弯曲变形。工程中，以弯曲变形为主要变形的杆件称为**受弯构件**，在工业与民用建筑中，各种类型的梁、板以及楼梯等都属于典型的受弯构件。

本任务的重点是理解平面弯曲变形，认识梁及常见的单跨静定梁形式，根据梁的受力形式计算梁截面的内力。

【相关知识】

一、弯曲变形

弯曲是指杆件受到垂直于杆轴的外力或在纵向平面内受到力偶作用，杆轴由直线变成曲线。弯曲变形是工程中最常见的一种基本变形。例如房屋建筑中的楼面梁、阳台挑梁（图 4-2）等，都是以弯曲变形为主的构件。

梁是最常见的以弯曲变形为主的构件，工程中通常将单跨静定梁按支座情况分为下列三种形式：

（1）简支梁：梁的一端是固定铰支座，另一端为可动铰支座（图 4-3a）；

（2）外伸梁：梁一端或两端伸出支座以外的简支梁（图 4-3b）；

（3）悬臂梁：梁的一端是固定端，另一端为自由端（图 4-3c）。

工程应用可参考例 4-1。

二、梁的内力

一矩形截面简支梁，在荷载 F 作用下，支座反力为 F_A 和 F_B，如图 4-4（a）所示。现用截面法分析距梁 A 端为 x 的 m-m 截面上的内力：

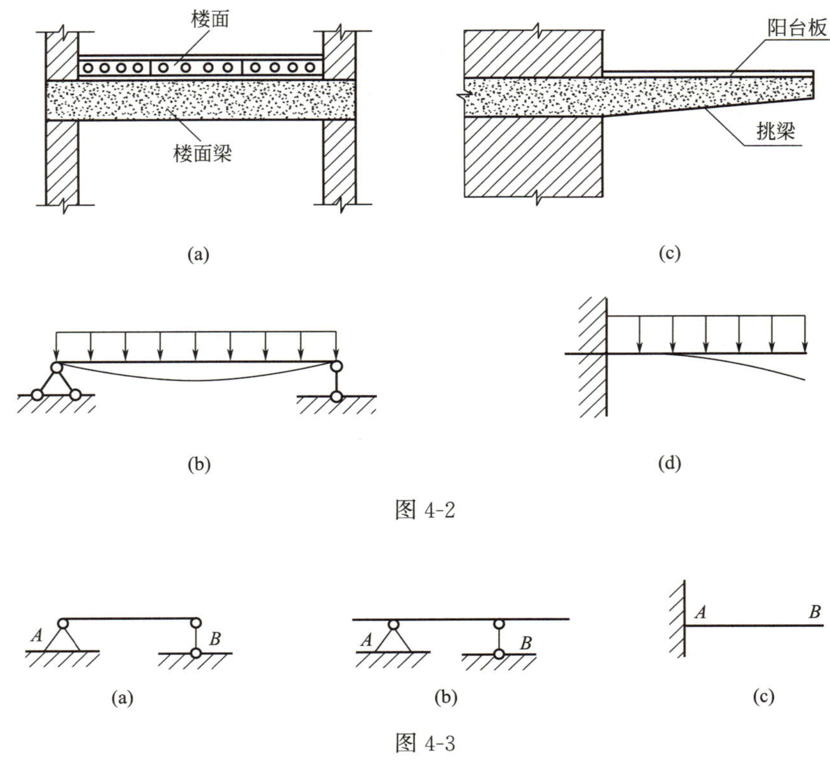

(a) (c)

(b) (d)

图 4-2

(a) (b) (c)

图 4-3

沿 m-m 截面处将梁分成左、右两段。可将左右两段在断开前视为刚性连接（与固定端支座的约束相似），为了维持原有的平衡，切开处应有竖向力和约束力偶，即梁的内力有两个（图 4-4b，c）：

（1）**剪力**——相切于横截面的竖向分力，用 V 表示。常用单位是牛顿（N）或千牛顿（kN）。

（2）**弯矩**——作用面与横截面相垂直的内力偶，用 M 表示。常用的单位是牛顿·米（N·m）或千牛顿·米（kN·m）。

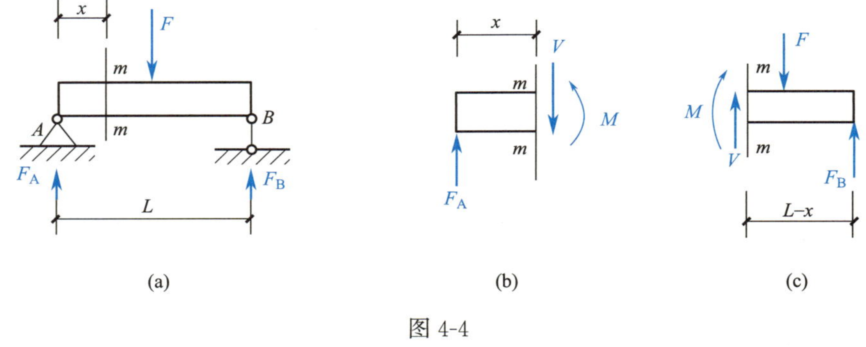

(a) (b) (c)

图 4-4

取左段（图 4-4b）为研究对象，用平面一般力系的平衡条件可求得

由 $\sum F_y=0$ 得：$F_A-V=0$

$\therefore V=F_A$

由 $\sum M_m=0$ 得：$M-F_A x=0$

$\therefore M=F_A x$

右段与左段横截面的内力互为作用力与反作用力，所以同一截面上的 V、M 应大小相等，方向相反（图 4-4c）。

三、剪力和弯矩的正负号规定

为了使从左、右两段梁求得同一截面上的内力 V 与 M 具有相同的正负号，并由它们的正负号反映变形的情况，对剪力和弯矩的正负号特作如下规定：

（1）剪力的正负号：当截面上的剪力 V 使所取的脱离体有顺时针方向转动趋势时为正（图 4-5a），反之为负（图 4-5b）。

（2）弯矩的正负号：当截面上的弯矩使所取的脱离体产生向下凸的变形时（即上部受压、下部受拉）为正（图 4-6a），反之为负（图 4-6b）。

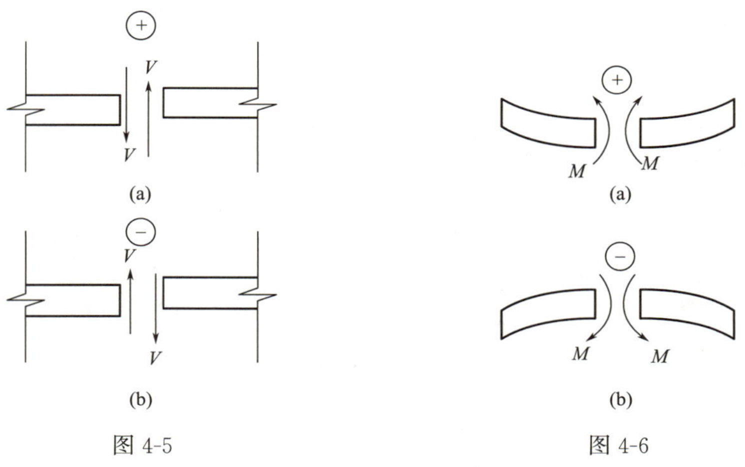

图 4-5　　图 4-6

四、截面法

用截面法计算截面内力的步骤如下：

（1）计算支座反力（悬臂梁可省略该步骤）。

（2）选定假想截面。在需求内力处将梁切开，取其中一段为研究对象。尽量取外力较简单的梁段为研究对象，悬臂梁常取不含支座的梁段。

（3）画出研究对象的受力图。截面上未知剪力和弯矩先假设为正向，不要漏画所研究梁段的外力和支座反力。

（4）建立平衡方程，求解内力。

请参考例 4-2 与例 4-3。

五、简便法

简便法可直接由外力写出截面的内力，省去画受力图和列平衡方程，从而简化计算过程。

简便法计算截面内力的规律如下：

1. 求剪力的规律

梁内任一截面上的剪力V，其大小等于该截面一侧（左侧或右侧）与截面平行的所有外力的代数和。若外力对所求截面产生顺时针方向转动趋势时，等式右方取正号；反之，取负号。此规律可记为**“顺转剪力正”**，亦可记为：

左上正——若看截面左侧，指向上的外力产生正剪力，反之为负；

右下正——若看截面右侧，指向下的外力产生正剪力，反之为负。

2. 求弯矩的规律

梁内任一横截面上的弯矩M，其大小等于该截面一侧（左侧或右侧）所有外力对该截面形心的力矩的代数和。将所求截面固定，若外力矩使所考虑的梁段产生向下凸的变形时（即上部受压，下部受拉），等式右方取正号；反之，取负号。此规律可记为**“下凸弯矩正”**，亦可记为：凡指向上的外力产生正弯矩，反之为负。请参考例4-4、例4-5。

【实例展示】

例4-1 工程中有很多构件受外力作用而产生弯曲变形。例如图4-7（a）所示的是简支梁实例，图4-7（b）所示的是外伸梁实例，图4-7（c）所示的则是悬臂梁实例。

(a)

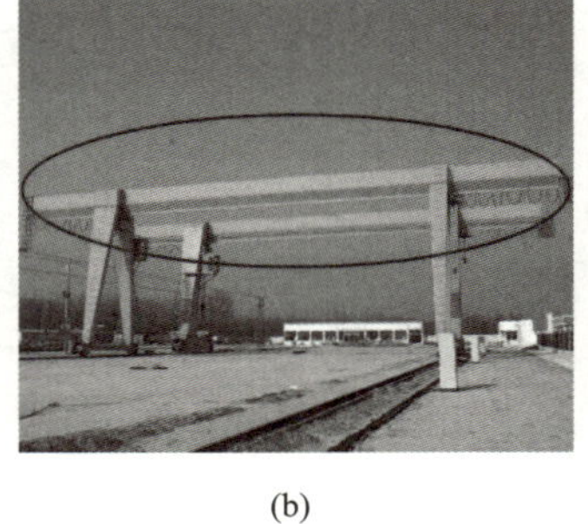
(b)

(c)

图4-7

例4-2 用截面法求图4-8（a）所示悬臂梁上1-1截面的内力。

解析：取右段为研究对象，可不必计算固定端的支座反力，将梁从1-1截面处切断，假设在1-1截面上有正剪力V_1和正弯矩M_1（图4-8b），列出平衡方程：

由$\sum F_y=0$得：$V_1-q\times4=0$

$\therefore V_1=q\times4=20\times4=80\text{kN}$

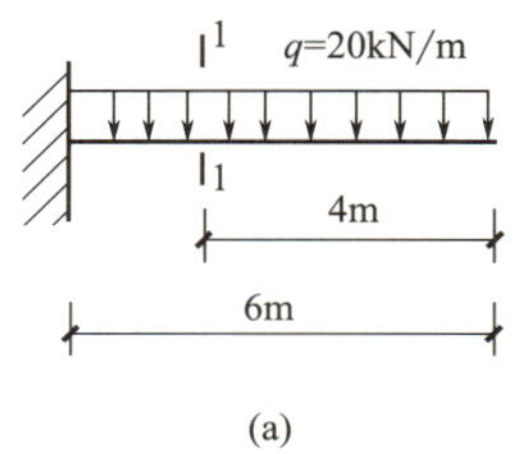

(a)

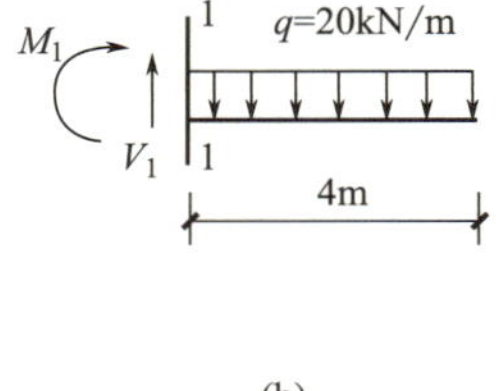

(b)

图4-8

由$\sum M_1=0$ 得：$M_1+q\times4\times2=0$

$\therefore M_1=-q\times4\times2=-20\times4\times2=-160\text{kN}\cdot\text{m}$

计算结果 V_1 为正值，说明其实际方向与假设方向相同，为正剪力。M_1 为负，说明其实际方向与假设方向相反，为负弯矩，即梁上部受拉。

例 4-3　简支梁受力如图 4-9（a）所示，试求 1-1 截面的内力。

解析：1. 求支座反力

由$\sum M_A=0$ 得：$F_B\times6-36\times4=0$

$\therefore F_B=24\text{kN}$

由$\sum M_B=0$ 得：$-F_A\times6+36\times2=0$

$\therefore F_A=12\text{kN}$

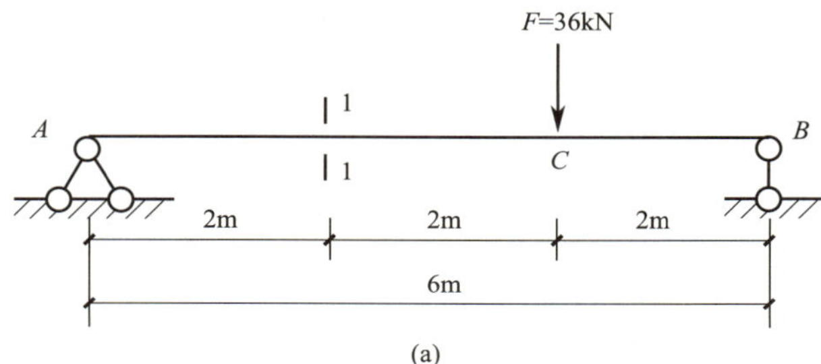

(a)

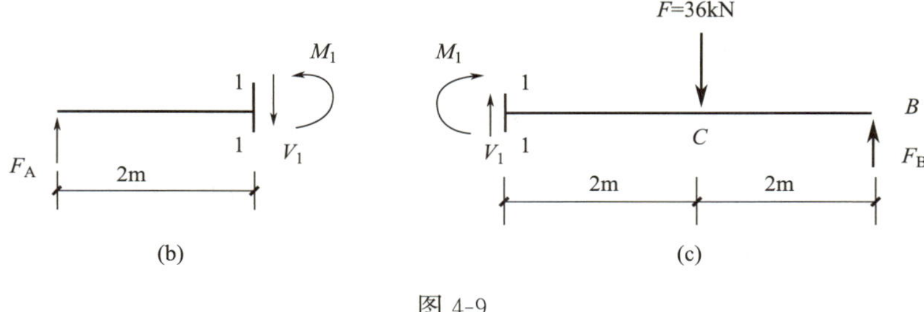

(b)　(c)

图 4-9

2. 求截面 1-1 的内力

（1）用截面 1-1 把梁截成两段，由于左段的外力较右段简单，取左段为研究对象，并设剪力 V_1 和弯矩 M_1 都为正（图 4-9b）

由$\sum F_y=0$ 得：$F_A-V_1=0$

$\therefore V_1=F_A=12\text{kN}$

由$\sum M_1=0$ 得：$M_1-F_A\times2=0$

$\therefore M_1=F_A\times2=12\times2=24\text{kN}\cdot\text{m}$

（2）若取右段为研究对象（图 4-9c）

由$\sum F_y=0$ 得：$F_B+V_1-36=0$

$\therefore V_1=36-F_B=12\text{kN}$

由$\sum M_1=0$ 得：$F_B\times4-M_1-36\times2=0$

$\therefore M_1=F_B\times4-72=24\times4-72=24\text{kN}\cdot\text{m}$

可见，选取右段梁或选取左段梁为研究对象，所得截面 1-1 的内力结果相同，但取受力较简单的左段计算较容易。

例 4-4 用简便法求图 4-10 所示外伸梁所指截面处的剪力和弯矩。

解析：1. 求支座反力

$\sum M_A=0 \quad F_B\times3-10\times3\times1.5-6\times(3+1)=0$

$\therefore F_B=23\text{kN}$

$\sum F_y=0 \quad F_A+F_B-10\times3-6=0$

$\therefore F_A=13\text{kN}$

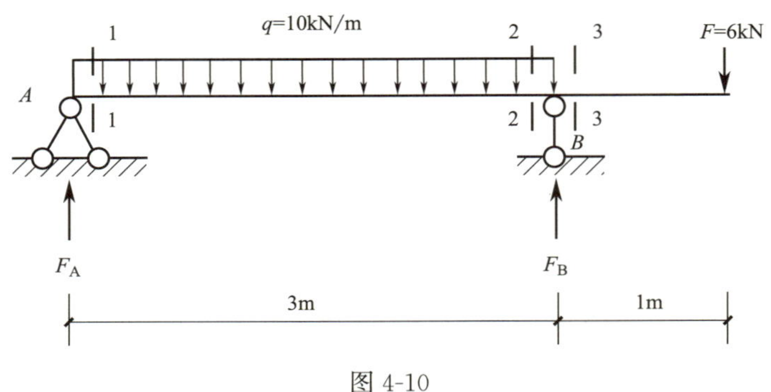

图 4-10

2. 用规律直接求出各截面上的内力

（1）截面 1-1

剪力规律：看截面左段，只看到指向上的支座反力 F_A，根据规律“左上正”，所以 $V_1=F_A=13\text{kN}$。

结果：$V_1=13\text{kN}$

弯矩规律：看截面左段，由于 F_A 对 1-1 截面取矩没有力臂，故 $M_1=0$。

结果：$M_1=0$

（2）截面 2-2

剪力规律：看截面右侧，有两个外力 F 和 F_B，根据求剪力的规律“右下正”，其中 F 指向下取正号，F_B 指向上取负号。

结果：$V_2=F-F_B=6-23=-17\text{kN}$

弯矩规律：看截面右侧，根据求弯矩的规律“指向上的外力产生正弯矩，反之为负”，F 指向下为负，结果为$-6\text{kN}\cdot\text{m}$，表示截面上部受拉。

结果：$M_2=-F\times1=-6\times1=-6\text{kN}\cdot\text{m}$

（3）截面 3-3

$V_3=F=6\text{kN}$

$M_3=-F\times1=-6\times1=-6\text{kN}\cdot\text{m}$

后续例题不再提示相应规律，直接给出计算公式。

例 4-5 用简便法求图 4-11 所示简支梁所指截面处的内力。

解析：1. 求支座反力

$\sum M_A=0 \quad F_B\times4-F\times2-20=0$

$\therefore F_B=15\text{kN}$

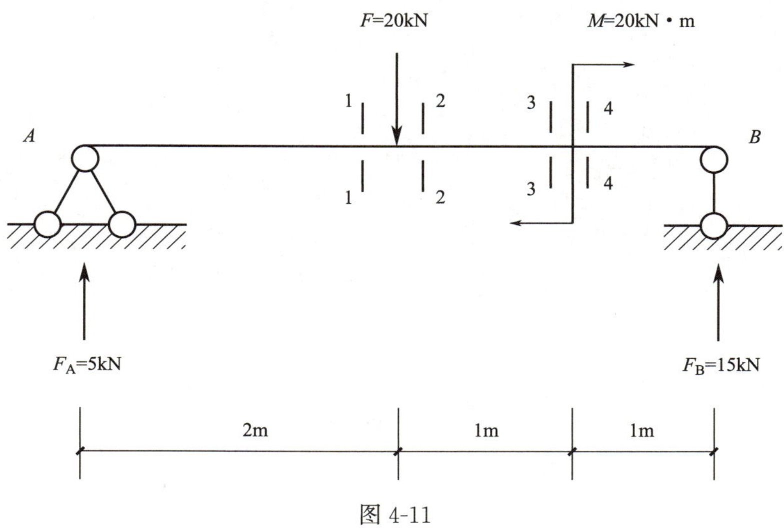

图 4-11

$\sum F_y=0\quad F_A+F_B-F=0$

$\therefore F_A=5kN$

2. 用规律直接求出各截面上的内力

(1) 截面 1-1

$V_1=F_A=5kN$（截面左侧）

$M_1=F_A\times 2=10kN\cdot m$（截面左侧）

(2) 截面 2-2

$V_2=F_A-F=5-20=-15kN$（截面左侧）

$M_2=F_A\times 2=5\times 2=10kN\cdot m$（截面左侧）

(3) 截面 3-3

$V_3=F_A-F=5-20=-15kN$（截面左侧）

$M_3=F_A\times 3-F\times 1=5\times 3-20\times 1=-5kN\cdot m$（截面左侧）

(4) 截面 4-4

$V_4=-F_B=-15kN$（截面右侧）

$M_4=F_B\times 1=15kN\cdot m$（截面右侧）

有集中力作用处的截面，左右侧剪力值突然变化，其突变的绝对值等于集中力的大小。有集中力偶作用处的左侧和右侧截面上，左右侧弯矩突然变化，弯矩突变的绝对值就等于集中力偶的大小。

【知识小课堂】

我国劳动人民在实践中积累了大量的力学方面的智慧，比如：从隋朝赵州桥到现代的港珠澳大桥，从首都国际机场 T3 航站楼到中石化伊朗亚达瓦兰油田等都蕴含了丰富的力学原理和知识。尤其是“超级工程”，更彰显了国家强大的综合国力。

本次任务我们来认识北京首都国际机场 T3 航站楼（图 4-12），T3 航站楼是北京 2008 年奥运会的重点工程，南北总长约 3000m，东西宽约 750m，包括 T3A、T3B 航站楼和 T3C 国际候机厅，总建筑面积约 100 万 m^2。航站楼主体为钢筋混凝土框架结构，屋顶为

图 4-12

曲面钢网架结构，支承屋顶悬臂结构的是锥形和梭形钢管柱。

T3 航站楼扩建工程于 2004 年 3 月 28 日破土动工，工程总投资 270 亿元。总建筑面积约 98.6 万 m^2，相当于 170 个足球场那么大。整个工期仅为三年零九个月。而英国伦敦希思罗国际机场的一个类似工程花了将近 20 年时间才完工。

T3 航站楼的玻璃幕墙有一个向外倾斜的角度，与垂线成 15°夹角（图 4-13），而幕墙的落地分格则采用了 2.3m 高的玻璃，这两项设计使得旅客在水平视线望向窗外，既看不到玻璃上反射的影像，视线范围内也不会出现水平分割线。

图 4-13

【任务实施】

一、请识别表 4-1 梁构件的类型及弯曲变形时的受力特征。

梁的类型及受力特征　　　　表 4-1

序号	结构受力情况	梁的类型	受力特征
(1)	过梁　q　过梁		

续表

序号	结构受力情况	梁的类型	受力特征
(2)			
(3)			

二、已知 $F=10\text{kN}$，$q=4\text{kN/m}$，试计算图 4-14 所示各梁指定截面的内力。

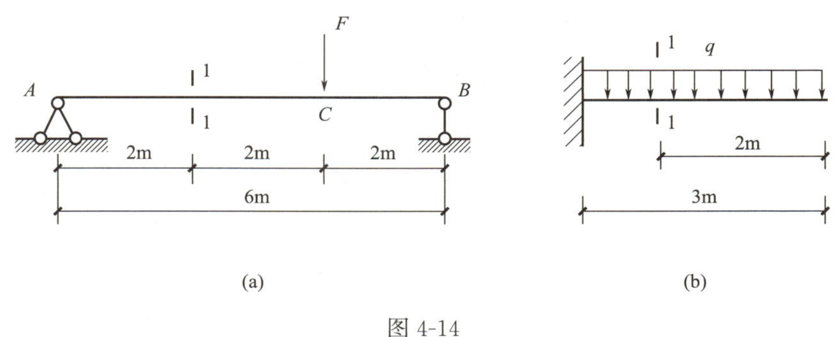

图 4-14

三、运用计算内力的规律，计算图 4-15 中各梁指定截面的剪力和弯矩。

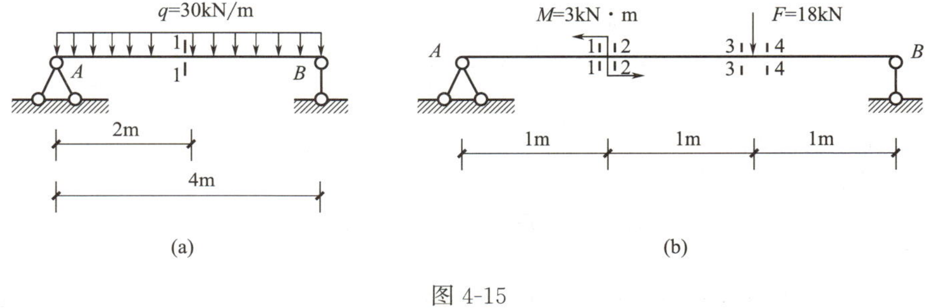

图 4-15

【任务质量评估】

一、单项选择题

1. 单跨静定梁按支座情况不包含（　　）。

A. 简支梁　　B. 外伸梁　　C. 悬臂梁　　D. 框架梁

2. 图 4-16 所示的简支梁，其截面 1-1 的弯矩是（　　）。

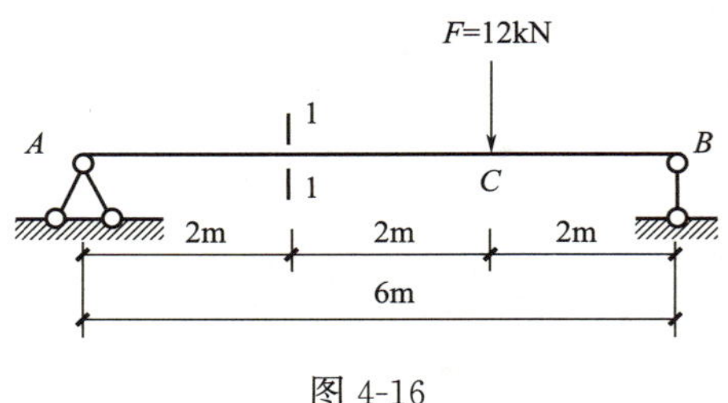

图 4-16

A. 6kN·m　　B. 8kN·m　　C. 12kN·m　　D. 16kN·m

3. 图 4-17 所示的外伸梁，其截面 2-2 的剪力绝对值是（　　）。

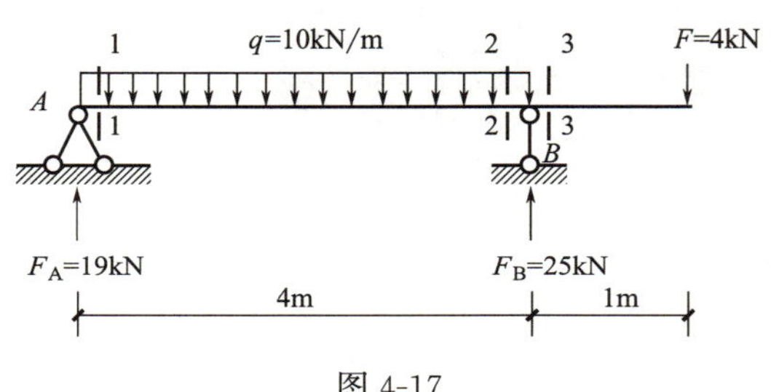

图 4-17

A. 19kN　　B. 25kN　　C. 21kN　　D. 4kN

4. 图 4-18 所示的简支梁，剪力绝对值最小的截面是（　　）。

A. 1-1　　B. 2-2　　C. 3-3　　D. 4-4

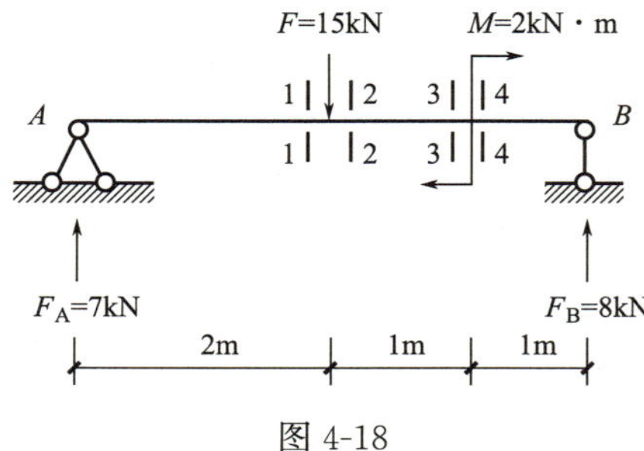

图 4-18

二、填空题

1. 梁是以________为主要变形的杆件。

2. 梁截面的内力主要是________、________。

3. 工程中通常将单跨静定梁按支座情况分为________、________、______三种形式。

4. 剪力常用的单位是________、__________。

5. 弯矩常用的单位是________________、________________。
6. 当截面上的剪力使所取的脱离体有逆时针方向转动趋势时为______；反之为______。
7. 当截面上的弯矩使所取的脱离体产生向下凸的变形时为________；反之为________。
8. 梁内任一截面上的剪力，其大小等于该截面一侧与截面平行的所有外力的________。

三、判断题

1. 简支梁的一端是固定端，另一端为自由端。(　　)
2. 截面法计算悬臂梁指定截面上的剪力和弯矩时，可不计算支座反力。(　　)
3. 若外力对所求截面产生顺时针方向转动趋势时，剪力取负号。(　　)
4. 简支梁支座截面的弯矩肯定是 0。(　　)

四、简答题

1. 剪力与弯矩的正负号是怎样规定的?
2. 试举出你在工程中或生活中见过的一些弯曲变形的例子。
3. 参观学校各幢建筑物，找出三种常见的梁，运用所学知识加以说明。

任务 4.2　梁的内力图绘制

【任务描述】

当我们用手拉长一根粗弹簧时，会感到在弹簧内有一种反抗拉长的力。手拉的力越大，弹簧被拉伸得越长，它的反抗力也越大。这种在弹簧内发生的反抗力就是弹簧的内力。这是对内力的一种感性认识。

由外力（或外在因素）作用而引起杆件内部某一部分与另一部分间的相互作用力称为内力。

建筑工程中，为了保证杆件不被拉断或压坏，必须先计算出杆件的内力。梁的内力随截面位置的变化而变化，为了能直观地看出梁的内力随截面位置而变化的规律，并找出最大剪力和最大弯矩的大小及所在位置，通常用表示剪力、弯矩沿梁轴线变化规律的图形，即剪力图和弯矩图来表示。

本任务是根据梁的受力情况，绘制内力图，即剪力图和弯矩图。

【相关知识】

一、内力方程法

用沿梁轴线的坐标 x 表示横截面的位置，则各横截面上的剪力和弯矩都可以表示为坐标 x 的函数，可由静力平衡方程写出某 x 截面的剪力和弯矩：

$$V_x = V(x) \qquad M_x = M(x)$$

$V(x)$ 和 $M(x)$ 称为剪力方程和弯矩方程，它们的函数图形就是剪力图和弯矩图，在土建工程中，习惯把正剪力画在 x 轴上方，负剪力画在 x 轴下方；把弯矩图画在梁受拉的一侧。

用内力方程画梁的内力图步骤如下：

1. 求支座反力（若是悬臂梁可不求）。
2. 分段。由于集中力（包括支座反力）和集中力偶作用处，以及分布荷载的起止点处内力变化规律将发生变化，我们把这些截面称为控制截面（如各段的首尾截面、剪力为零的截面），应将梁在控制截面处分段。

3. 列方程。由静力平衡方程列出各段的剪力方程和弯矩方程。

4. 绘制内力图。根据内力方程判断各段内力图形状，求出各控制截面的内力值，描点绘图。习惯上将剪力图和弯矩图与梁对齐，并标明图名（V 或 M）、控制截面的内力值及正负号，弯矩图画在受拉侧，可不在图上标正负号，坐标轴可省略不画。

5. 根据所画 V 图和 M 图确定 $V_{\max}$ 和 $M_{\max}$ 的数值和位置。请参考例 4-6。

静定梁在常见单种荷载作用下的剪力图和弯矩图如表 4-2 所示。

单种荷载作用下梁的剪力图和弯矩图　　表 4-2

静定梁的类型	简单荷载形式	剪力图	弯矩图
悬臂梁 l	F	F ⊕	Fl
	q	ql ⊕	$ql^2/2$
	M		M
简支梁 l	F a　b	Fb/l ⊕ ⊖ Fa/l	Fab/l
	q l	$ql/2$ ⊕ ⊖ $ql/2$	$ql^2/8$
	M a　b	M/l ⊕	Mb/l Ma/l
外伸梁 l　a	F	F ⊕ ⊖ Fa/l	Fa/l
	q	qa ⊕ ⊖ $qa^2/2l$	$qa^2/2$
	M	M/l ⊕	M

二、简便法

观察各例题中绘制的弯矩图和剪力图，可归纳出梁在常见荷载作用下 V 图和 M 图的一些几何特征：

1. 无荷载梁段，V 图为水平直线，M 图为直线。

2. 均布荷载作用的梁段，V 图为斜直线，其斜向应与均布荷载指向一致，M 图为二次抛物线，其凸向应与均布荷载指向一致。

3. 集中力作用处，V 图发生突变，突变方向与集中力指向一致，突变的绝对值等于集中力的大小；M 图发生转折（即出现尖点），其尖点的方向与集中力指向一致。

4. 集中力偶作用处，V 图无变化，M 图发生突变，突变绝对值的大小等于该力偶的力偶矩的大小。

5. 剪力为零处，弯矩有极值。

荷载与相应剪力图、弯矩图的几何特征见表 4-3。

荷载与相应剪力图、弯矩图的几何特征　　**表 4-3**

序号	梁上荷载情况	剪力图	弯矩图
1	无荷载	水平直线	斜直线
		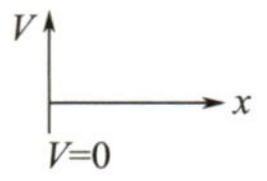 $V=0$	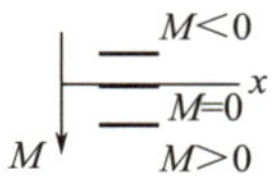 $M<0$；$M=0$；$M>0$
		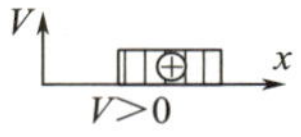 $V>0$	 下斜直线
		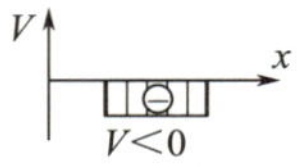 $V<0$	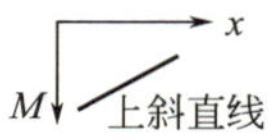 上斜直线
2	均布荷载向上作用	斜向上直线	向上凸曲线
	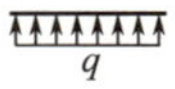 q		
	均布荷载向下作用	斜向下直线	向下凸曲线
	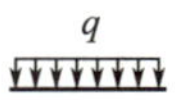 q		
3	向下的集中力	向下突变	尖点朝下
	 F	 F	
	向上的集中力	向上突变	尖点朝上
	 F	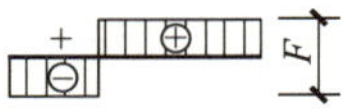 F	

续表

序号	梁上荷载情况	剪力图	弯矩图
4	逆时针集中力偶	C 截面无变化	C 截面弯矩图向上突变
	M C		M
	顺时针集中力偶		C 截面弯矩图向下突变
	C M		M

利用荷载、剪力图、弯矩图之间的几何特征，只需要求出控制截面的内力值，即可画出剪力图和弯矩图，较简捷实用，也称简便法。

简便法画梁内力图步骤如下：

1. 求支座反力（悬臂梁可不求）。

2. 分段（同利用内力方程画图）。

3. 观察梁段特征，注意控制截面的选取：

若几何特征为平直线，任取梁段一控制截面；

若为斜直线，取梁段首、尾两截面；

若为二次抛物线，取梁段首、尾和 $V=0$ 处三截面。

根据控制截面数值，利用特征作图。

4. 根据所画 V 图和 M 图确定 V_{max} 和 M_{max} 的数值和位置。

请参考例 4-7、例 4-8。

【实例展示】

例 4-6 简支梁受集中力作用如图 4-19（a）所示，试画出梁的剪力图和弯矩图。

解析：1. 求支座反力

由整体平衡可求得：

$\sum M_B=0$：$F_A=9kN$

$\sum M_A=0$：$F_B=18kN$

2. 分段

梁在 C 处有集中力作用，故 AC 段和 BC 段的剪力方程和弯矩方程不相同，要分段列出。

3. 列方程

AC 段：距 A 端为 x_1 的任意截面处将梁假想截开（$0\leqslant x_1\leqslant 4m$），并考虑左段梁平衡，列出剪力方程和弯矩方程为

$V(x_1)=F_A=9kN$

$M(x_1)=F_A\times x_1=9\times x_1=9x_1$

CB 段：距 A 端为 x_2 的任意截面处将梁假想截开（$4m\leqslant x_2\leqslant 6m$），并考虑右段的平衡，列出剪力方程和弯矩方程为

$V(x_2)=-F_B=-18kN$

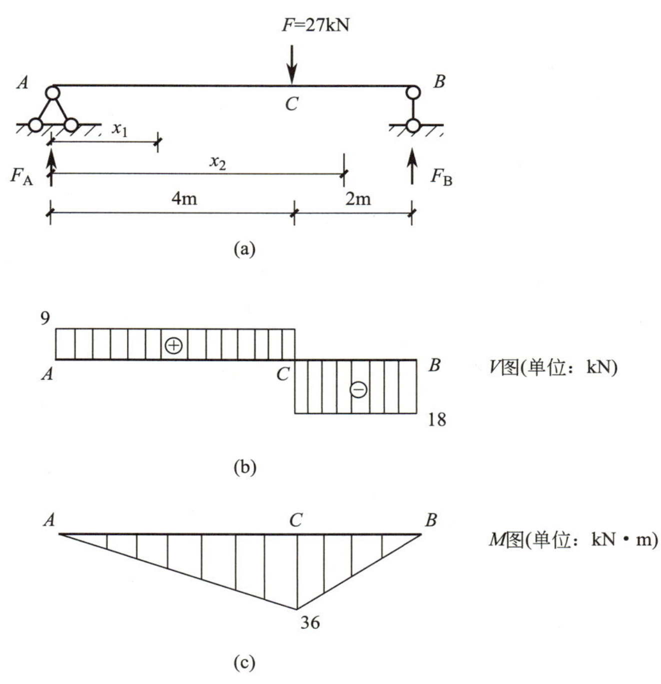

图 4-19

$M(x_2)=F_B(6-x_2)=18(6-x_2)$

4. 画剪力图和弯矩图

AC 段：V 图为位于 x 轴上方，值为 9kN 的水平线；

M 图为斜直线，$x_1=0$ 时，$M_A=0$

$x_1=4\text{m}$ 时，$M_C=9\times4=36\text{kN}\cdot\text{m}$

CB 段：V 图为位于 x 轴下方，值为 -18kN 的水平线；

M 图为斜直线，$x_2=4\text{m}$ 时，$M_C=18\times(6-4)=36\text{kN}\cdot\text{m}$

$x_2=6\text{m}$ 时，$M_B=18\times(6-6)=0$

标明图名、控制值及单位、正负号，如图 4-19（b）（c）所示。

例 4-7　试用简便法画出图 4-20（a）所示简支梁的 V、M 图。

解析：1. 求支座反力

$\sum M_A=0\quad F_B\times8-20\times4-8+8=0$

$\therefore F_B=10\text{kN}$

$\sum F_y=0\quad F_A+F_B-20=0$

$\therefore F_A=10\text{kN}$

2. 分段，根据梁段几何特征作图

C 和 E 截面处有集中力偶，D 截面处有集中力，故应把梁分 AC、CD、DE 和 EB 段。

3. 画 V 图

先根据各段梁上荷载判断 V 图形状，再计算各控制截面的 V 值。

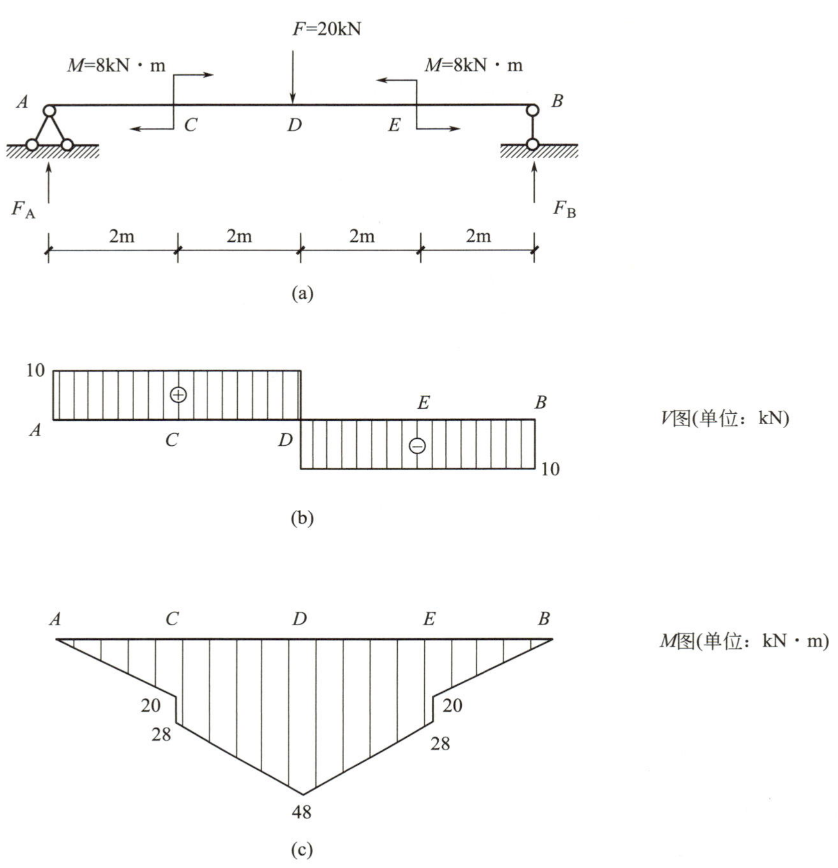

图 4-20　简便法求简支梁内力图

（1）AC 段，V 图为平直线，控制值 $V_{A_{右}}=10\text{kN}$；

（2）CD 段，V 图为平直线，集中力偶对 V 图无影响，所以控制值 $V_{D_{左}}=10\text{kN}$；

（3）DE 段，V 图为平直线，控制值 $V_{D_{右}}=-10\text{kN}$；

（4）EB 段，V 图为平直线，集中力偶对 V 图无影响，所以控制值 $V_{B_{左}}=-10\text{kN}$。

注意，V 图在 D 截面有突变，突变值为 $F=20\text{kN}$，C 和 E 截面的集中力偶对 V 图无影响，画出 V 图如图 4-20（b）所示。

4. 画 M 图

先由各段的荷载和剪力图判断 M 图形状，再计算各控制截面的 M 值。

（1）AC 段，M 图下斜直线，控制值 $M_A=0$，$M_{C_{左}}=10\times2=20\text{kN}\cdot\text{m}$；

（2）CD 段，M 图下斜直线，控制值 $M_{C_{右}}=10\times2+8=28\text{kN}\cdot\text{m}$，$M_D=10\times4+8=48\text{kN}\cdot\text{m}$；

（3）DE 段，M 图上斜直线，控制值 $M_{E_{左}}=10\times2+8=28\text{kN}\cdot\text{m}$；

（4）EB 段，M 图上斜直线，控制值 $M_{E_{右}}=10\times2=20\text{kN}\cdot\text{m}$。

注意，在 C 截面和 E 截面处有集中力偶，M 图有突变，突变值为 $M=8\text{kN}\cdot\text{m}$，然后画出 M 图如图 4-20（c）所示。

例 4-8　试用简便法画出图 4-21（a）所示外伸梁的 V、M 图。

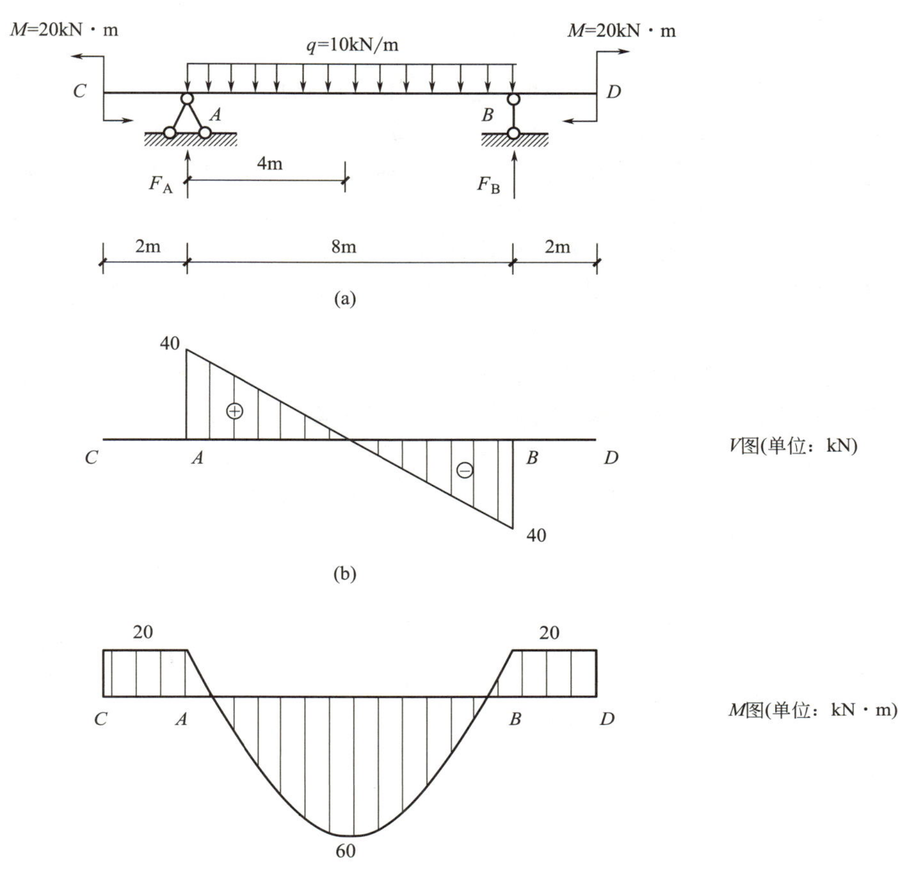

图 4-21　简便法求外伸梁内力图

解析：1. 求支座反力

图形、荷载对称，且集中力偶不产生剪力，故 $F_A=F_B=40\text{kN}$。

2. 分段

根据梁段几何特征作图，分 CA、AB、BD 三段。

3. 画 V 图

（1）CA 段，无荷载，V 图为平直线，控制值 $V_{A_{左}}=0$；

（2）AB 段，均布荷载，V 图为下斜直线，控制值 $V_{A_{右}}=40\text{kN}$，$V_{B_{左}}=-40\text{kN}$；

（3）BD 段，无荷载，V 图为平直线，控制值 $V_{B_{右}}=0$。

画出 V 图如图 4-21（b）所示。

4. 画 M 图

（1）CA 段，M 图为平直线，控制值 $M_A=-20\text{kN}\cdot\text{m}$；

（2）AB 段，M 图为抛物线，控制值 $M_A=-20\text{kN}\cdot\text{m}$，$M_B=-20\text{kN}\cdot\text{m}$，$V=0$ 处，M 有极值，即跨中，$M_{中}=-20+40\times4-10\times4\times2=60\text{kN}\cdot\text{m}$，或 $M_{中}=1/8\times10\times$

8^2－1/2×（20＋20）＝60kN·m。

画出 M 图如图 4-21（c）所示。

【知识小课堂】

梁的内力图为什么只绘制剪力图和弯矩图，而不考虑轴力图？

梁是建筑结构中一种常见的承重构件，在建筑物中起到分担荷载、传递荷载等作用。梁的主要受力特点是承受剪力和弯矩，因此在大多数情况下，轴向力不是重点考虑的方向，无特殊情况下，轴向力可以忽略不计。

尽管梁主要承担横向荷载，但在某些设计阶段和特定情况下，轴力的影响也是不可忽视的，在梁柱连接等特定设计情况下，轴力的影响是需要被考虑的，以确保整体结构的安全和性能。

在实际工程中，应该理论联系实际，运用辩证的思维，既不可套用力学理论，也不可以随意忽略力学因素，才能制定最合理的设计和施工方案。

【任务实施】

一、运用内力方程法，绘制图 4-22 所示各梁的剪力图和弯矩图。

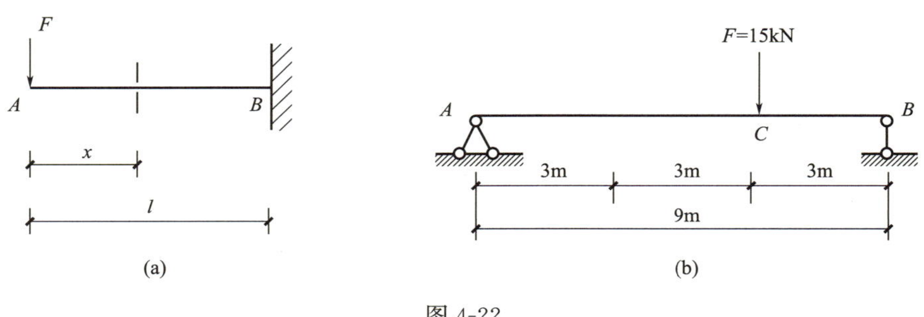

图 4-22

二、运用简便法，直接绘制图 4-23 所示各梁的剪力图和弯矩图。

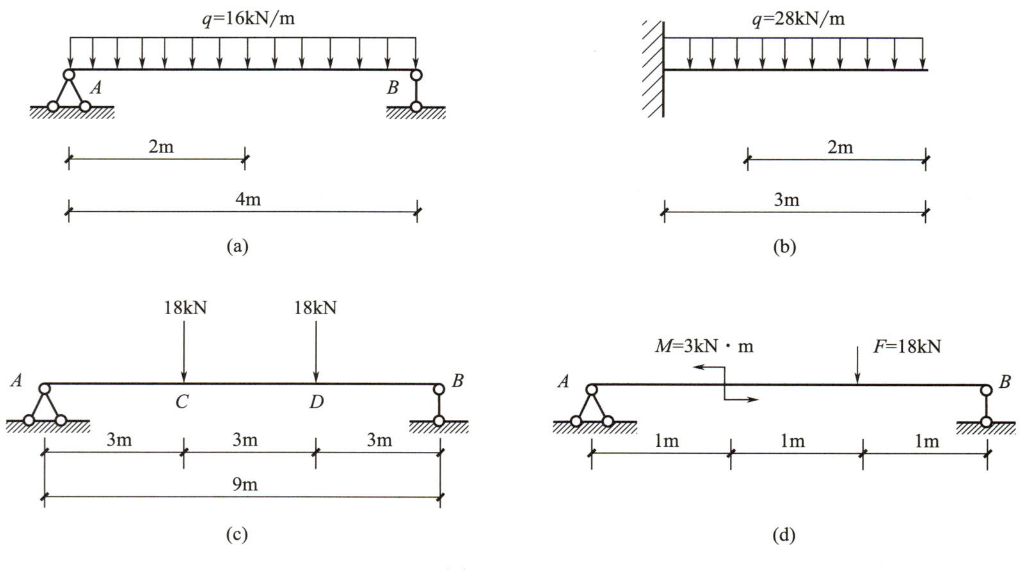

图 4-23（一）

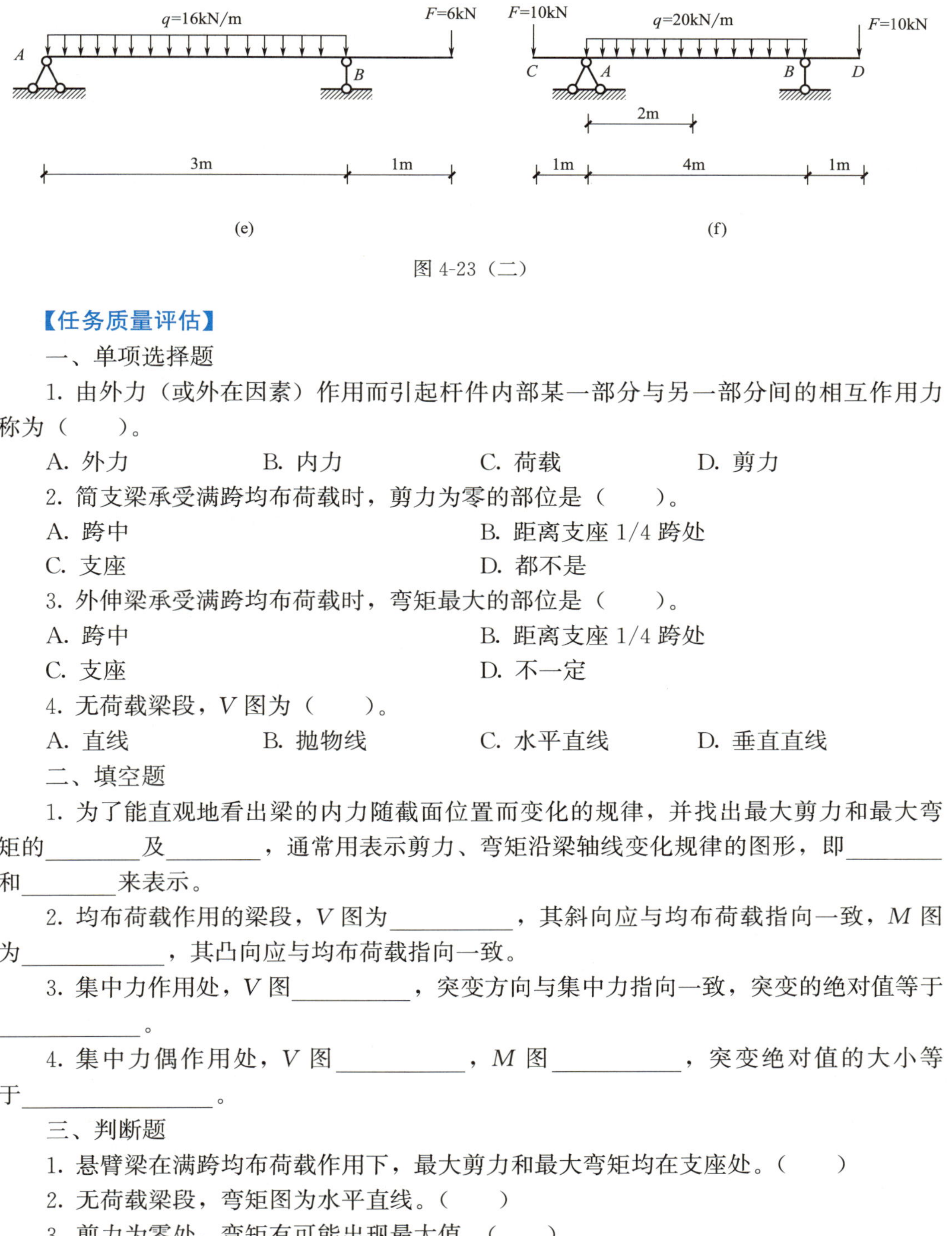

图 4-23（二）

【任务质量评估】

一、单项选择题

1. 由外力（或外在因素）作用而引起杆件内部某一部分与另一部分间的相互作用力称为（　　）。

A. 外力　　B. 内力　　C. 荷载　　D. 剪力

2. 简支梁承受满跨均布荷载时，剪力为零的部位是（　　）。

A. 跨中　　B. 距离支座 1/4 跨处

C. 支座　　D. 都不是

3. 外伸梁承受满跨均布荷载时，弯矩最大的部位是（　　）。

A. 跨中　　B. 距离支座 1/4 跨处

C. 支座　　D. 不一定

4. 无荷载梁段，V 图为（　　）。

A. 直线　　B. 抛物线　　C. 水平直线　　D. 垂直直线

二、填空题

1. 为了能直观地看出梁的内力随截面位置而变化的规律，并找出最大剪力和最大弯矩的________及________，通常用表示剪力、弯矩沿梁轴线变化规律的图形，即________和________来表示。

2. 均布荷载作用的梁段，V 图为__________，其斜向应与均布荷载指向一致，M 图为__________，其凸向应与均布荷载指向一致。

3. 集中力作用处，V 图__________，突变方向与集中力指向一致，突变的绝对值等于__________。

4. 集中力偶作用处，V 图__________，M 图__________，突变绝对值的大小等于______________。

三、判断题

1. 悬臂梁在满跨均布荷载作用下，最大剪力和最大弯矩均在支座处。（　　）

2. 无荷载梁段，弯矩图为水平直线。（　　）

3. 剪力为零处，弯矩有可能出现最大值。（　　）

4. 集中力偶作用处，剪力图发生突变。（　　）

任务 4.3　静定梁的强度问题

【任务描述】

解决强度问题，仅知道内力是不够的，还必须研究内力在梁横截面上的分布规律，即研究梁横截面上的应力问题。一般情况下，梁弯曲时横截面上产生两种内力——剪力和弯矩，而应力是横截面上内力的分布集度；因此，横截面上与它们对应的应力也有两种，即**剪应力**和**正应力**，正应力对梁的强度影响较大。本任务是计算梁的正应力及强度条件。

【相关知识】

图 4-24（a）所示为一根矩形截面简支橡胶梁，在梁的支座 A、B 端之间侧面画上一系列与梁轴平行的纵向线及垂直于梁轴的横向线（图 4-24b），构成许多小方格。然后在梁上作用均布荷载 q，同学们会发现梁受力弯曲如图 4-24（c）所示，该简支梁变形后各纵向线和横向线的变化情况如图 4-24（d）所示。

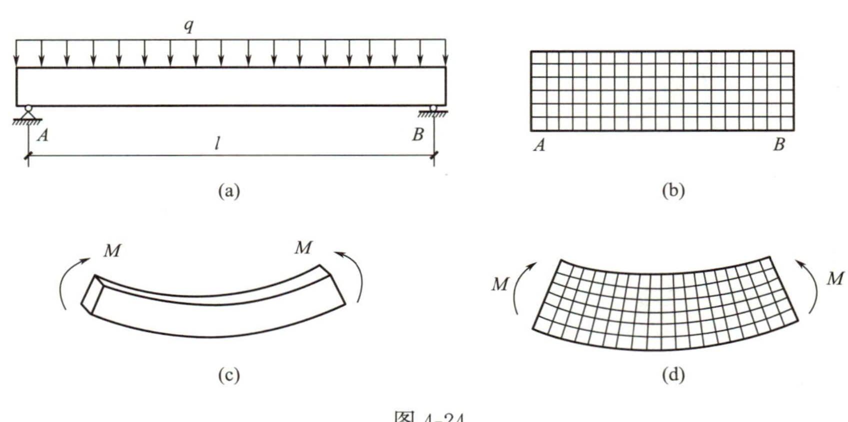

图 4-24

一、梁的正应力

1. 梁的正应力分布规律

通过观察图 4-24（d）可以发现：各横向线仍为直线，但倾斜了一个角度；各纵向线弯成曲线，梁的下部纵向线伸长，上部纵向线缩短。

据此可以作出如下分析与假设：梁的各横向线所代表的横截面，在变形前是平面，变形后仍为平面（平面假设）；纵向线的伸长与缩短，表明了梁内各点分别受到纵向拉伸或压缩。由梁下部的受拉而伸长逐渐过渡到梁上部受压而缩短，于是梁内必定有一既不伸长也不缩短的层，这一不受拉、不受压、长度不变的层称为**中性层**，中性层与横截面的交线称为**中性轴**（图 4-25）。中性轴通过截面的形心并与竖向对称轴垂直。

根据纯弯曲时的变形特点，可以从几何方面、物理方面以及静力学方面推导出纯弯曲时某横截面上任一点正应力的计算公式为：

$$\sigma=\frac{M \cdot y}{I_z} \tag{4-1}$$

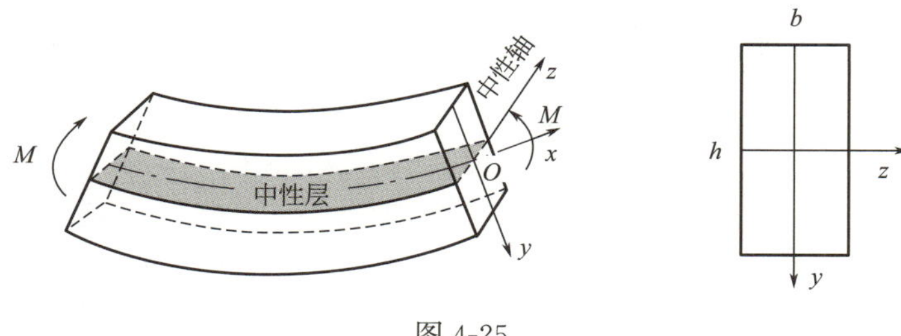

图 4-25

式中：σ——梁横截面上任意一点的正应力，单位为 Pa、kPa、MPa 或者 GPa，工程上常用 MPa，$1\text{MPa}=10^6\text{Pa}$；

M——该点所在截面的弯矩；

y——该点与中性轴的距离；

I_z——该点所在截面对中性轴 z 的惯性矩，如矩形截面：$I_z=\dfrac{bh^3}{12}$，常用单位为 m^4 或 mm^4。

中性轴将截面分为上下两部分，受拉的部分为受拉区，受压的部分为受压区。在受拉区各点的拉应力取正值，在受压区各点的压应力取负值。

综合上述梁弯曲试验分析和理论推算，梁的正应力分布规律是：梁横截面上由弯矩 M 引起的正应力 σ 沿截面宽度均匀分布，沿高度呈三角形分布（“K”形分布，图 4-26），中性轴处正应力为零，上、下边缘处正应力最大。

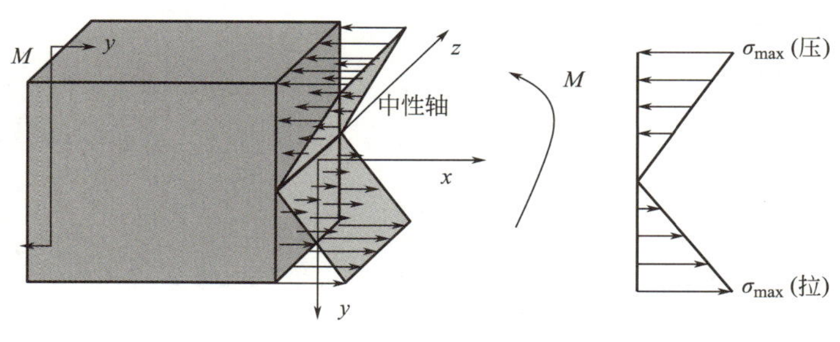

图 4-26

2. 梁的正应力计算

土木工程中，要解决梁的强度计算问题，针对矩形、圆形等具有上下对称截面的梁，我们应该关注梁的最大正应力发生在何处，其值是多大。梁发生弯曲变形时，最大弯矩 M_{max} 所在的横截面是危险截面，该截面距中性轴上、下最远边缘处有最大的拉应力和压应力，是危险点。根据横截面正应力计算公式（4-1），梁的最大正应力计算公式为：

$$\sigma_{max}=\frac{M_{max}}{W_z} \tag{4-2}$$

式中，W_z 称为抗弯截面系数，即等于 $\dfrac{I_z}{y_{max}}$，它是衡量截面抗弯能力的一个几何量。图 4-27 所示矩形截面的 $W_z=\dfrac{bh^2}{6}$，正方形截面的 $W_z=\dfrac{a^3}{6}$，圆形截面的 $W_z=\dfrac{\pi d^3}{32}$。抗弯截

面系数常用单位是 m^3 或 mm^3。在截面面积相同的情况下，截面的面积分布离中性轴（z 轴）越远，其抗弯截面系数 W_z 就越大，截面的抗弯能力就越好。

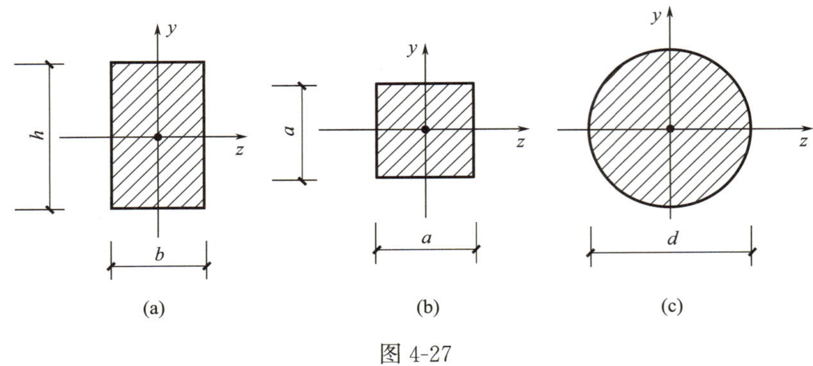

图 4-27

因此，梁的最大正应力的计算思路可以分为：

（1）绘制梁的弯矩 M 图，找出 M_{max}。

（2）按公式或查表计算 W_z。

（3）按公式（4-2）计算最大正应力 σ_{max}。

计算过程中，必须注意各量单位统一的问题。一般情况下，若 M_{max} 的单位采用 N・mm，W_z 的单位采用 mm^3，则 σ_{max} 单位是 MPa。请参考例 4-9。

二、梁的正应力强度条件

1. 正应力强度条件

为保证梁安全工作，工作时梁内的最大正应力 σ_{max} 必须小于等于材料的许用应力 $[\sigma]$，这就是梁的强度条件。当材料的抗拉与抗压能力相同时，正应力强度条件可表达为：

$$\sigma_{max}=\frac{M_{max}}{W_z}\leqslant[\sigma] \tag{4-3}$$

* 当材料的抗拉与抗压能力不同时，常将梁的截面做成上、下与中性轴不对称的形式，例如倒 T 形截面铸铁梁（图 4-28a），其正应力分布规律如图 4-28（b）所示，正应力强度应同时满足抗拉和抗压强度条件的要求。

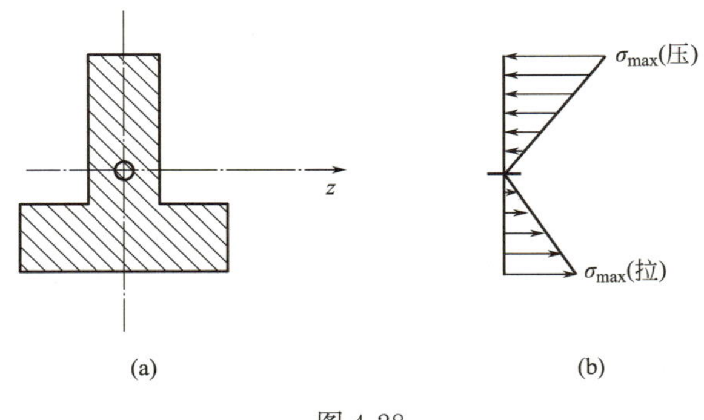

图 4-28

2. 正应力强度条件的应用

应用正应力强度条件可解决工程中三方面的问题：

（1）校核强度。在已知梁的截面尺寸、材料及所受载荷情况下，校核梁的正应力强度（参考例 4-10）：

$$\sigma_{max}=\frac{M_{max}}{W_z}\leqslant[\sigma] \tag{4-4}$$

（2）设计截面尺寸。已知梁的材料及所受荷载时，可根据材料的许用应力强度确定抗弯截面系数：

$$W_z\geqslant\frac{M_{max}}{[\sigma]} \tag{4-5}$$

（3）确定许可荷载。已知梁的材料及截面尺寸时，先根据材料的许用应力强度条件确定此梁能承受的最大弯矩，即 $M_{max}\leqslant W_z[\sigma]$，再根据$M_{max}$ 与所受荷载的关系计算出许可荷载。请参考例 4-11。

三、提高梁抗弯强度的措施

工程中设计梁时，提高梁的抗弯强度，在材料用量一定的情况下可以使梁承受较大荷载；在承受一定荷载的情况下，提高梁的抗弯强度可以节约材料，达到既安全又经济的目标。一般情况下，梁的抗弯强度是由梁的最大正应力 σ_{max} 决定的，根据梁的正应力强度条件 $\sigma_{max}=\dfrac{M_{max}}{W_z}\leqslant[\sigma]$，提高梁的抗弯强度主要是从提高梁的抗弯截面系数 W_z 和降低最大弯矩 M_{max} 这两方面着手。

1. 选择合理的截面形状

合理的梁截面形状，应使梁在截面面积相同（材料用量相同）的情况下，取得较大的抗弯截面系数 W_z。

工程中要同时考虑构造要求和施工的方便，梁的截面常采用矩形、工字形、箱形和 T 形等截面形式。例如，图 4-29 所示为 T 形截面梁，图 4-30 所示为箱形截面梁。

图 4-29　T 形截面梁

图 4-30　箱形截面梁

2. 合理布置梁上荷载

在条件许可时，把集中荷载变成分布荷载（图 4-31），把集中荷载分散并靠近支座布置（4-32），改变支座位置以减小梁的跨度（图 4-33），均可降低弯矩的最大值 $M_{\max}$。

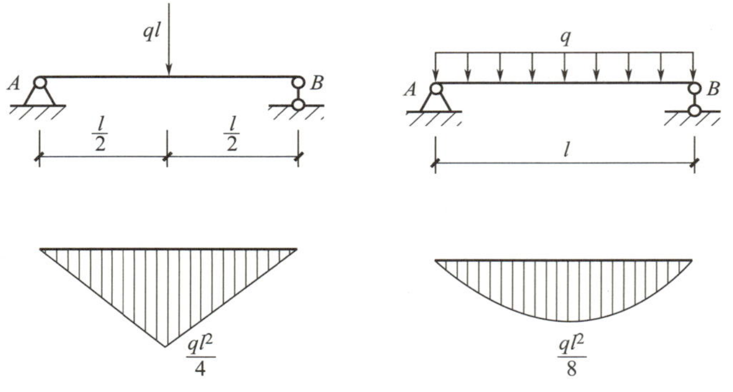

图 4-31　集中荷载变成分布荷载

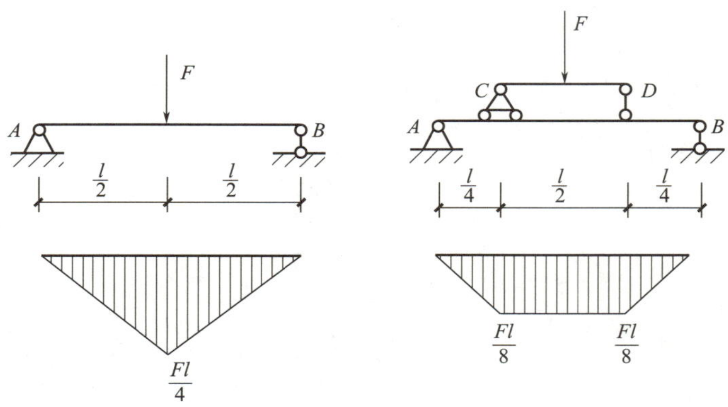

图 4-32　集中荷载分散并靠近支座布置

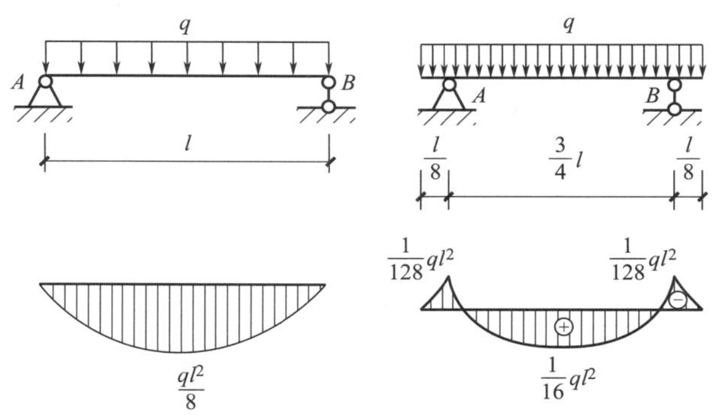

图 4-33　改变支座位置以减少梁的跨度

3. 采用变截面梁

工程中按正应力强度条件设计梁的截面时，是根据危险截面上的最大弯矩来设计的，而梁的其他截面上的弯矩值通常小于最大弯矩。因此，为了节约材料，根据工程实际情况可考虑按各截面的弯矩大小来确定梁的截面尺寸，这种截面随梁轴位置不同而发生改变的梁叫作变截面梁。工程上常采用形状简单、接近等强度梁（每一截面上的最大正应力都刚好等于或略小于材料许用应力的梁）的变截面梁。例如变截面梁桥（图 4-34）、鱼腹式吊车梁（图 4-35）等。

图 4-34　变截面梁桥

图 4-35　鱼腹式吊车梁

【实例展示】

例 4-9 如图 4-36（a）所示，矩形截面简支梁受到均布载荷 q 作用，已知截面尺寸 $b\times h=200\text{mm}\times 400\text{mm}$，跨度 $l=6\text{m}$，$q=4\text{kN/m}$，试计算梁上的最大正应力。

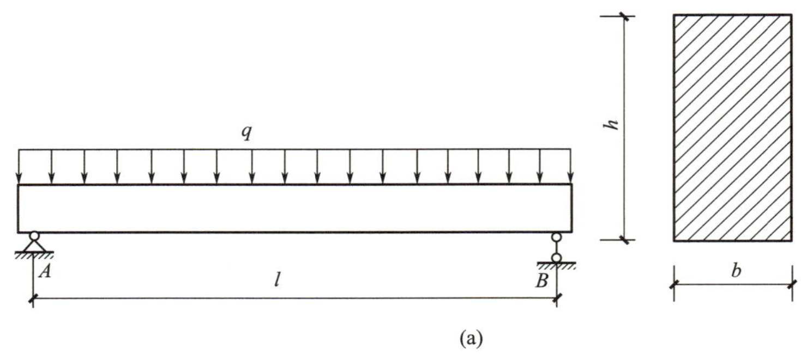

(a)

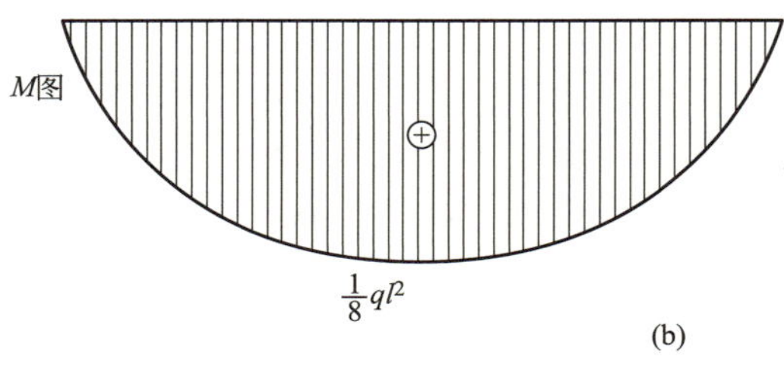

(b)

图 4-36

分析：计算最大正应力的思路为：

（1）绘制弯矩图，找出M_{max}。

（2）计算W_z。

（3）按公式（4-2）计算最大正应力。计算过程中，必须注意各量单位统一的问题。一般情况下，若M_{max} 单位采用 N·mm，W_z 单位采用 mm^3，则σ_{max} 单位是 MPa。

解析：（1）绘制 M 图（图 4-36b）

M_{max} 发生在跨中截面，并有

$$M_{max}=\frac{1}{8}ql^2=\frac{1}{8}\times 4\times 6^2=18\text{kN}\cdot\text{m}=18\times 10^6\text{N}\cdot\text{mm}$$

（2）计算矩形截面的W_z

$$W_z=\frac{1}{6}bh^2=\frac{1}{6}\times 200\times 400^2=5.33\times 10^6\text{mm}^3$$

（3）计算σ_{max}

$$\sigma_{max}=\frac{M_{max}}{W_z}=\frac{18\times 10^6}{5.33\times 10^6}=3.38\text{MPa}$$

例 4-10 如图 4-37 所示，桥式起重机的大梁采用 I36b 工字钢制成。已知梁跨 $l=10\text{m}$，当钢梁、电动葫芦及钢丝绳的自重均不计时，若该起重机的最大起重载荷 $F=40\text{kN}$，钢型的许用应力 $[\sigma]=160\text{MPa}$，试校核大梁的强度。

分析：根据图 4-37 所示桥式起重机大梁的结构分析，可将大梁简化为简支梁。当最

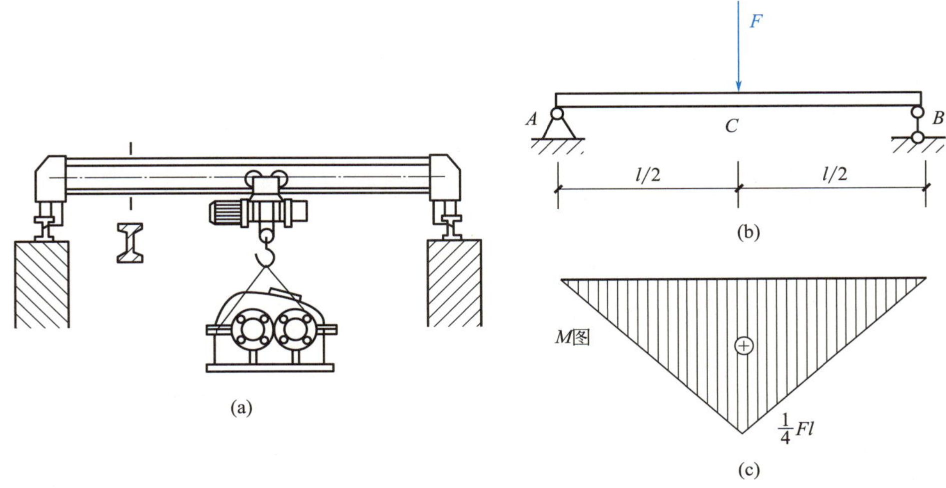

图 4-37

大起重荷载 F 作用于简支梁跨中截面 C 处（图 4-37b）时，对结构产生最不利影响，此时弯矩达到最大值。

当梁上作用移动荷载时，先判别该移动荷载作用于何处，梁的弯矩将达到最大值，此时梁处于最不利状态。

解析：(1) 绘制 M 图（图 4-37c），计算 M_{max}。

$$M_{max}=\frac{1}{4}Fl=\frac{1}{4}\times 40\times 10=100\text{kN}\cdot\text{m}$$

(2) 查型钢表：I36b 工字钢的 $W_z=919\text{cm}^3$。

(3) 利用式 (4-2) 校核强度。

$$\sigma_{max}=\frac{M_{max}}{W_z}=\frac{100\times 10^6}{919\times 10^3}=108.81\text{MPa}<[\sigma]$$

经校核该大梁满足强度要求。

上例中起重机大梁的最大正应力小于钢型的许用应力，能保证大梁安全工作。但从节约钢材或者发掘起重潜力方面来考虑，还可以应用正应力强度条件进一步研究。

例 4-11　上例中，在其他条件不变的情况下，请分析：(1) 当起重机的最大起重荷载 $F=40\text{kN}$ 时，选择大梁的工字钢型号。(2) 当大梁采用 I36b 工字钢时，该起重机的许用最大起重荷载是多少？

解析：(1) 当起重机的最大起重荷载 $F=40\text{kN}$ 时

$$W_z\geqslant\frac{M_{max}}{[\sigma]}=\frac{100\times 10^6}{160}=6.25\times 10^5\text{mm}^3=625\text{cm}^3$$

大梁可选用 I32a 工字钢（$W_z=692.3\text{cm}^3$）。

(2) 当大梁采用 I36b 工字钢时，由

$$\sigma_{max}=\frac{M_{max}}{W_z}=\frac{\frac{1}{4}Fl}{W_z}=\frac{Fl}{4W_z}\leqslant[\sigma]$$

得

$$F \leqslant \frac{4}{l} W_z [\sigma] = \frac{4}{10 \times 10^3} \times 929 \times 10^3 \times 169 = 62.8\text{kN}$$

该起重机的许用最大起重荷载 $F=62.8\text{kN}$。

【知识小课堂】

梁的中性层是研究梁弯曲变形的重要概念。梁发生弯曲变形时，下层纤维受拉，上层纤维受压，从受拉一侧到受压一侧必然存在一层既不受拉，又不受压的中间纤维层，这一层上纤维保持与变形前相同且应力为零，被称为梁的中性层。看似如此简单的概念，在力学发展史上却耗费力学家将近 200 年的时间，其中每一次的进步都建立在对前人研究的批判与继承上。

有关梁理论的发展，最早人们关注的是梁的强度问题，这一时期的代表人物是意大利的伽利略和英国的马略特。伽利略认为梁截面上的应力是平均分配的，没有中性层的概念。马略特虽然考虑了中性层，但他认为梁的中性层是梁的最下面一层。

1687 年，英国科学家胡克指出，梁在弯曲时，一侧纤维伸长，另一侧纤维被压缩，但胡克并没有对中心层进行深入的研究。

直到 1713 年，法国力学家帕朗才开始认真地分析梁的中性层，但他认为对于矩形截面梁，受拉一侧与梁总高度的比值为 9∶11，虽然这一关系仍然不正确，但是相比于他的前人，这已经有了巨大的进步。

1773 年，库仑正确地用静力学方程分析来研究梁的内力，并对梁截面上力的分布有了清晰的认识，这为中性层概念的完善奠定了坚实的基础。随着精确实验技术的发展，人们对中性层的认识越来越清晰。

到 1826 年，法国力学家纳维将梁的变形限定在弹性范围内，正确地给出了梁截面惯性矩的概念，并正确地将中性层定义为："当材料服从胡克定律时，中性轴通过截面的形心。"至此，关于梁的中性层，以及正确的应力分布问题才算尘埃落定。

力学概念和理论的发展都是几代力学研究者共同付出的结果，都是后人在前人研究基础上的不断完善和改进。

这启示同学们，在学习中要有意识地培养批判性与创新性思维，从而培养同学们独立思考的能力，最终实现能力的飞跃，实现全面发展。

【任务实施】

1. 什么是应力？什么是中性层？
2. 写出梁横截面上最大正应力计算公式。
3. 如图 4-38 所示悬臂梁，试求该梁最大正应力。

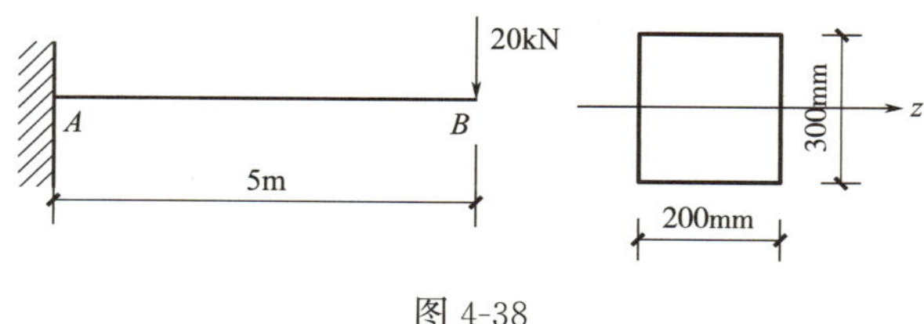

图 4-38

4. 写出梁的强度条件公式。

5. 如图 4-39 所示，简支梁受到均布荷载作用，横截面采用 I32a 热轧工字钢，跨度 $l=8\text{m}$，$q=10\text{kN/m}$，型钢许用应力 $[\sigma]=160\text{MPa}$，试校核该梁的强度。

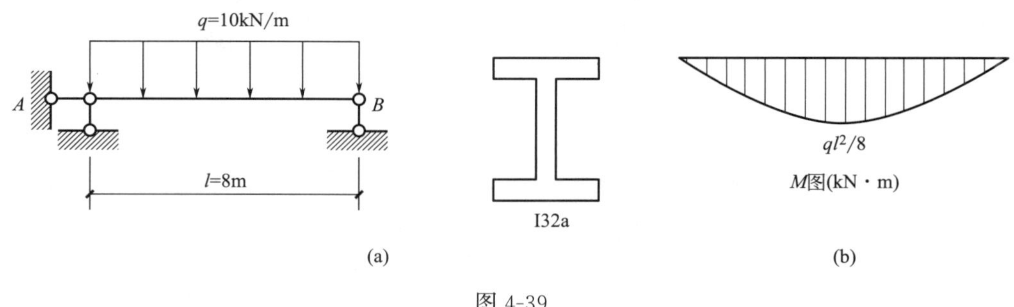

图 4-39

6. 分析事故：南方某厂房工程某悬挑雨篷，当混凝土浇筑完成并经过养护到期，按规范在混凝土达到设计的混凝土立方体抗压强度标准值的 100%才拆底模，拆模板后发现在根部出现裂缝，并迅速发展，最终沿根部断裂、塌落，挂在雨篷梁上，其破坏情况如图 4-40 所示。请从构件弯矩图分析出发解释该事故发生的原因。(弯矩图在工程中的应用)

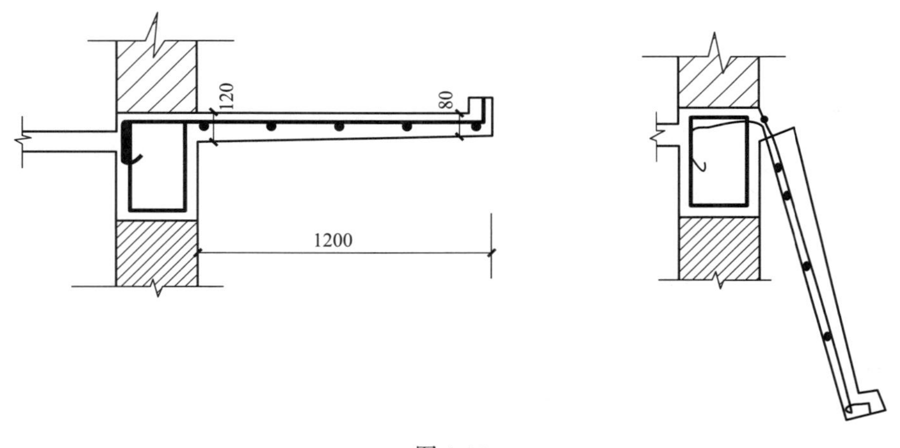

图 4-40

7. 分析实验：请按照以下三种情况做实验。(1) 取两张大小、厚度都相同的长条硬纸片，如图 4-41 (a)、(b) 所示，一张不折叠，一张折叠成槽形，分别支承在两端固定的物体上，并在中间处小心地加上粉笔，比较它们的抗弯能力。(2) 取一根长 15cm 左右的塑料直尺，“平放”在两端支承物体上，如图 4-41 (c) 所示，在直尺中间处用手指给它一个竖直向下的作用力 F；用拇指与食指捏住直尺中间处，“立放”在两端支承物体上，并给它一个竖直向下的作用力 F，如图 4-41 (d) 所示，比较它们的抗弯能力。(3) 取两根长 15cm 左右的相同的塑料直尺和两支相同的圆笔筒，如图 4-41 (e) 所示放置，在直尺的中间处用手指给它一个竖直向下的作用力 F，观察比较下面一根直尺与图 4-41 (c) 所示直尺的承受荷载的能力和弯曲变形情况。

8. 提高弯曲强度的措施有哪些？

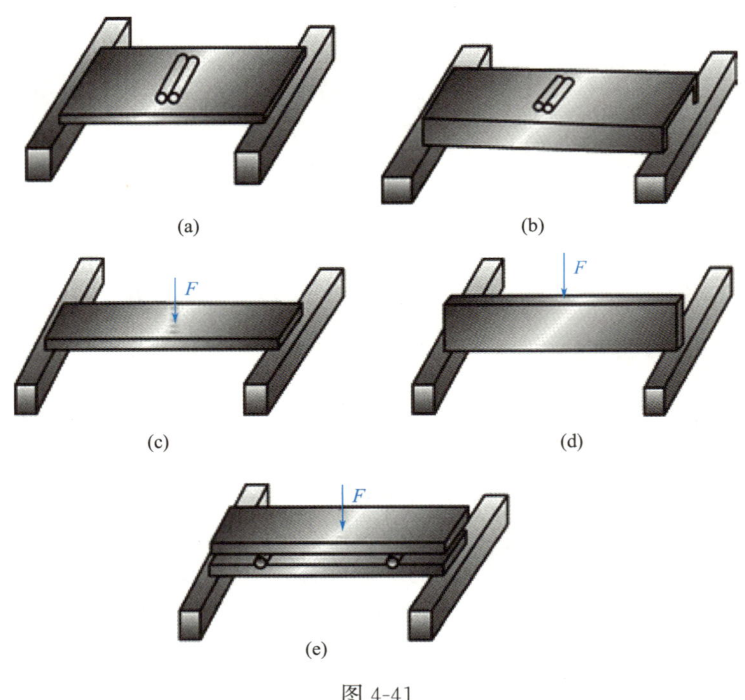

图 4-41

【任务质量评估】

一、填空题

1. 梁内有一既不伸长也不缩短的层，这一不受拉、不受压、长度不变的层称为________________。

2. 中性层与横截面的交线称为________________。

3. 在正应力公式中，σ 表示梁横截面上任意一点的________________，工程上常用正应力的单位是________________。

4. 在正应力公式中，I_z 表示该点所在截面对中性轴 z 的________________。

5. 中性轴将截面分为上下两部分，受拉的部分为________________，受压的部分为________________。在受拉区各点的拉应力取________________，在受压区各点的压应力取________________。

6. 在最大正应力公式中，W_z 叫作________________。

7. 在截面面积相同的情况下，截面的面积分布离中性轴（z 轴）越远，其抗弯截面系数 W_z 就越________，截面的抗弯能力就越________。

8. 截面随梁轴位置不同而发生改变的梁叫作________________。

9. 在条件许可时，把集中荷载变成分布荷载，________降低弯矩的最大值。

二、单项选择题

1. 工程上常用正应力的单位是 MPa，1MPa=（　　）Pa。

A. 10^2　　B. 10^4　　C. 10^6　　D. 10^8

2. 矩形截面的惯性矩 I_z=（　　）。

A. $\frac{bh^3}{6}$　　B. $\frac{bh^3}{12}$　　C. $\frac{bh^3}{24}$　　D. $\frac{bh^3}{48}$

3. 矩形截面的抗弯截面系数 W_z =（　　）。

A. $\frac{bh^2}{6}$　　B. $\frac{bh^2}{12}$　　C. $\frac{bh^2}{24}$　　D. $\frac{bh^2}{48}$

4. 抗弯截面系数常用单位是（　　）。

A. m 或 mm　　B. m^2 或 mm^2　　C. m^3 或 mm^3　　D. m^4 或 mm^4

三、判断题

1. 应用正应力强度条件可解决工程中三方面的问题：校核强度、设计截面尺寸、确定许可载荷。（　　）

2. 提高梁抗弯强度的措施包括：选择合理的截面形状、合理布置梁上荷载和采用变截面梁。（　　）

3. 工程中要同时考虑构造要求和施工的方便，梁的截面只采用矩形的截面形式。（　　）

4. 在条件许可时，把分散荷载集中并靠近跨中布置，可以降低弯矩的最大值。（　　）

任务 4.4　静定梁的弯曲变形

【任务描述】

梁在荷载作用下，为了保证其能正常工作，除了应满足强度要求外，还需要满足刚度要求，即梁的最大变形不得超过某一容许值，否则会影响正常使用。例如楼面梁变形过大时会使梁和板的粉刷层开裂、脱落；桥梁的变形过大时车辆行驶会引起过大的振动等。

【相关知识】

一、挠度与转角的概念

如图 4-42 所示，简支梁在跨中集中力 F 作用下产生弯曲变形，每个横截面都发生了相应的移动和转动。横截面形心在垂直于梁轴线方向的位移称为挠度，用 y 表示，并规定向下为正；横截面绕中性轴转动的角度称为转角，用 φ 表示，并规定顺时针的转角为正。

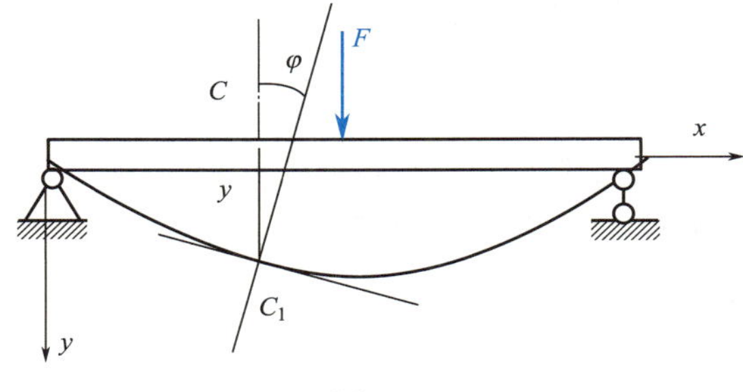

图 4-42

二、梁端转角和最大挠度

工程中，梁的变形大小可用挠度来衡量。在梁的挠度计算中，通常不需要计算每个截面的挠度值，只要求出最大挠度 y_{max} 并确定其所在的位置即可。简单荷载作用下梁的最大挠度和转角见表 4-4。当梁上有几个或几种荷载同时作用时，梁的最大挠度一般可利用叠加法计算，即先分别计算每一种荷载单独作用时所引起的梁的挠度或转角，然后再把它们代数相加，就得到这些荷载共同作用下的挠度或转角。

简单荷载作用下梁的位移 **表 4-4**

序号	支承、荷载情况和最大挠度及其作用位置	梁端转角和最大挠度 y_{max}
1	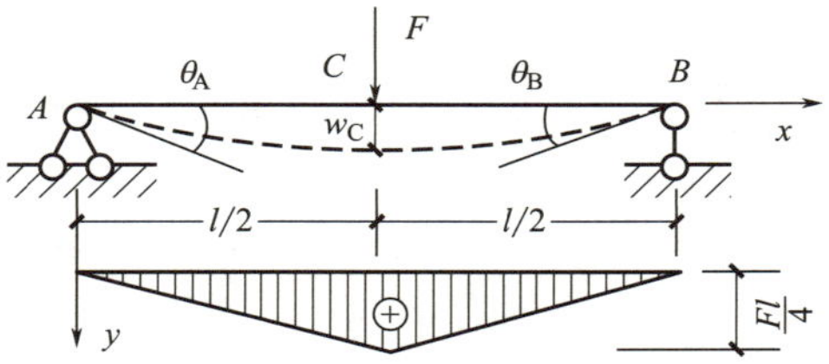 F, A, C, B, θ_A, θ_B, w_C, x, y, l/2, l/2, $\frac{Fl}{4}$, ⊕	$\theta_A=-\theta_B=\frac{Fl^2}{16EI}$ $y_{max}=\frac{Fl^3}{48EI}$
2	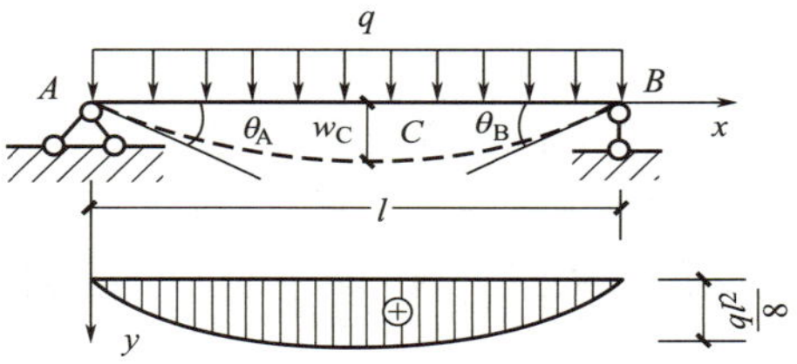 q, A, B, C, θ_A, θ_B, w_C, x, y, l, $\frac{ql^2}{8}$, ⊕	$\theta_A=-\theta_B=\frac{ql^3}{24EI}$ 在 $x=\frac{l}{2}$ 处， $y_{max}=\frac{5ql^4}{384EI}$
3	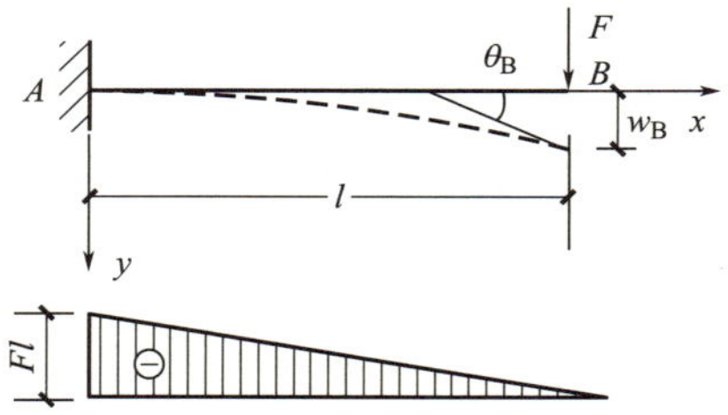 F, A, B, θ_B, w_B, x, y, l, Fl, ⊖	$\theta_B=\frac{Fl^2}{2EI}$ $y_{max}=\frac{Fl^3}{3EI}$
4	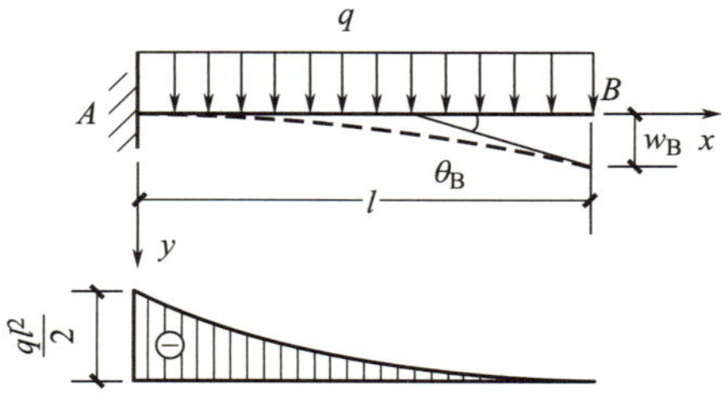 q, A, B, θ_B, w_B, x, y, l, $\frac{ql^2}{2}$, ⊖	$y_{max}=\frac{ql^4}{8EI}$

三、最大挠度的影响因素

由表 4-4 中各梁的最大挠度计算公式可以发现：梁的最大挠度与荷载作用方式、梁的跨度 l、抗弯刚度 EI 和支承情况有关。以上各因素可概括为

$$y_{\max}=\frac{\text{荷载}}{\text{系数}}\times\frac{l^n}{EI} \tag{4-6}$$

要减小梁的最大挠度（提高刚度），可根据工程实际情况通过改善荷载作用方式（如用均布荷载代替集中荷载）、减小梁的跨度 l（此方法最有效，但往往受到工程要求限制）和增大梁的抗弯刚度 EI（如增大梁截面的截面二次矩 I）等措施来实现。

【实例展示】

例 4-12　请计算图 4-43 所示悬臂梁的最大转角和最大挠度。已知 $F=10\text{kN}$，跨度 $l=2\text{m}$，EI 为常数。

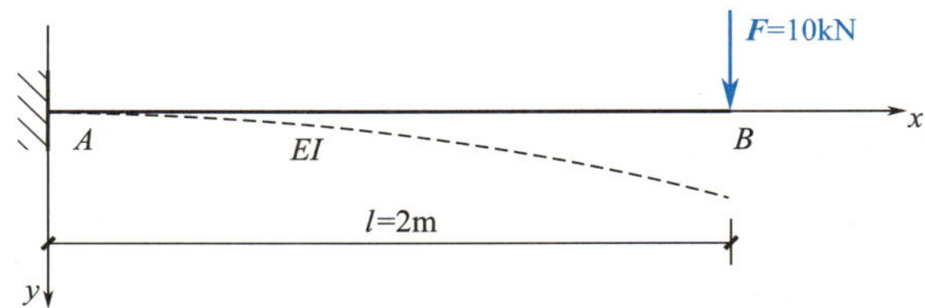

图 4-43　悬臂梁

解析：（1）查表 4-4 知道悬臂梁的梁端转角 θ_B 和最大挠度 $y_{\max}$ 是：

$$\theta_B=\frac{Fl^2}{2EI}$$

$$y_{\max}=\frac{Fl^3}{3EI}$$

（2）代入数值得：

$$\theta_{\max}=\theta_B=\frac{Fl^2}{2EI}=\frac{10\times2^2}{2EI}=\frac{20}{EI}$$

$$y_{\max}=\frac{Fl^3}{3EI}=\frac{10\times2^3}{3EI}=\frac{80}{3EI}$$

【任务实施】

1. 静定梁的挠度和转角分别是什么？

2. 请计算图 4-44 所示简支梁的最大转角和最大挠度。已知 $F=10\text{kN}$，跨度 $l=6\text{m}$，EI 为常数。

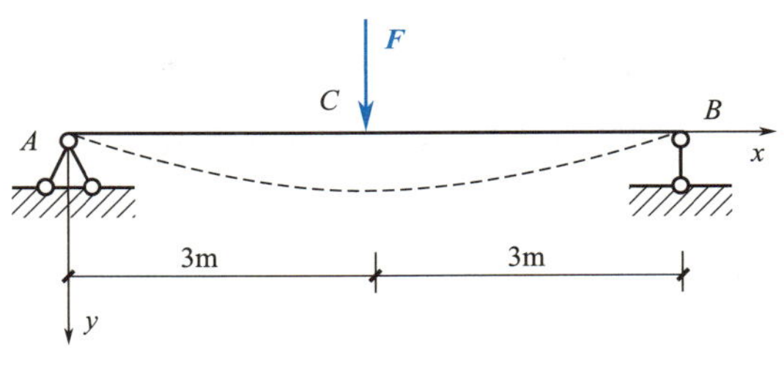

图 4-44

【任务质量评估】

一、填空题

1. 横截面形心在垂直于梁轴线方向的位移称为________，用________表示，并规定________为正。

2. 横截面绕中性轴转动的角度称为________，用________表示，并规定________的转角为正。

二、单项选择题

简支梁跨中受到集中荷载作用，梁端转角是（　　），最大挠度是（　　）。

A. $\theta_A=-\theta_B=\dfrac{Fl^2}{16EI}$　　B. $\theta_A=-\theta_B=\dfrac{Fl^2}{32EI}$

C. $y_{max}=\dfrac{Fl^3}{48EI}$　　D. $y_{max}=\dfrac{Fl^3}{32EI}$

项目知识梳理

本项目介绍了弯曲变形和梁的形式、梁的内力和内力图、梁的正应力及其强度条件、梁的变形和直梁弯曲在工程中的应用。梁是工程中应用极为广泛的构件，因此本项目是土木工程力学基础课程的重点内容。

一、弯曲变形和梁的形式

1. 弯曲变形：当构件受到垂直于其轴线方向的荷载作用时，构件的轴线由直线变成曲线。

2. 三种简单直梁：简支梁、外伸梁、悬臂梁。

二、梁的内力和内力图

1. 内力组成：剪力 V 和弯矩 M。

2. 内力正负号规定：剪力使分离体有顺时针转动趋势为正，反之为负；弯矩使分离体产生向下凸变形为正，反之为负。

3. 内力的计算：运用截面法和计算规律计算内力。

4. 内力图的绘制：理解内力图规律并运用内力图规律简捷绘制内力图。

三、梁的正应力

1. 正应力分布规律：沿梁的截面高度成线性分布（“K”形分布）中性轴处正应力为零，上、下边缘处的正应力最大。

2. 最大正应力：$\sigma_{max}=\dfrac{M_{max}}{W_z}$

矩形截面 $W_z=\dfrac{bh^2}{6}$，圆形截面 $W_z=\dfrac{\pi d^3}{32}$，型钢截面的 W_z 可查型钢表。

3. 危险截面、危险点：最大弯矩所在的截面为**危险截面**，危险截面上拉应力或压应力最大的点为**危险点**。

四、梁的正应力强度条件

1. 强度条件：$\sigma_{max}=\dfrac{M_{max}}{W_z}\leqslant[\sigma]$

2. 强度条件的应用：解决校核强度、选择截面和计算许可荷载三类工程问题。

五、梁的变形

1. 挠度：梁的横截面形心沿垂直于梁轴方向的位移。

2. 最大挠度：$y_{max}=\dfrac{荷载}{系数}\times\dfrac{l^n}{EI}$

六、思维导图填空

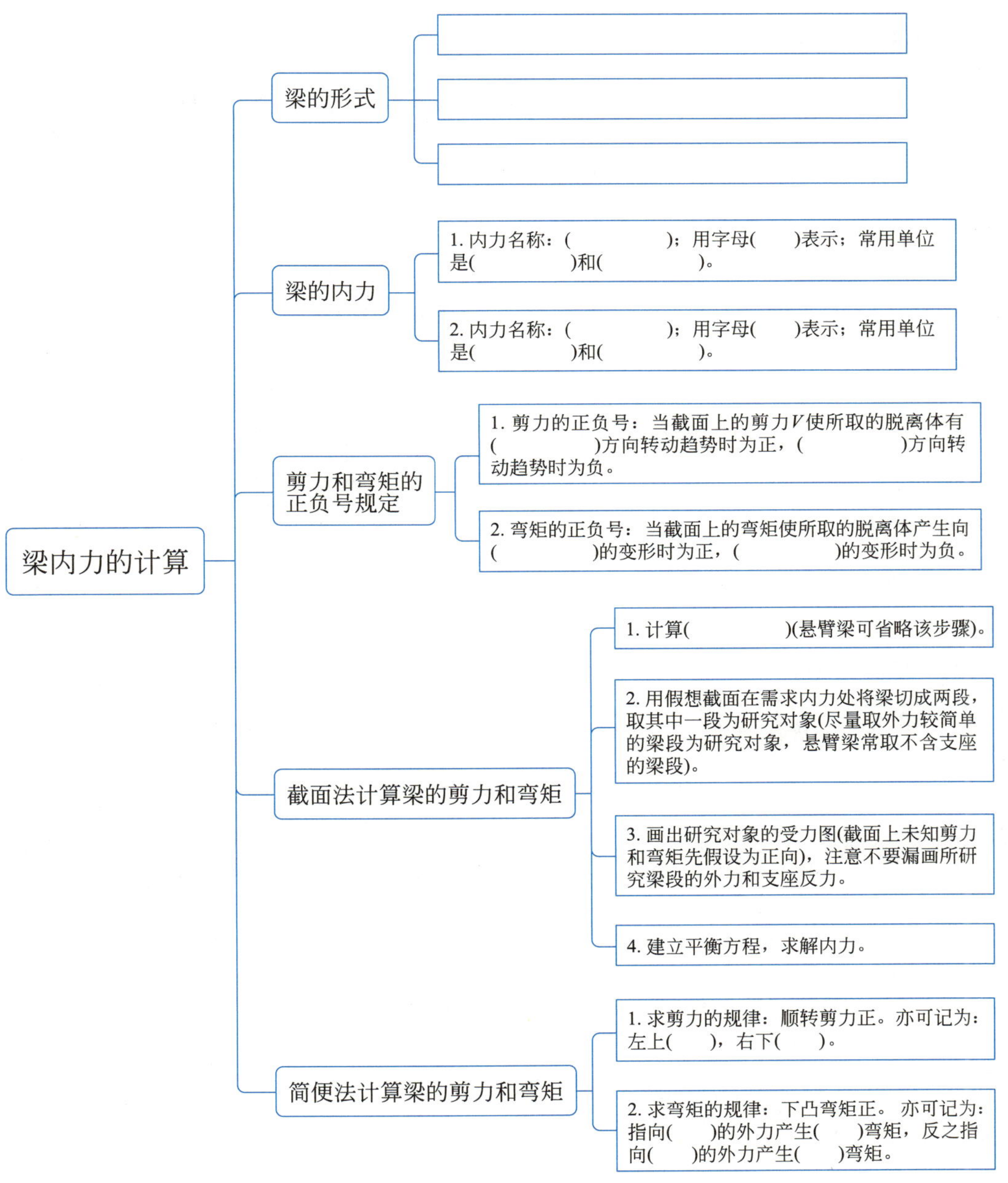

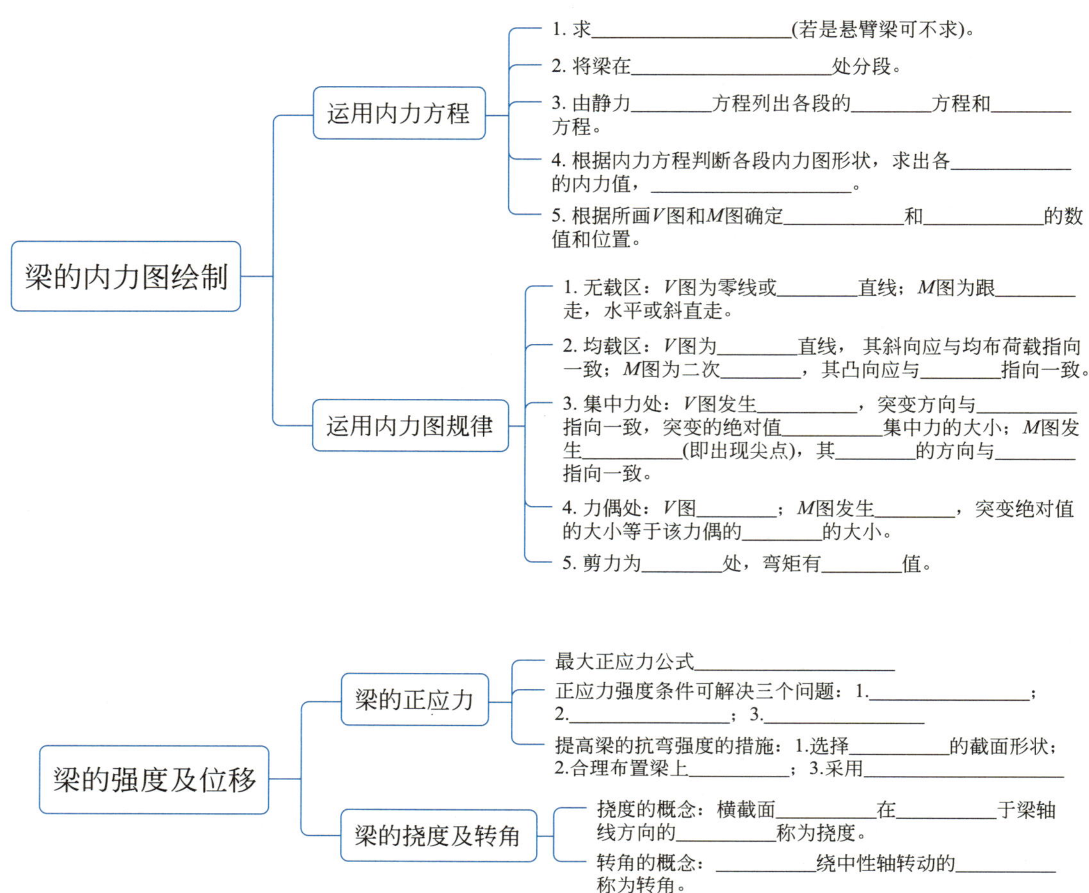

重点内容点拨

一、梁内力图规律（表 4-5）

梁内力图规律 **表 4-5**

序号	梁上荷载情况	剪力图	剪力图规律	弯矩图	弯矩图规律
1	无荷载	水平直线 $V=0$ $V>0$ $V<0$	无载区:零线或水平直线	斜直线 $M<0$ $M=0$ $M>0$ 下斜直线 上斜直线	无载区:跟剪力走,水平或斜直走

续表

序号	梁上荷载情况	剪力图	剪力图规律	弯矩图	弯矩图规律
2	均布荷载 q	斜直线 V x	均载区：倾斜直线，其斜向应与均布荷载指向一致	抛物线 x M	均载区：二次抛物线，其凸向应与均布荷载指向一致
3	集中力 F	向下突变 ⊕ ⊖ F	集中力处：突变，突变方向与集中力指向一致，突变的绝对值等于集中力的大小	尖点向下	集中力处：出现尖点，其尖点的方向与集中力指向一致
4	逆时针集中力偶 M C 顺时针集中力偶 C M	无变化	力偶处：无变化	C 界面弯矩向上突变 M C 界面弯矩向下突变 M	力偶处：突变，顺时针下降、逆时针上升，突变绝对值的大小等于该力偶的力偶矩的大小

二、梁中钢筋构造（图 4-45）

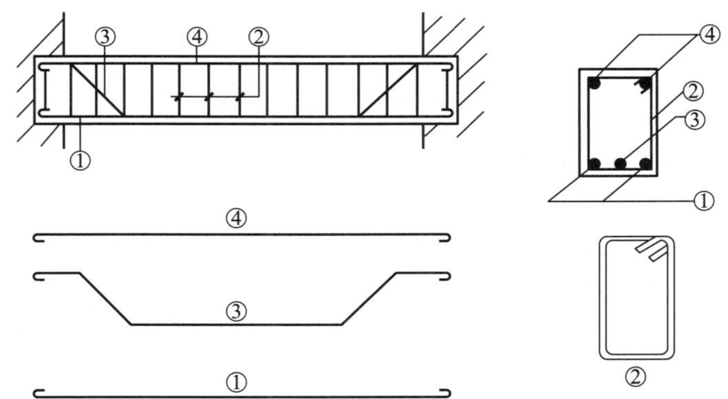

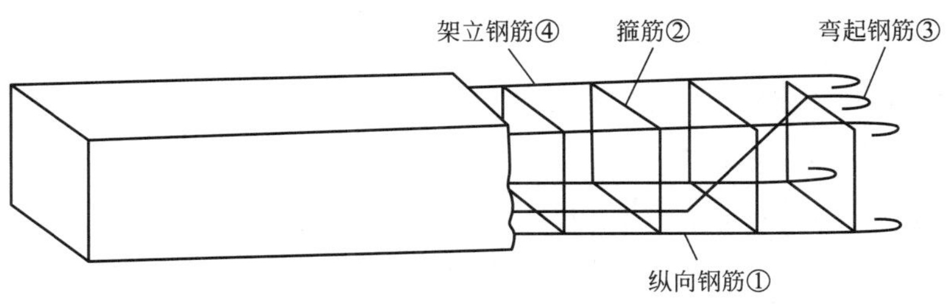

图 4-45

项目质量评估

一、判断题

1. 绘制梁的内力图时，弯矩图总是画在受拉侧。(　　)

2. 在集中力作用处，弯矩图发生突变。(　　)

3. 均布荷载作用杆段，其弯矩图为标准二次抛物线。(　　)

4. 梁的一端是固定端，另一端为自由端，这种梁是简支梁。(　　)

二、填空题

1. 杆件受到垂直于杆轴的外力作用或在纵向平面内受到力偶作用（图 4-1），杆轴由直线变成曲线，这种变形称为__________。

2. 梁的内力正负号规定是弯矩以使梁__________为正。

3. 梁的一端是固定铰支座，另一端为可动铰支座，这种梁称为__________。

4. 房屋建筑中的楼面梁、阳台挑梁等，都是以__________形为主的构件。

三、计算题

1. 已知 $F=5\text{kN}$，$q=8\text{kN/m}$，试计算图 4-46 所示各梁指定截面的内力。

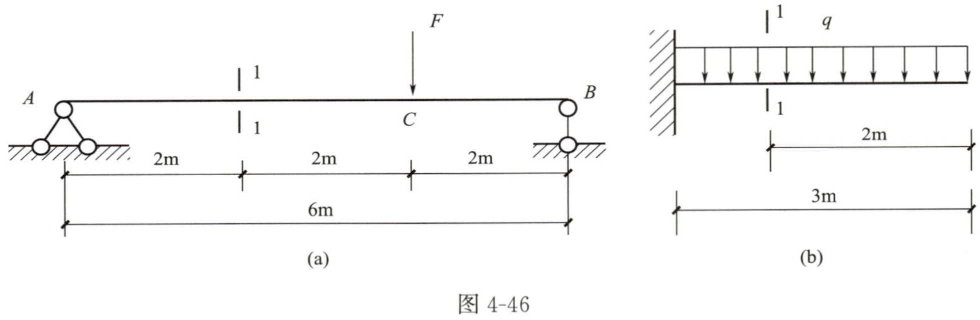

图 4-46

2. 运用计算内力的规律，计算图 4-47 中各梁指定截面的剪力和弯矩。

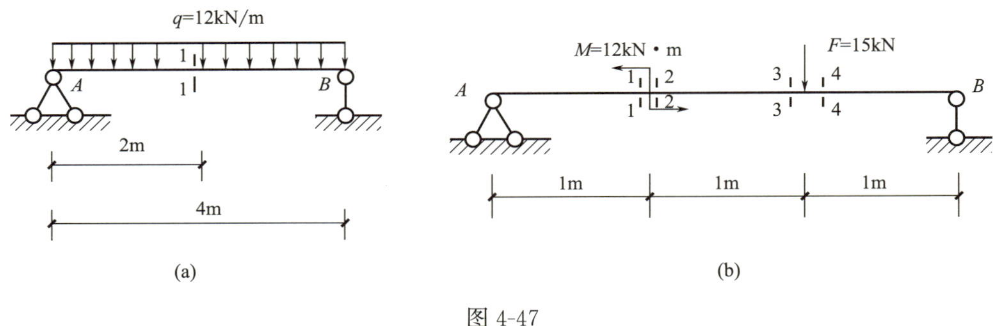

图 4-47

3. 求图 4-48 所示简支梁的 1-1、2-2、3-3、4-4 四个横截面上的剪力和弯矩。

4. 运用荷载、V 图、M 图之间的几何特征作图 4-49 中梁的剪力图和弯矩图。

5. 如图 4-50 所示外伸梁，应用简便法绘制其内力图。

6. 如图 4-51 所示铸铁梁，材料的许用应力 $[\sigma]\leqslant 70\text{MPa}$，试校核梁的正应力强度。

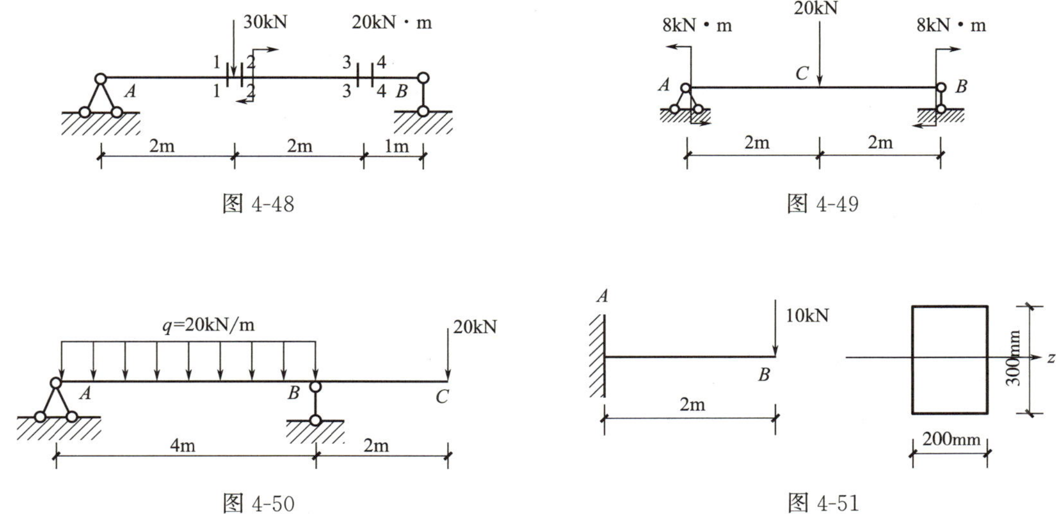

图 4-48　　图 4-49

图 4-50　　图 4-51

7. 两根跨度相同、荷载相同的简支梁，在下列情况下的内力、正应力、挠度是否相同?

（1）材料相同，截面形状、尺寸不同；

（2）材料不同，截面形状、尺寸相同。

8. 某矩形截面简支梁作用满跨均布荷载 $q=3\text{kN/m}$，已知跨度 $l=4\text{m}$，截面尺寸 $b\times h=120\text{mm}\times240\text{mm}$，材料的许用应力 $[\sigma]=7\text{MPa}$，试校核该梁的强度。

项目5　压杆稳定

项目导学

一、学习目标

知识目标：1. 说出失稳、稳定平衡、不稳定平衡等概念；

2. 说出结构的失稳现象；

3. 描述临界力计算公式；

4. 复述临界力计算公式中各符号的含义。

能力目标：1. 能够说出提高压杆稳定性的措施；

2. 能够理解压杆稳定条件与强度条件的关系。

素质目标：1. 提高独立思考的能力；

2. 培养专业精神、爱国情怀、工程伦理。

二、项目思维导图

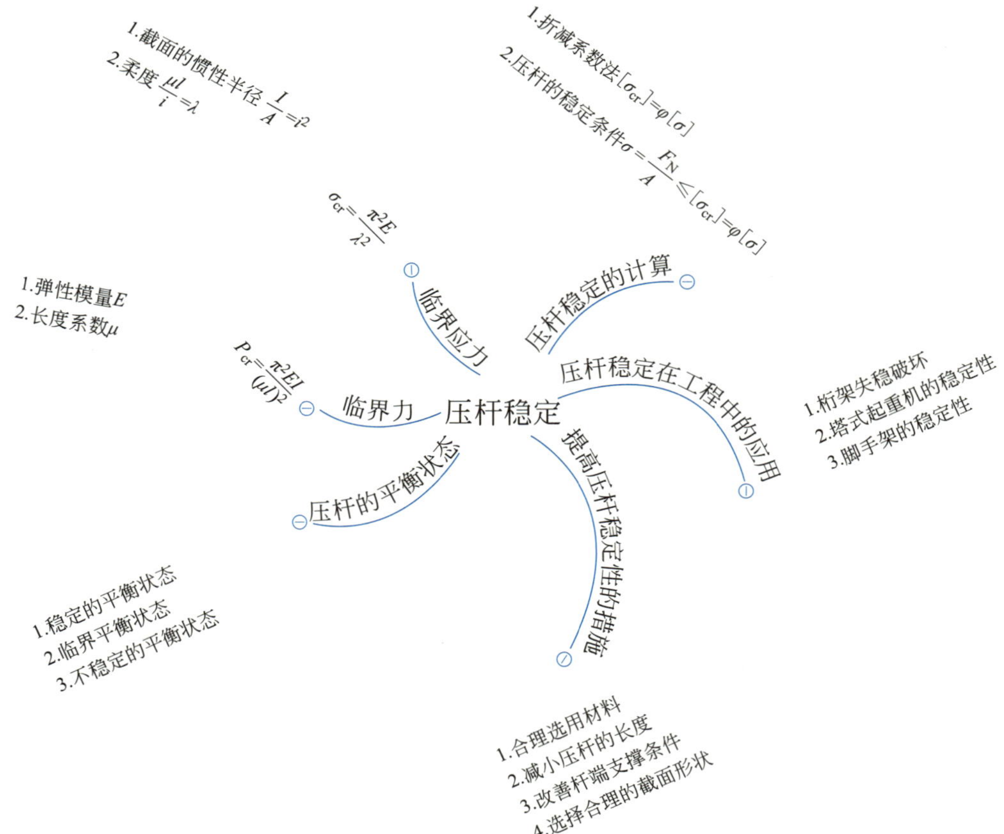

项目概述

工程结构中有很多受压的细长杆，这些杆的轴线开始为直线，随着压力的增大被压弯，发生较大的弯曲变形，最后杆件失稳折断。如图 5-1 和图 5-2 所示，桥墩和塔式起重机在外力的作用下，就会发生压杆稳定问题。本项目主要研究杆件稳定的问题。

图 5-1

起重机械塔身的稳定性

图 5-2

通过本项目的学习，能够计算临界力，会对杆件的稳定性进行简单分析，为细长杆件的设计奠定力学基础。

任务 5.1　压杆稳定

微课

【任务描述】

如图 5-3 所示，取两根截面相同的木条，一根长为 1000mm，一根长为 20mm，给两根杆件施加相同的压力，我们发现长杆远先于短杆破坏，并且长杆破坏前弯曲变形严重，显然，长杆破坏不是由于强度不足引起的。

长杆破坏是由于丧失了保持直线形状的稳定而造成的，这种破坏称为**丧失稳定**。杆件丧失稳定破坏时受到的压力比因强度不足而破坏的压力要小得多，在建筑工程中使用了不少的细长杆件，因此，对细长杆必须进行稳定性的计算。本任务是要理解压杆的三种平衡状态、欧拉公式的使用、压杆稳定的计算和压杆稳定问题在建筑工程中的应用。

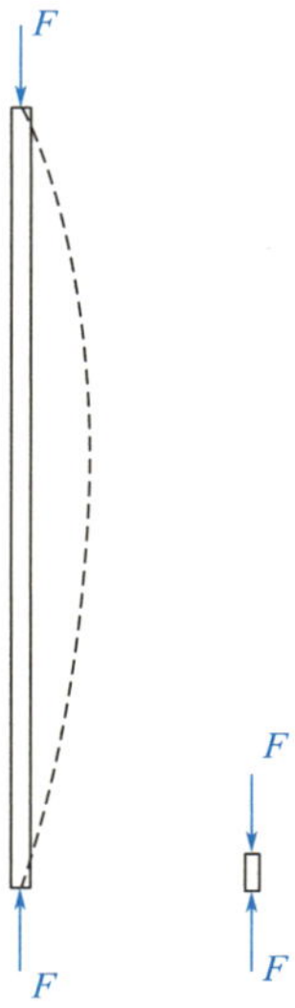

图 5-3

【相关知识】

一、压杆的三种平衡状态

1. 稳定的平衡状态

图 5-4 所示细长压杆，当压力 P 不大时，用一个横向力干扰它，受压杆就微微弯曲，横向干扰力撤去后，压杆恢复到原来的直线状态，这时的直线形状平衡状态是一种稳定的平衡状态。

2. 临界平衡状态

当压力 P 增大到某一特定值 P_{cr} 时，作同样干扰后，杆件不能恢复到原来的直线状态，而在微弯状态下保持平衡，如图 5-5 所示，此时压杆的平衡称为临界平衡状态。这一轴向压力的特定值 P_{cr} 叫作**临界力**。

3. 不稳定的平衡状态

当压力 P 超过临界力 P_{cr} 后，在干扰力作用下，压杆的弯曲状态会继续增大甚至破坏，丧失其原有直线平衡状态，如图 5-6 所示，此时压杆的平衡称为不稳定的平衡状态，即压杆丧失了稳定性。

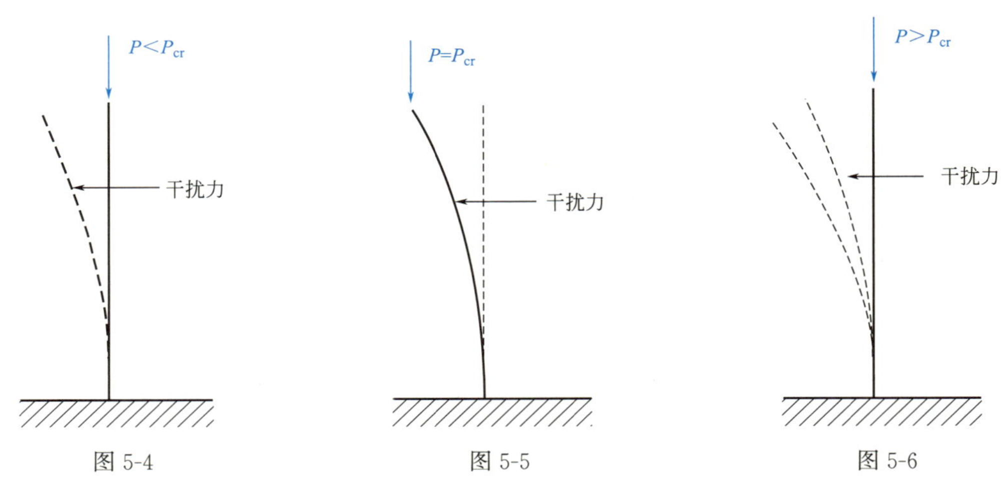

图 5-4　　图 5-5　　图 5-6

在实际工程中，由于种种原因压杆不可能达到理想的轴心受压状态，如制作误差、材料不均匀、周围物体振动等，都相当于一种干扰力，在这些不可避免的干扰下，会发生“丧失稳定”的破坏。

因此，压杆稳定计算的关键，是确定各种压杆的临界力，要控制压杆承受的轴向压力小于临界力，确保杆件不发生丧失稳定的破坏。

二、欧拉公式

杆件承受轴向拉（压）、弯曲变形时绝大多数情况下将发生强度破坏或刚度破坏；而承受压缩变形的细长构件，除了强度和刚度破坏，还可能失去稳定性（图 5-7）。

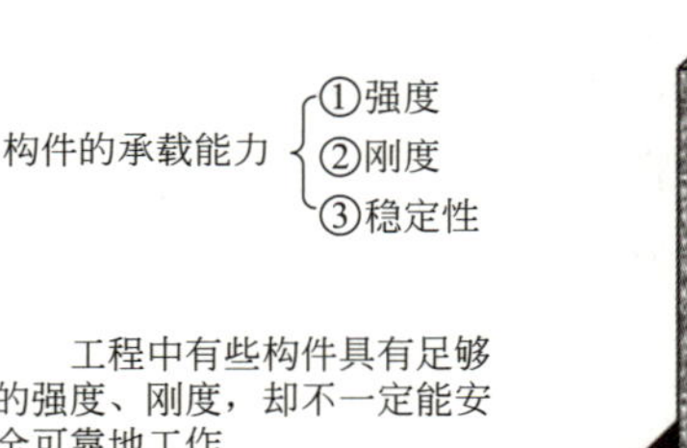

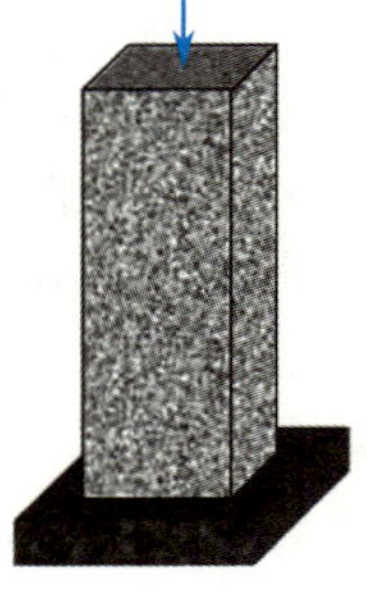

图 5-7

压杆的稳定性与轴向压力的大小有关：当轴向压力小于临界力 P_{cr} 时，压杆是稳定的；当轴向压力等于或大于临界力 P_{cr} 时，压杆是不稳定的。因此，压杆稳定的关键是确定各种压杆的临界力，要控制压杆承受的轴向压力小于临界力，从而保证压杆的稳定性。

临界力 P_{cr} 的大小与压杆的长度、截面形状及尺寸、压杆的材料以及压杆两端的支撑情况有关。在材料的弹性范围内细长压杆的临界力由下式计算：

$$P_{cr}=\frac{\pi^2 EI}{(\mu l)^2} \tag{5-1}$$

式中：P_{cr}——临界力；

E——材料的弹性模量；与材料性质有关，反映材料抵抗变形的能力；常见材料的弹性模量见表 5-1；

l——压杆的长度；

μ——与压杆支撑情况有关的长度系数；

μl——压杆的计算长度；

I——横截面的最小惯性矩，反映压杆截面形状和尺寸的几何量；

EI——杆的抗弯刚度，反映压杆抵抗弯曲变形的能力。

式（5-1）称为欧拉公式，欧拉公式反映了：

（1）临界力与压杆的抗弯刚度成正比。压杆的抗弯刚度愈大，临界力愈大，就愈不容易丧失稳定。而且压杆失稳时，压杆总是在抗弯刚度最小的方向发生弯曲。

（2）临界力与压杆计算长度的平方成反比。计算长度综合反映了压杆的长度和支座约束情况对临界力的影响。压杆的稳定性随压杆计算长度的增加而急剧下降。不同支撑情况下的长度系数和临界力见表 5-2。

几种材料的弹性模量 E　　**表 5-1**

材料名称	弹性模量 E（GPa=10^9N/m^2）	材料名称	弹性模量 E（GPa=10^9N/m^2）
低碳钢	200～220	花岗石	49
16 锰钢	200～220	混凝土	14.6～36
铸铁	115～160	木材	10～12
铝及硬铝合金	71		

不同支撑情况下的长度系数和临界力　　**表 5-2**

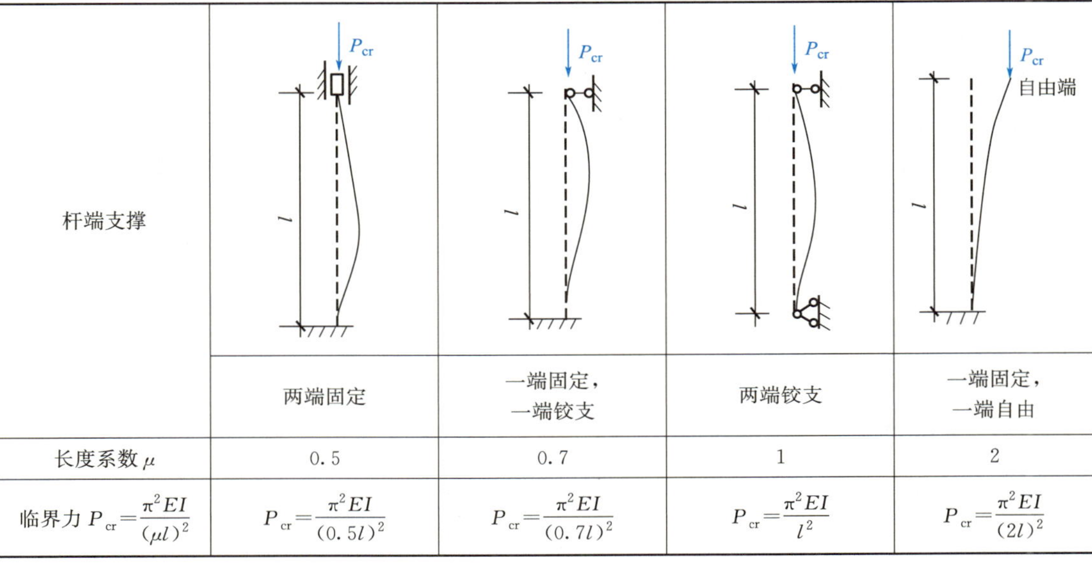

杆端支撑	两端固定	一端固定，一端铰支	两端铰支	一端固定，一端自由
长度系数 μ	0.5	0.7	1	2
临界力 $P_{cr}=\frac{\pi^2 EI}{(\mu l)^2}$	$P_{cr}=\frac{\pi^2 EI}{(0.5l)^2}$	$P_{cr}=\frac{\pi^2 EI}{(0.7l)^2}$	$P_{cr}=\frac{\pi^2 EI}{l^2}$	$P_{cr}=\frac{\pi^2 EI}{(2l)^2}$

三、临界应力

压杆临界力计算主要介绍的内容包括：临界应力、欧拉公式的适用范围及抛物线公式，这些内容对于压杆的稳定力学分析是非常重要的。

临界力除以压杆的横截面面积，所得的应力称为**临界应力**，用σ_{cr}表示，即：

$$\sigma_{cr}=\frac{P_{cr}}{A}=\frac{\pi^2 EI}{(\mu l)^2 A} \tag{5-2}$$

式中令：

$$\frac{I}{A}=i^2$$

i称截面的惯性半径。

式（5-2）可写成：

$$\sigma_{cr}=\frac{\pi^2 E}{\left(\frac{\mu l}{i}\right)^2}$$

式中令：

$$\frac{\mu l}{i}=\lambda$$

则有：

$$\sigma_{cr}=\frac{\pi^2 E}{\lambda^2} \tag{5-3}$$

λ称为**长细比**，又称为**柔度**。长细比λ与μ、l、i有关。i决定于压杆的截面形状与尺寸，μ取决于压杆的支承情况。从物理意义上看，λ综合地反映了压杆的长度、截面的形状与尺寸以及支承情况对临界应力的影响。当E值一定时，σ_{cr}与λ^2成反比，说明对于由一种材料制成的压杆，临界应力σ_{cr}仅决定于长细比λ，λ值越大σ_{cr}越小，压杆就越容易失稳。

四、欧拉公式的适用范围

欧拉公式成立的条件应该是临界应力σ_{cr}不能超过材料的比例极限。

$$\lambda \geqslant \lambda_p=\pi\sqrt{\frac{E}{\sigma_p}} \tag{5-4}$$

上式就是欧拉公式的适用范围的数学表达式。只有满足该式时，才能用欧拉公式计算压杆的临界力或临界应力。λ_p是判别欧拉公式能否应用的柔度，称为判别柔度。$\lambda \geqslant \lambda_p$的压杆称为大柔度杆，由此可知，欧拉公式只适用于较细长的大柔度杆。

每种材料都有自己的E值和σ_p值，所以，不同材料制成的压杆λ_p值也不同。例如，Q235钢的E和σ_p，分别为$E=2.06\times10^5$MPa，$\sigma_p=200$MPa，其λ_p则为：

$$\lambda_p=\pi\sqrt{\frac{E}{\sigma_p}}=\pi\sqrt{\frac{2.06\times10^5}{200}}\approx100$$

可见，对于用Q235钢制成的压杆，只有在$\lambda \geqslant \lambda_p=100$时，才能用欧拉公式。请参考例5-1、例5-2。

五、压杆稳定的计算

工程中压杆稳定的计算常见的方法有抛物线公式法、折减系数法、安全因素法。以下介绍折减系数法。

1. 折减系数法

工程中常用安全系数 K_w 来保证结构的安全，前面所采用的安全系数是基本安全系数 K。现在考虑压杆稳定的安全系数除了应该考虑 K 外还必须考虑压杆可能存在的初弯矩、材质不均匀、荷载的初始偏心等因素的影响，常将压杆的临界应力的许用值用材料的许用压应力 $[\sigma]$ 乘以一个 φ 来表示，即：$[\sigma_{cr}]=\varphi[\sigma]$。

φ 称为折减因数。因为临界应力的许用值总小于材料的许用压应力，所以 φ 总是小于1的。压杆的临界应力与构件的长细比有关，所以临界应力的许用值也与构件的长细比有关，另外，临界应力的许用值是在压杆的临界应力的基础上除以一个大于1的稳定安全因数 K_w。构件长细比不同，稳定安全因数 K_w 不同。所以当 $[\sigma]$ 一定时，φ 决定于压杆的长细比 λ 和 K_w。λ 越大，φ 越小。工程中，为方便计算，根据不同材料，将 φ 与 λ 之间的关系列成表，由 λ 直接查得 φ 值。见表5-3。

φ 与 λ 的关系　　　　**表 5-3**

λ	φ			λ	φ		
	Q235钢	16锰钢	木材		Q235钢	16锰钢	木材
0	1.000	1.000	1.000	110	0.536	0.384	0.248
10	0.995	0.993	0.971	120	0.466	0.325	0.208
20	0.981	0.973	0.932	130	0.401	0.279	0.178
30	0.958	0.940	0.883	140	0.349	0.242	0.153
40	0.927	0.895	0.822	150	0.306	0.213	0.133
50	0.888	0.840	0.751	160	0.272	0.188	0.117
60	0.842	0.776	0.668	170	0.243	0.168	0.104
70	0.789	0.705	0.575	180	0.218	0.151	0.093
80	0.731	0.627	0.470	190	0.197	0.136	0.083
90	0.669	0.546	0.370	200	0.180	0.124	0.075
100	0.604	0.462	0.300				

2. 压杆的稳定条件

$$\sigma=\frac{F_N}{A}\leqslant[\sigma_{cr}]=\varphi[\sigma] \tag{5-5}$$

式中：F_N——轴向压力；

A——杆件的横截面面积；

其他符号同前面。

式（5-5）通常写成：

$$\frac{F_N}{A}\leqslant\varphi[\sigma] \tag{5-6}$$

六、压杆稳定在工程中的应用

1. 桁架失稳破坏（图5-8～图5-10）

钢结构的失稳分两类，整体失稳和局部失稳。整体失稳大多数是由局部失稳造成的，当受压部位或受弯部位的长细比超过允许值时，会失去稳定。主要的影响因素有：

（1）钢结构相关材料存在的缺陷，导致计算出现一定的误差。如：钢材的残余应力，钢结构出现初偏心力、初弯曲等没有得到足够的重视，都可能导致钢结构稳定性计算出现较大的误差。

（2）支撑往往被设计者或施工者所忽视，这也是造成整体失稳的原因之一。

（3）荷载变化、支承情况的不同。

（4）在吊装中由于吊点位置的不同，桁架或网架的杆件受力可能变化，造成失稳。

（5）脚手架倾覆、坍塌或变形大多是因为连杆不足，没有支撑造成的。

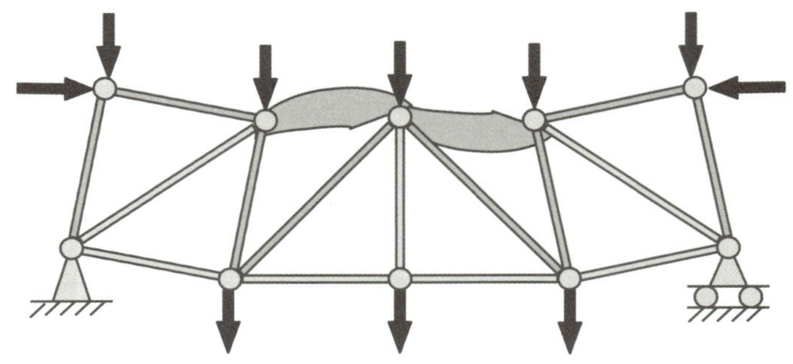

图 5-8

图 5-9

图 5-10

就我国目前的建筑领域来讲，钢结构的稳定性设计虽有很大的成就，但若疏忽于以上细节，会很大程度上给钢结构稳定性带来影响。所以，在采用钢结构时，要时刻警惕，采取合理的措施保证钢结构的稳定性，从而保证结构的承载力。

2. 塔式起重机的稳定性

塔式起重机的型钢的类型主要采用 L 形钢和槽形钢，选择如图 5-11 所示的截面形状，可以增大惯性矩 I，使临界力增大，可提高塔身的稳定性。此外，塔身杆件的受压承载能力，要由强度和稳定性来决定。塔式起重机的高度与其支承宽度相比，长细比较大，当吊车承受的压力大于 P_{cr} 时引起失稳破坏。这种破坏是塔身杆件因轴线发生弯曲而不能支承，失去稳定引起的，杆件不是折断破坏，而是因变形失去作用。所以对塔式起重机来讲，保证其稳定性是一个很重要的问题。

图 5-11

3. 脚手架的稳定性

(1) 脚手架整体失稳（图 5-12）主要是横向失稳，失稳主要发生在横向刚度较差的部位，例如平面转角处、洞口位置等，故规定对此处专门做了规定，以加强此处的横向刚度（图 5-13）。

图 5-12

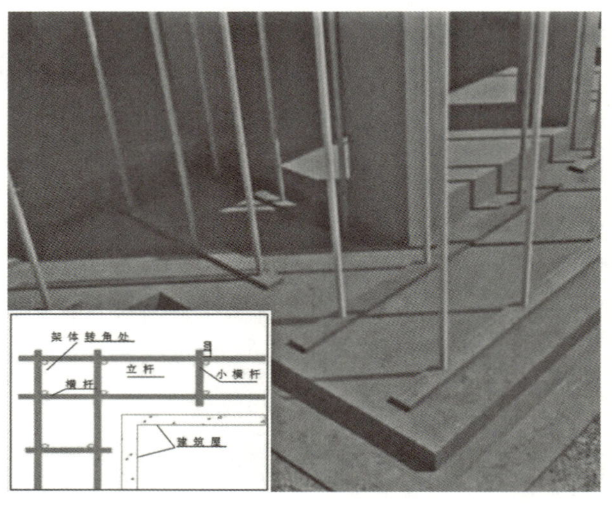

图 5-13

（2）增强脚手架的横向刚度对提高脚手架稳定承载能力起着关键的作用，因此在进行脚手架的设计与施工时必须对有助于提高脚手架横向刚度的设施进行严格的设计与把关，例如严格控制脚手架步距与连墙件的竖向距离对提高脚手架的横向刚度有着极其明显的作用。

（3）连墙件（图 5-14）的设置对脚手架的稳定承载起着关键的作用，实验表明一旦失效，脚手架的失稳模态曲线波长将加大一倍以上，从而大幅度降低脚手架的承载性能，并且有可能导致脚手架坍塌。

（4）提高脚手架的纵向刚度虽然对提高脚手架的稳定承载有一定的作用，但作用并不明显，因为脚手架纵向跨数较多，纵向刚度远大于横向刚度，因此只要按一般规定设置剪刀撑（图 5-15）等提高纵向刚度构件，即可保证脚手架纵向刚度。

图 5-14

图 5-15

（5）实验表明，脚手架单根立杆的稳定承载能力大于整体的稳定承载能力，因此计算脚手架时必须对脚手架的稳定承载能力进行计算，计算公式中必须确切地反映脚手架整体稳定概念，因此在脚手架设计计算中，虽然是用单根轴心受压立杆计算来简化脚手架整体稳定计算，但公式中确定了一个脚手架整体稳定系数，使用单根轴心受压杆件来计算脚手架整体稳定的方式能符合实际。

4. 提高压杆稳定性的措施

压杆临界力的大小反映压杆稳定性的高低，要提高压杆的稳定性，就是要提高压杆的临界力。

（1）合理选用材料

在其他条件相同的情况下，可以选择弹性模量大的材料来提高压杆的稳定性。

（2）减小压杆的长度

如图 5-16 所示，减小压杆的长度是提高压杆稳定性的有效措施之一。在条件允许的情况下，应尽量使压杆长度减小或在压杆中间增加支座。

（3）改善杆端支撑条件

如图 5-17 所示，加强杆端支撑，可减小长度系数，从而使临界力增大，提高压杆的稳定性。如用固定支座代替铰支座。

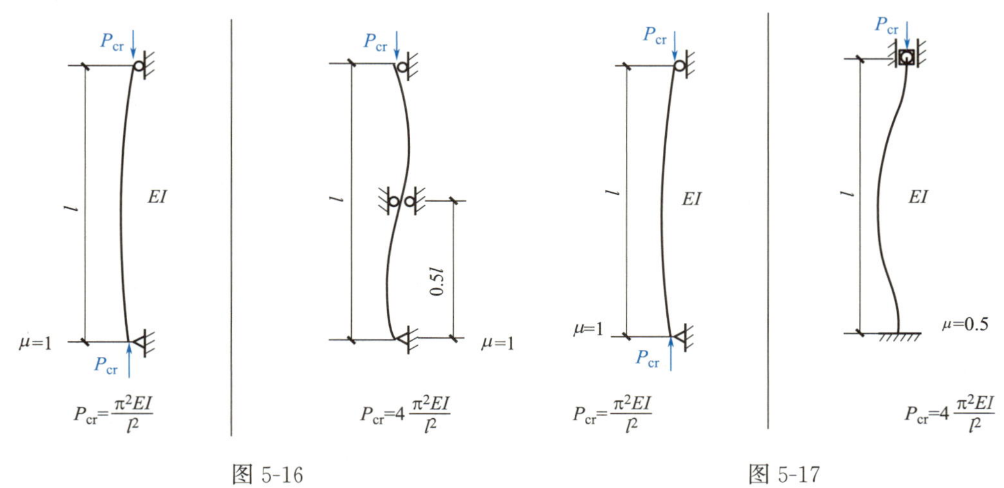

图 5-16　　　　图 5-17

（4）选择合理的截面形状

选择合理的截面形状，尽量增大惯性矩 I，使临界力增大，可提高压杆的稳定性。在压杆横截面积相同的情况下，应尽可能使材料远离截面的形心轴，以取得较大的惯性矩。将实心截面做成空心截面、角钢尽量布置在边缘（图 5-18）都可以在不增加材料的情况下提高惯性矩，从而提高压杆的稳定性。

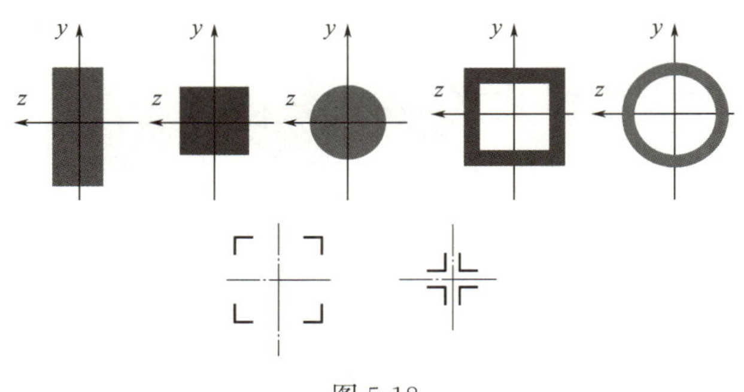

图 5-18

【实例展示】

例 5-1 求图 5-19 所示细长压杆的临界力。

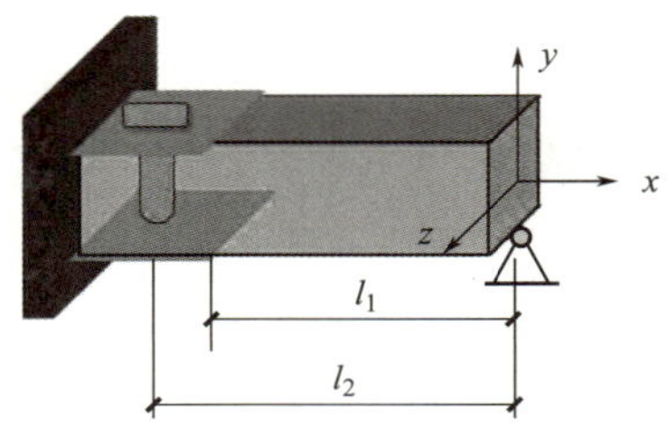

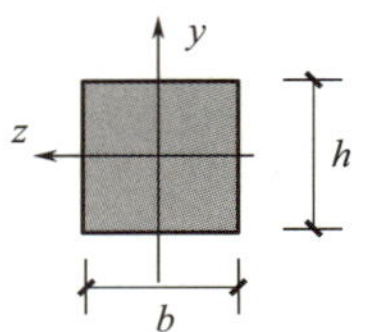

图 5-19

解析：① 绕 y 轴，两端铰支：$\mu=1.0$，$I_y=\dfrac{b^3h}{12}$，$P_{cry}=\dfrac{\pi^2EI_y}{l_2^2}$

② 绕 z 轴，左端固定，右端铰支：

$$\mu=0.7，I_z=\frac{bh^3}{12}，P_{crz}=\frac{\pi^2EI_z}{(0.7l_1)^2}$$

③ 压杆的临界力 $P_{cr}=\min（P_{cry}，P_{crz}）$

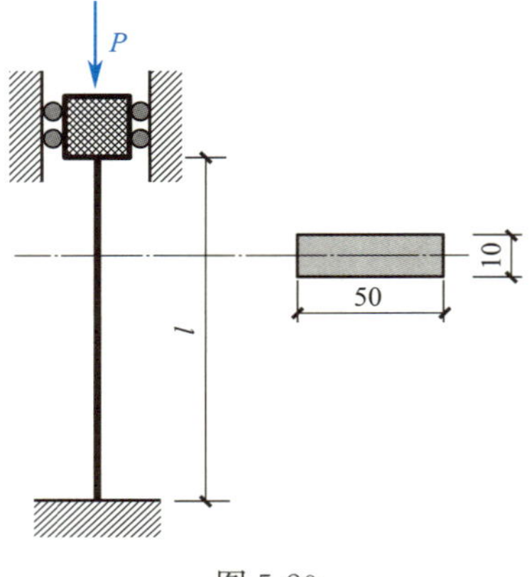

图 5-20

例 5-2 求图 5-20 所示细长压杆的临界力。已知：$l=0.5\text{m}$，$E=200\text{GPa}$。

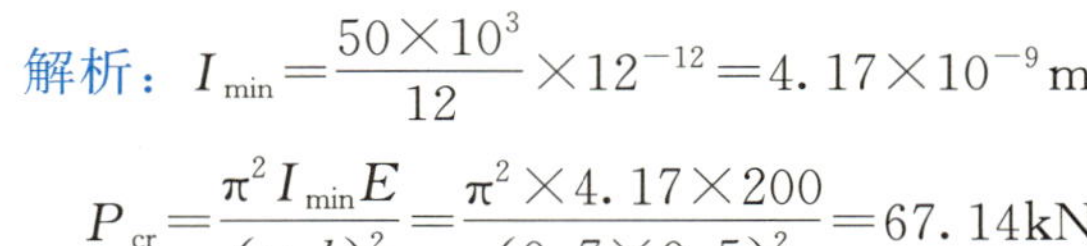

解析：$I_{min}=\dfrac{50\times10^3}{12}\times12^{-12}=4.17\times10^{-9}\text{m}^4$

$$P_{cr}=\frac{\pi^2I_{min}E}{(\mu_1l)^2}=\frac{\pi^2\times4.17\times200}{(0.7\times0.5)^2}=67.14\text{kN}$$

例 5-3 如图 5-21（a）所示结构由两根直径相同的圆杆组成，材料为 Q235 钢，已知 $h=0.4\text{m}$，直径 $d=20\text{mm}$，材料的许用应力 $[\sigma]=170\text{MPa}$，荷载 $F=15\text{kN}$，试校核二杆的稳定。

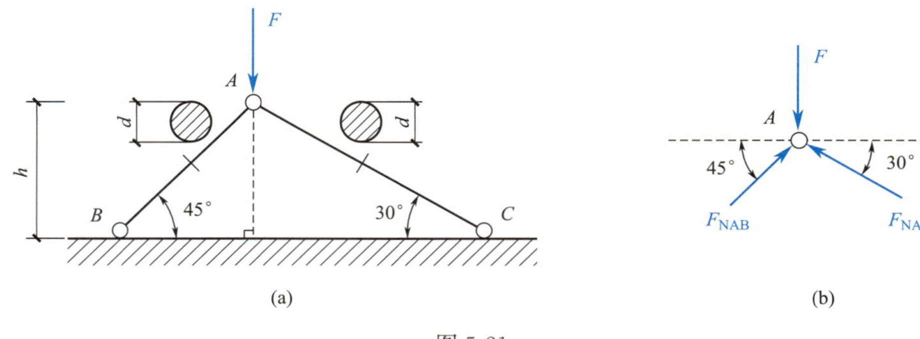

图 5-21

解析：先求二杆所受压力，取结点 A 平衡，平衡方程为：

$$\sum F_x=0，F_{NAB}\times\cos45°-F_{NAC}\times\cos30°=0$$

$$\sum F_y=0，F_{NAB}\times\sin45°-F_{NAC}\times\sin30°=0$$

解得二杆所受压力分别为：

$$F_{AB}=F_{NAB}=0.896F$$
$$F_{AC}=F_{NAC}=0.732F$$

二杆的长度分别为：

$$l_{AB}=0.566\text{m}$$
$$l_{AC}=0.8\text{m}$$

二杆的长细比分别为：

$$\lambda_1=\frac{\mu l_{AB}}{i}=\frac{\mu l_{AB}}{d/4}=\frac{4\times1\times0.566}{0.02}=113$$
$$\lambda_2=\frac{\mu l_{AC}}{i}=\frac{\mu l_{AC}}{d/4}=\frac{4\times1\times0.8}{0.02}=160$$

由 λ_1 和 λ_2 查表 5-3 得折减因数：

$$\varphi_1=0.515$$
$$\varphi_2=0.272$$

压杆的稳定条件公式，*AB* 杆：

$$\frac{F_{AB}}{A}=\frac{0.896F}{A}=\frac{0.896\times15\times10^3}{3.14\times(0.01)^2}=42.8\text{MPa}<\varphi_1\times[\sigma]=0.515\times170=87.6\text{MPa}$$

AC 杆：

$$\frac{F_{AC}}{A}=\frac{0.732F}{A}=\frac{0.732\times15\times10^3}{3.14\times(0.01)^2}=35\text{MPa}<\varphi_2\times[\sigma]=0.272\times170=46.2\text{MPa}$$

【知识小课堂】

钱塘江大桥（图 5-22）又名钱江一桥，是中国浙江省杭州市境的一座跨钱塘江双层桁架梁桥，位于西湖之南，六和塔附近钱塘江上，由中国桥梁专家茅以升主持设计，是中国自行设计、建造的第一座双层铁路、公路两用桥。这座大桥在 1937 年建成通车，但在同年 12 月 23 日为阻断侵华日军南下而炸毁。

图 5-22

如今，钱塘江大桥已经被修复并重新投入使用（图 5-23），成为杭州市的标志性建筑之一。它的存在，不仅见证了中国人民的抗战历史，也展示了中国人民的勇气和智慧。

图 5-23

【任务实施】

计算题

1. 22a 号工字钢柱，长 $l=3\text{m}$，两端铰接，承受压力 $P=500\text{kN}$。钢的弹性模量 $E=200\text{GPa}$，试验算此杆是否能够承受此压力。

2. 校核木柱稳定性。已知 $l=6\text{m}$，圆截面 $d=20\text{cm}$，两端铰接，轴向压力 $P=50\text{kN}$，木材许用应力 $[\sigma]=10\text{MPa}$。

3. 求钢柱的许可荷载 $[P]$。已知钢柱由两根 10 号槽钢组成（图 5-24），$l=10\text{m}$，两端固定，$[\sigma]=140\text{MPa}$。

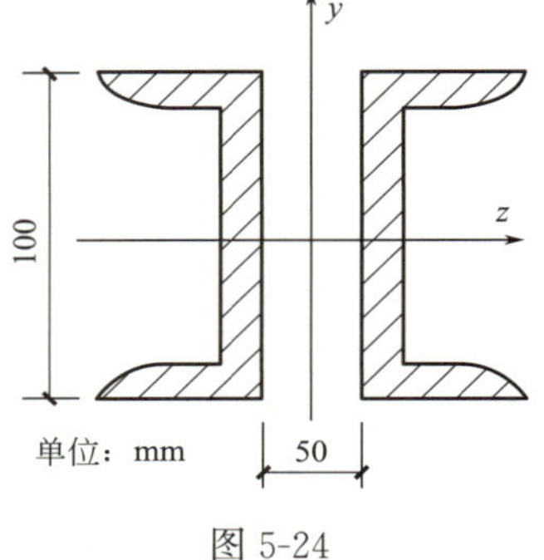

图 5-24

附：

（1）工字钢规格及截面特性表

工字钢的型号、截面尺寸、重量、截面惯性矩、截面抵抗矩等各项力学参数统计表

型号	尺寸/mm						截面面积 /cm²	理论重量 /(kg/m)	参考数值						
									x-x				y-y		
	h	b	d	t	r	r_1			I_x /cm⁴	W_x /cm³	i_x /cm	$I_x:S_x$	I_y /cm⁴	W_y /cm³	i_y /cm
10	100	68	4.5	7.6	6.5	3.4	14.345	11.261	245	49	4.14	8.59	33.0	9.72	1.52
12.6	126	74	5.0	8.4	7.0	3.5	18.118	14.223	488	77.5	5.20	10.8	46.9	12.7	1.61
14	140	80	5.5	9.1	7.5	3.8	21.516	16.890	712	102	5.76	12.0	64.4	16.1	1.73
16	160	88	6.0	9.9	8.0	4.0	26.131	20.513	1130	141	6.58	13.8	93.1	21.2	1.89
18	180	94	6.5	10.7	8.5	4.3	30.756	24.143	1660	185	7.36	15.4	122	26.0	2.00
20a	200	100	7.0	11.4	9.0	4.5	35.578	27.929	2370	237	8.15	17.2	158	31.5	2.12
20b	200	102	9.0	11.4	9.0	4.5	39.578	31.069	2500	250	7.96	16.9	169	33.1	2.06
22a	220	110	7.5	12.3	9.5	4.8	42.128	33.070	3400	309	8.99	18.9	225	40.9	2.31
22b	220	112	9.5	12.3	9.5	4.8	46.528	36.524	3570	325	8.78	18.7	239	42.7	2.27
25a	250	116	8.0	13.0	10.0	5.0	48.541	38.105	5020	402	10.2	21.6	280	48.3	2.40
25b	250	118	10.0	13.0	10.0	5.0	53.541	42.030	5280	423	9.94	21.3	309	52.4	2.40

（2）槽钢规格及截面特性表

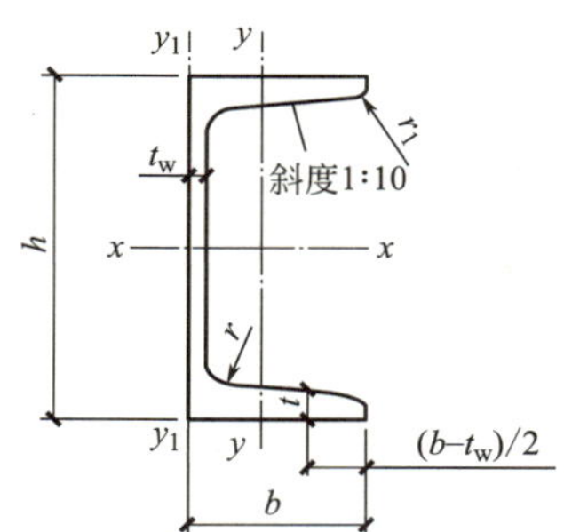

槽钢截面尺寸、截面面积、理论重量及截面特性

型号	截面尺寸/mm						截面面积/cm^2	理论重量/(kg/m)	惯性矩/cm^4			惯性半径/cm		截面模数/cm^3		重心距离/cm
	h	b	d	t	r	r_1			I_x	I_y	I_{y1}	i_x	i_y	W_x	W_y	z_0
5	50	37	4.5	7.0	7.0	3.5	6.928	5.438	26.0	8.3	20.9	1.94	1.10	10.4	3.55	1.35
6.3	63	40	4.8	7.5	7.5	3.8	8.451	6.634	50.8	11.9	28.4	2.45	1.19	16.1	4.50	1.36
8	80	43	5	8	8	4	10.248	8.045	101	16.6	37.4	3.15	1.27	25.3	5.79	1.43
10	100	48	5.3	8.5	8.5	4.2	12.748	10.007	198	25.6	54.9	3.95	1.41	39.7	7.80	1.52
12.6	126	53	5.5	9	9	4.5	15.692	12.318	391	38.0	77.1	4.95	1.57	62.1	10.2	1.59
14a	140	58	6	9.5	9.5	4.8	18.516	14.535	564	53.2	107	5.52	1.70	80.5	13.0	1.71
14b	140	60	8	9.5	9.5	4.8	21.316	16.733	609	61.1	121	5.35	1.69	87.1	14.1	1.67
16a	160	63	6.5	10	10	5	21.962	17.240	866	73.3	144	6.28	1.83	108	16.3	1.80
16b	160	65	8.5	10	10	5	25.162	19.752	935	83.4	161	6.10	1.82	117	17.6	1.75
18a	180	68	7	10.5	10.5	5.2	25.699	20.174	1270	98.6	190	7.04	1.96	141	20.0	1.88
18b	180	70	9	10.5	10.5	5.2	29.299	23.000	1370	111	210	6.84	1.95	152	21.5	1.84
20a	200	73	7	11	11	5.5	28.837	22.637	1780	128	244	7.86	2.11	178	24.2	2.01
20b	200	75	9	11	11	5.5	32.837	25.777	1910	144	268	7.64	2.09	191	25.9	1.95
22a	220	77	7	11.5	11.5	5.8	31.846	24.999	2390	158	298	8.67	2.23	218	28.2	2.10
22b	220	79	9	11.5	11.5	5.8	36.246	28.453	2570	176	326	8.42	2.21	234	30.1	2.03
25a	250	78	7	12	12	6	34.917	27.410	3370	176	322	9.82	2.24	270	30.6	2.07
25b	250	80	9	12	12	6	39.917	31.335	3530	196	353	9.41	2.22	282	32.7	1.98
25c	250	82	11	12	12	6	44.917	35.260	3690	218	384	9.07	2.21	295	35.9	1.92
28a	280	82	7.5	12.5	12.5	6.2	40.034	31.427	4760	218	388	10.9	2.33	340	35.7	2.10
28b	280	84	9.5	12.5	12.5	6.2	45.634	35.823	5130	242	428	10.6	2.30	366	37.9	2.02
28c	280	86	11.5	12.5	12.5	6.2	51.234	40.219	5500	268	463	10.4	2.29	393	40.3	1.95
32a	320	88	8	14	14	7	48.513	38.083	7600	305	552	12.5	2.50	475	46.5	2.24
32b	320	90	10	14	14	7	54.913	43.107	8140	336	593	12.2	2.47	509	49.2	2.16
32c	320	92	12	14	14	7	61.313	48.131	8690	374	643	11.9	2.47	543	52.6	2.09
36a	360	96	9	16	16	8	60.910	47.814	11900	455	818	14.0	2.73	660	63.5	2.44
36b	360	98	11	16	16	8	68.110	53.466	12700	497	880	13.6	2.70	703	66.9	2.37
36c	360	100	13	16	16	8	75.310	59.118	13400	536	948	13.4	2.67	746	70.0	2.34
40a	400	100	10.5	18	18	9	75.068	58.928	17600	592	1070	15.3	2.81	879	78.8	2.49
40b	400	102	12.5	18	18	9	83.068	65.208	18600	640	114	15.0	2.78	932	82.5	2.44
40c	400	104	14.5	18	18	9	91.068	71.488	19700	688	1220	14.7	2.75	986	86.2	2.42

【任务质量评估】

单项选择题

1. 两根细长压杆 a、b 的长度、横截面面积、约束状态及材料均相同，若其横截面形状分别为正方形和圆形，则两杆的临界压力 F_{acr} 和 F_{bcr} 的关系为（　　）。

A. $F_{acr}=F_{bcr}$　　　　B. $F_{acr}<F_{bcr}$

C. $F_{acr}>F_{bcr}$　　　　D. 不能确定

2. 下列关于受压细长杆件，说法正确的是（　　）。

A. 长细比越大，稳定性越好

B. 临界力与杆件的两端支承情况无关

C. 截面的回转半径由截面形状和尺寸来确定

D. 临界力大小不受杆件材料的影响

3. 细长压杆，若其长度系数增加 1 倍，则（　　）。

A. F_{cr} 增加 1 倍　　　　B. F_{cr} 增加到原来的 4 倍

C. F_{cr} 为原来的 1/2　　　　D. F_{cr} 为原来的 1/4

4. a、b 均为细长杆，材料、杆长和横截面形状大小都相同，a 杆为两端铰支，b 杆为一段固定，一端自由。a 杆与 b 杆临界力之比为（　　）。

A. 2/1　　B. 4/1　　C. 8/1　　D. 1/1

5. 由四根相同的等边角钢组成一组合截面压杆，若组合截面的形状如图 5-25 所示，则两种情况下（　　）。

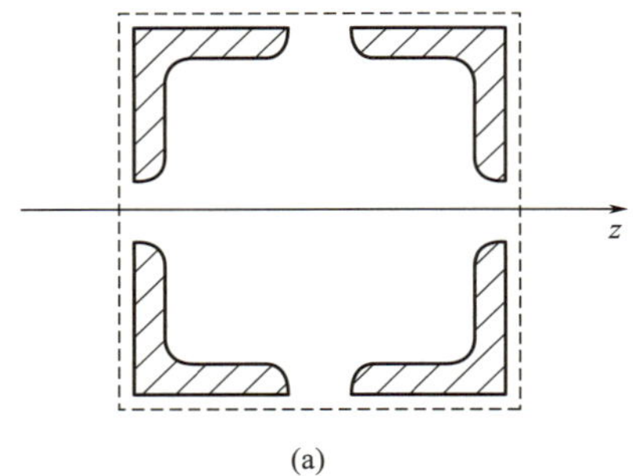

(a)

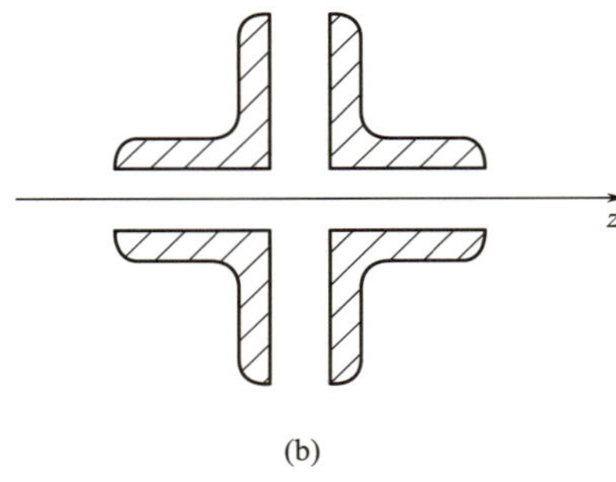

(b)

图 5-25

A. 稳定性不同，强度相同　　　　B. 稳定性相同，强度不同

C. 稳定性和强度都不同　　　　D. 稳定性和强度都相同

项目知识梳理

一、失稳

压杆原始平衡状态由稳定的平衡状态转变为不稳定的平衡状态，这时杆件原始平衡状态丧失其稳定性，简称失稳。

二、临界力公式

$$P_{cr}=\frac{\pi^2 EI}{(\mu l)^2}$$

三、临界应力公式

$$\sigma_{cr}=\frac{\pi^2 E}{\lambda^2}$$

四、欧拉公式的适用范围

$$\lambda \geqslant \lambda_p=\pi\sqrt{\frac{E}{\sigma_p}}$$

五、压杆的稳定条件

$$\sigma=\frac{F_N}{A}\leqslant [\sigma_{cr}]=\varphi[\sigma]$$

$$或\frac{F_N}{A}\leqslant \varphi[\sigma]$$

六、提高压杆稳定性的措施

（1）合理选用材料；

（2）减小压杆的长度；

（3）改善杆端支撑条件；

（4）选择合理的截面形状。

七、思维导图填空

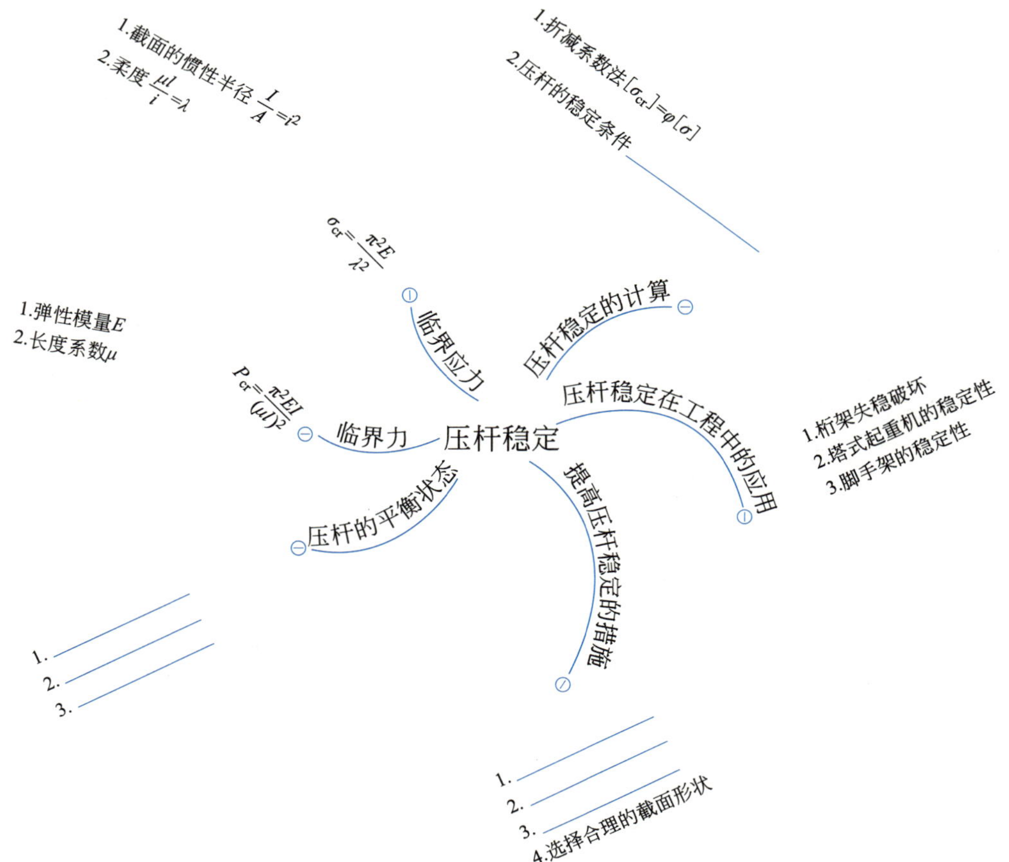

重点内容点拨

一、不同支撑情况下的长度系数取值和临界力的计算

1. 计算长度系数（也称为有效长度系数或 μ 值）是考虑了结构支撑条件对柱稳定性的影响而引入的一个参数，它反映了实际使用中的柱与理想无支撑柱在稳定性上的差异。这个系数在计算柱的临界力和设计柱的尺寸时非常重要。

2. 无支撑框架与有支撑框架的临界力和计算长度系数：

在无支撑框架中，由于没有额外的支撑来限制柱的侧向位移，计算长度系数通常较大，以反映这种自由度对柱稳定性的影响。

在有支撑框架中，由于存在支撑结构（如梁或其他构件），计算长度系数相对较小，因为这些支撑可以有效地减少柱的侧向位移，从而提高其稳定性。

3. 临界力的计算公式：

对于杆件，临界力的计算公式为 $F_{cr}=\dfrac{\pi^2 EI}{L^2}$，其中 F_{cr} 是临界力，E 是弹性模量，I 是截面惯性矩，L 是杆的长度。对于圆柱和矩形截面，临界力的计算公式略有不同，但基本原理相同，涉及弹性模量、截面惯性矩、长度以及可能的泊松比等参数。

4. 计算长度系数的确定方法：

《钢结构设计标准》GB 50017—2017 提供了简化公式法和查表法来确定计算长度系数，这些方法基于材料的线弹性假设和特定的约束条件。

欧拉公式提供了一种基于弹性屈曲法的计算长度系数的方法，这种方法通过分析结构的屈曲模态和临界荷载来确定计算长度系数。

5. 特殊情况的处理：

对于变截面柱、跃层柱或特殊连接方式，可能需要采用其他方法来计算计算长度系数，因为标准方法和公式可能不完全适用。

综上所述，计算长度系数和临界力的计算是一个复杂的过程，需要考虑多种因素，包括结构的支撑条件、材料的性质以及具体的几何尺寸等。在实际工程应用中，这些计算对于确保结构的安全性和稳定性至关重要。

二、压杆的稳定条件

压杆的稳定条件是指受压杆件在受到轴向压力时，能够保持其直线平衡状态而不发生失稳现象的能力。当受压杆件的轴向压力达到一定值时，可能会突然发生失稳现象，导致结构物的破坏甚至倒塌。因此，对压杆的稳定性问题绝不容忽视。

压杆的稳定性受到欧拉公式的限制，必须满足压杆的长度与截面惯性矩和中性轴之间的关系。当压杆长度超过一定临界值时，压力会使杆件产生侧向位移，失去稳定性。此外，压杆的稳定性还受到支承条件的影响，不同的支承形式对杆件变形的约束作用不同，因此同一受压杆在不同支承情况下，其所能承受的临界力值也不同。

在实际工程中，为了保证压杆具有足够的稳定性，设计中必须使杆件所承受的实际压缩载荷小于杆件的临界载荷，并且具有一定的安全裕度。这通常通过安全因数法和稳定系数法来实现。安全因数法是通过引入安全因数来减小实际载荷，确保压杆在规定的安全范围内工作。

项目质量评估

一、填空题

1. 决定压杆柔度的因素是________________。

2. 若两根细长压杆的惯性半径 $i=\sqrt{I/A}$ 相等，当______相同时，它们的柔度相等。

3. 若两根细长压杆的柔度相等，当________相同时，它们的临界应力相等。

4. 大柔度压杆和中柔度压杆一般是因________而失效，小柔度压杆是因________而失效。

二、选择题

1. 一细长压杆当受轴向力 p 时发生失稳而处于微弯平衡状态，此时若解除压力 p，则压杆的微弯变形（　　）。

A. 完全消失　　B. 有所缓和　　C. 保持不变　　D. 继续增大

2. 压杆属于细长杆、中长杆还是短粗杆，是根据压杆的（　　）来判断的。

A. 长度　　B. 横截面尺寸　　C. 临界应力　　D. 柔度

3. 压杆的柔度集中地反映了压杆的（　　）对临界应力的影响。

A. 长度、约束条件、截面尺寸和形状　　B. 材料、长度和约束条件

C. 材料、约束条件、截面尺寸和形状　　D. 材料、长度、截面尺寸和形状

三、计算题

如图 5-26 所示结构中，AB 及 AC 均为圆截面杆，直径 $d=80\text{mm}$，材料为 Q235 钢，求此结构的临界载荷 F_{cr}。

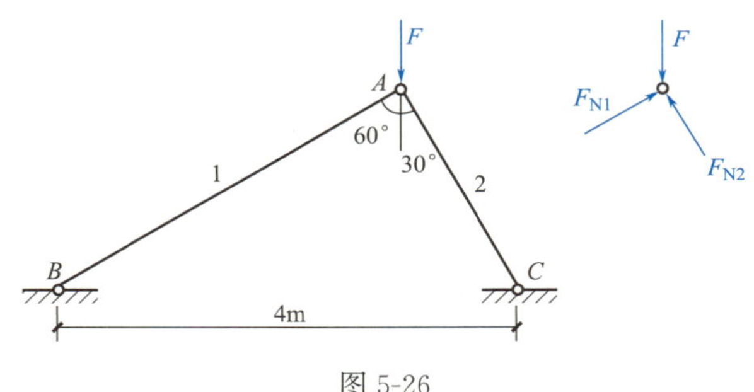

图 5-26

项目 6　工程常见结构体系

项目导学

一、学习目标

知识目标：1. 理解几何不变体系和几何可变体系的概念；
　　　　　2. 掌握平面几何不变体系的基本组成规则；
　　　　　3. 理解常见的静定结构和超静定结构的内力分布情况；
　　　　　4. 了解常见的静定结构和超静定结构在工程实际中的运用。

能力目标：1. 能对平面结构进行几何组成分析；
　　　　　2. 能分析常见的静定结构和超静定结构受力特点；
　　　　　3. 能区分静定结构和超静定结构。

素质目标：1. 培养分析问题、解决问题的能力；
　　　　　2. 培养实事求是的科学态度。

二、项目思维导图

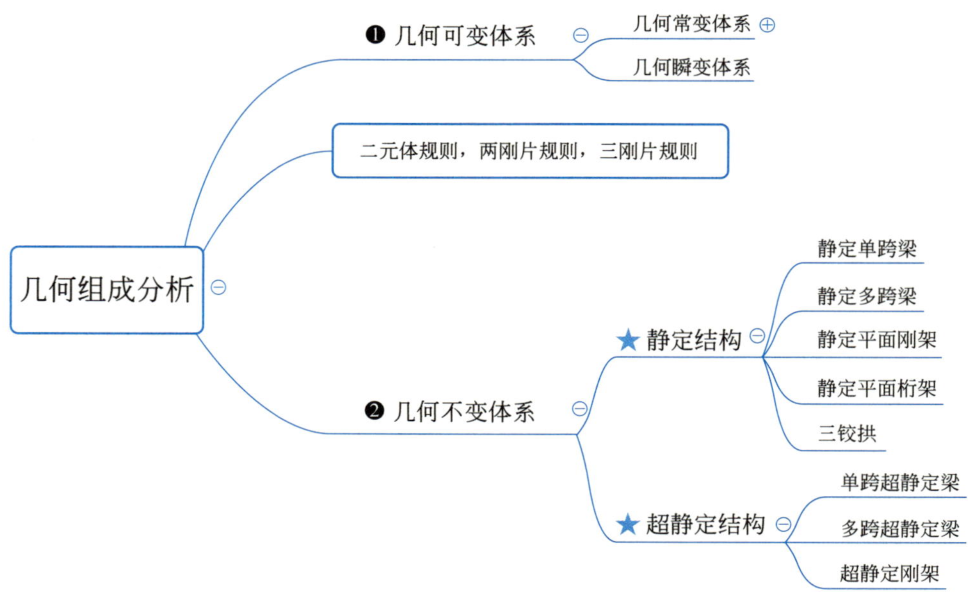

项目概述

对于一个结构来说，若要能够承受各种可能的荷载，它本身应是几何稳固的，要能够保持其几何形状不变。对结构进行几何组成分析，判断其是否几何不变，只有几何不变体系才能用在工程中。根据体系的几何组成状态，可以把平面结构分为静定结构和超静定结构。本项目对常见的静定结构（静定单跨梁、静定多跨梁、静定刚架、静定桁架、三铰拱）和超静定结构（单跨超静定梁、连续梁、超静定刚架）的受力特点及在工程中的应用做了相应介绍。

通过本项目的学习，能够运用三角形规则对简单的工程实例进行几何组成分析，能够理解静定结构和超静定结构的区别，了解其受力特点及在工程实际中的应用。

任务 6.1　平面结构的几何组成分析

微课

【任务描述】

如果一个杆件体系本身为几何不稳固，不能使其几何形状保持不变，则它是不能承受任何荷载的。只有本身稳固的几何不变体系才能作为结构使用。本任务是理解几何不变体系和几何可变体系的概念，掌握平面几何不变体系的基本组成规则，能对结构进行几何组成分析，判别体系是否可作为结构使用。

【相关知识】

一、几何不变体系和几何可变体系的概念

如图 6-1（a）所示为由一根横杆和两根竖杆绑扎组成的平面支架。A 结点和 B 结点可看作铰结点。由于竖杆在地基内埋得很浅，C 支点和 D 支点也可看作铰支座。很明显，这个支架几何不稳固，即使给它一个不大的力，它也容易发生倾倒，容易发生变形，如图 6-1（b）中虚线所示。但如果给它加上一根斜撑 BC，如图 6-1（c）所示，这个支架就变成了几何稳固的平面体系，给它一个力，在不考虑杆件自身材料受力产生的微小变形的前提下，它的形状和位置都没有发生改变。

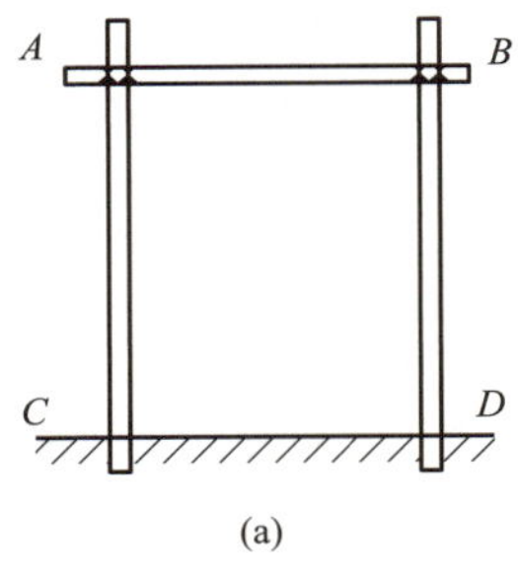

(a)

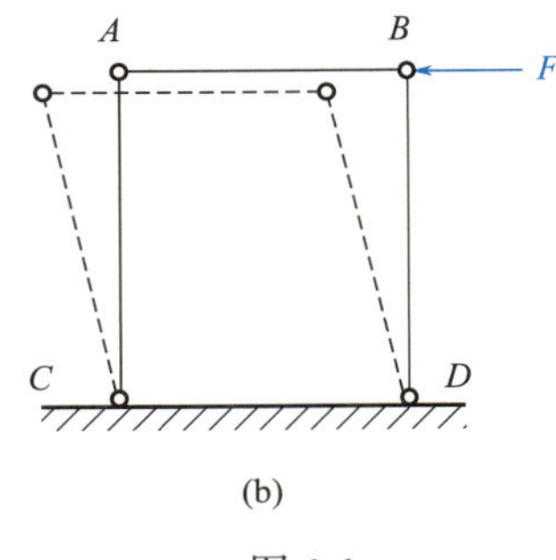

(b)

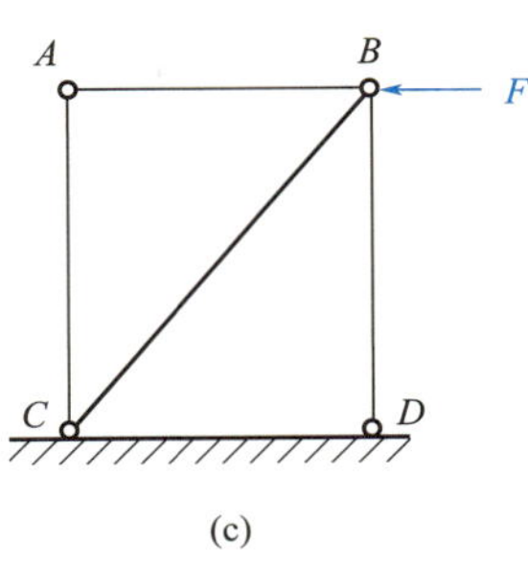

(c)

图 6-1

在几何组成分析中，不考虑材料应变，在这种条件下，杆件体系可以分成两类：

1. 几何不变体系：在任何荷载作用下，若不计杆件的变形，其几何形状与位置均保

持不变的体系。

2. 几何可变体系：在不考虑材料应变的条件下，其几何形状和位置可以改变的体系。

几何可变体系又分为瞬变体系和常变体系两种。瞬变体系是可变体系中的一种特殊情况。它本来几何可变，受力产生变形，但经过微小位移后又成为几何不变体系。瞬变体系虽然只发生瞬间的微小的相对运动，但它即使受到非常小的外力也可能出现很大的内力导致破坏，不能用作结构。常变体系是发生大位移的可变体系，也不能成为结构。

土木工程结构不能采用几何可变体系，只能采用几何不变体系。

二、平面几何不变体系的组成规则

对平面体系作几何组成分析时，通常把体系的几何不变部分看成是平面刚体，简称刚片。杆件、梁、柱都可看作是一个刚片，一个几何不变体系可以看作一个刚片，建筑物的基础或大地也可看作是一个刚片。对刚片加以约束，可以限制其运动，不同的刚片在约束装置作用下按一定规则组合在一起，可以形成几何不变体系。常见的约束装置有链杆和铰。一根链杆相当于一个约束。连接两个刚片的铰叫作单铰，一个单铰相当于两个约束，也相当于两根链杆的约束作用。连接两个以上刚片的铰叫作复铰。连接 n 个刚片的复铰相当于（$n-1$）个单铰。

在几何不变体系组成分析中，最基本的规则就是三角形规则，无多余约束的几何不变体系的组成规则均以基本三角形的几何不变性质为基础，有二元体规则、两刚片规则及三刚片规则（图 6-2）。

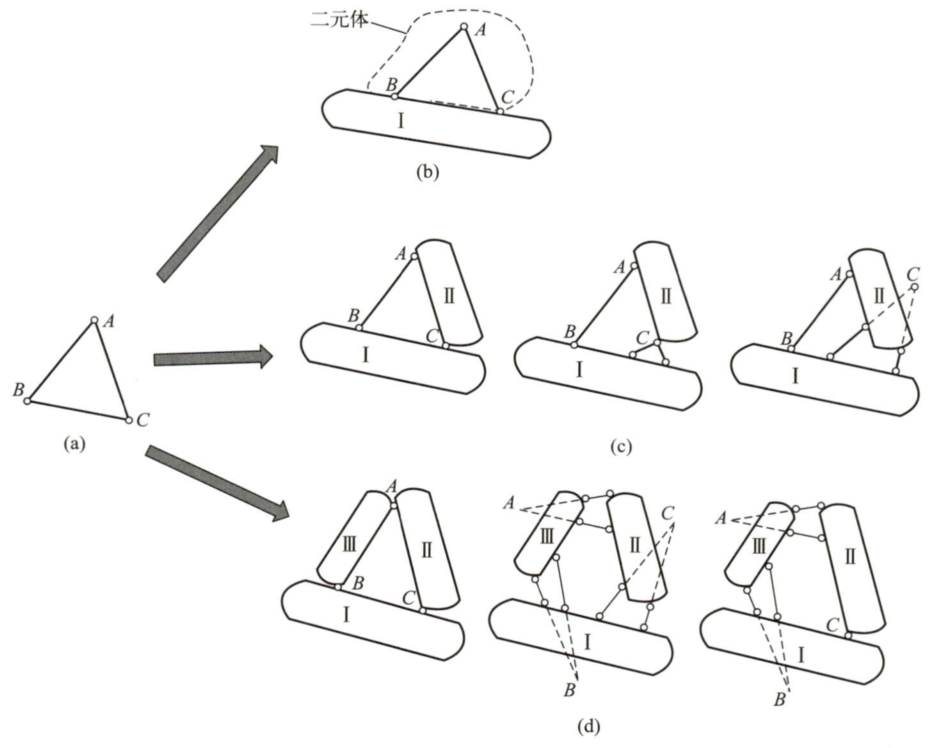

图 6-2

1. 二元体规则

由两根不共线的链杆连接一个结点的构造，称为二元体，如图 6-2（b）中的 B-A-C。在一个平面杆件体系上增加或减少一个二元体，不改变原体系的几何组成性质。请参考例 6-1。

2. 两刚片规则

两刚片之间用一个铰和一根不通过该铰的链杆相连，则组成一个几何不变体系，且无多余约束，如图 6-2（c）所示。请参考例 6-2。

推论：两刚片之间用不全交于一点也不完全平行的三根链杆相连，则组成一个几何不变体系，且无多余约束。

3. 三刚片规则

三个刚片用不在同一直线上的三个铰两两相连，则组成体系是几何不变的，且无多余约束，如图 6-2（d）所示。请参考例 6-3。

三、结构的几何组成与静定性的关系

用来作为结构的杆件体系必须是几何不变的，而几何不变体系又可分为无多余约束的几何不变体系和有多余约束的几何不变体系两类。如图 6-3（a）所示简支梁由铰 A 和链杆 B 与地基相连，是几何不变体系，且无多余约束。它的支座反力和内力都可由静力平衡条件求得，这种没有多余约束的几何不变体系称为静定结构。如果在简支梁中间增加一个支座链杆 C，如图 6-3（b）所示，它仍然是几何不变体系，但有一个多余约束。它的支座反力和内力仅依靠静力平衡条件是无法完全求出的，还要利用变形条件求解。这种有多余约束的几何不变体系称为超静定结构。

图 6-3

【实例展示】

例 6-1　试对图 6-4 所示体系进行几何组成分析。

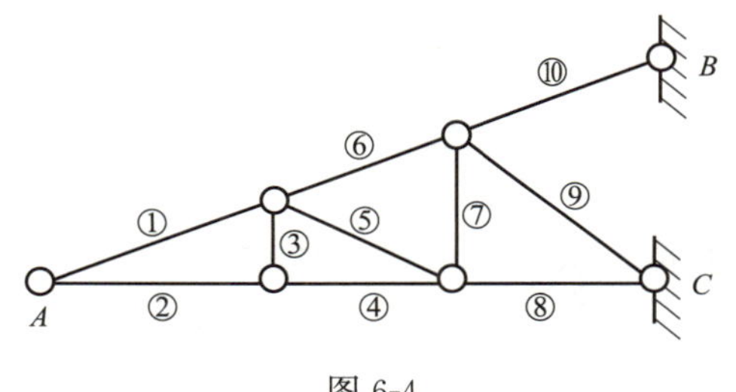

图 6-4

解析：此体系从地基 BC 出发，依次增加二元体（⑨，⑩）、（⑦，⑧）、（⑤，⑥）、（③，④）、（①，②），根据二元体规则，整个体系为无多余约束的几何不变体系。

例 6-2 试对图 6-5 所示体系进行几何组成分析。

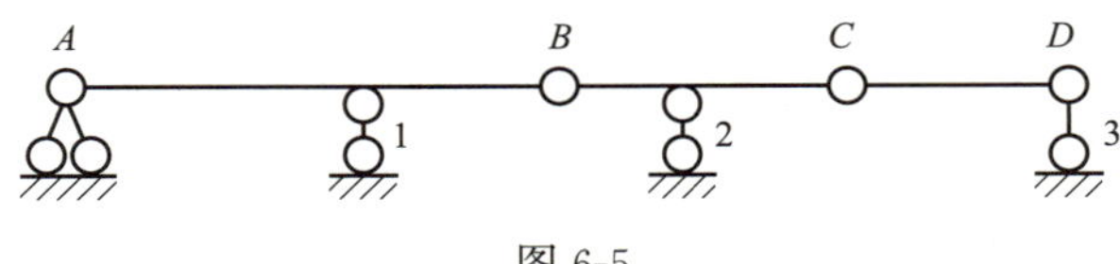

图 6-5

解析：将地基视为刚片Ⅰ，AB 梁与地基通过铰 A 和不过铰 A 的链杆 1 相连，构成了一个扩大的刚片Ⅱ。刚片Ⅱ与梁 BC 通过铰 B 和不过铰 B 的链杆 2 相连，又构成一个更扩大的刚片Ⅲ。刚片Ⅲ与梁 CD 通过铰 C 和不过铰 C 的链杆 3 相连，根据两刚片规则，整个体系是几何不变的，且无多余约束。

例 6-3 试对图 6-6（a）所示体系进行几何组成分析。

解析：如图 6-6（b）所示，分别视三角形 ABE、ACF 及地基为刚片Ⅰ、Ⅱ、Ⅲ，刚片Ⅰ、Ⅱ由铰 A 连接，刚片Ⅰ、Ⅲ由链杆①及杆 ED 构成的虚铰 G 连接，刚片Ⅱ、Ⅲ由链杆②及杆 DF 构成的虚铰 H 连接，由于三铰 A、G、H 不共线，所以图 6-6（a）所示体系为几何不变体系且无多余约束。

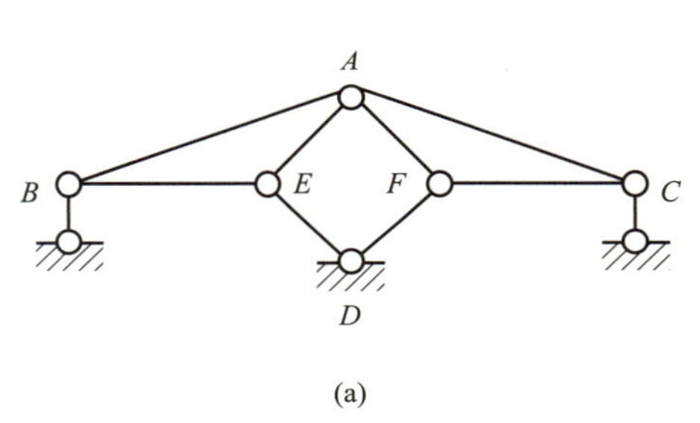

(a)

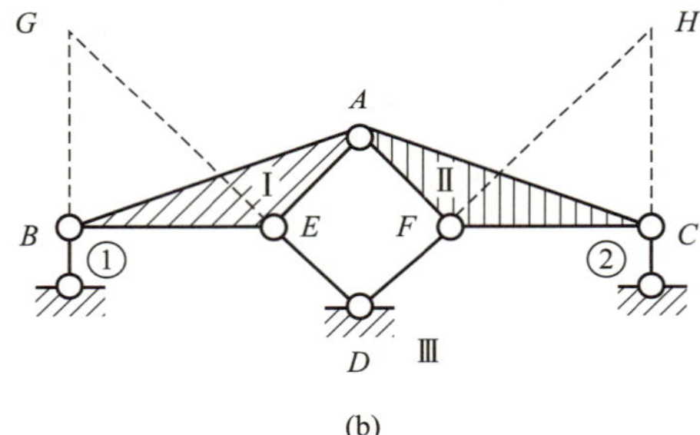

(b)

图 6-6

【知识小课堂】

武汉长江大桥（图 6-7），作为新中国成立后在长江上修建的第一座公铁两用桥，是武汉市重要的历史标志性建筑之一，素有“万里长江第一桥”美誉。大桥在设计时，经过了精确的几何分析和计算，确保了整个结构的稳定性和安全性。

这座大桥西起汉阳区楚琴立交，上跨长江水道，东至武昌区中山路，总长 1670.4m。主桥为钢桁架形式，长 1155.5m，共 3 联 9 孔；引桥桥身则是采用拱的形式，左岸（汉阳侧）引桥长 303.45m，有 17 孔；右岸（武昌侧）引桥长 211.45m，有 12 孔。左岸引桥铁路部分采用钢筋混凝土简支 T 梁，引桥上部的公路部分采用柱式桥墩。右岸引桥公路结构与左岸引桥大致相同。大桥的正桥两端各有两个华贵典雅的庭式桥头堡，为钢筋混凝土框架结构。大桥共 2 层，其中下层为双线铁路，桥宽 14.5m；上层为双向四车道公路，桥宽 22.5m。

“一桥飞架南北，天堑变通途。”描写的就是武汉长江大桥对沟通中国南北交通的重要作用。这座桥凝聚着设计者独具匠心的智慧和建设者们的技艺。所有为建设桥梁付出辛勤汗水的人们都值得赞美，他们的敬业精神值得我们学习。他们用自己的智慧和汗水，为新中国的桥梁建设事业奠定了坚实的基础，也为后来的桥梁发展提供了宝贵的经验。

图 6-7

【任务实施】

1. 什么是几何不变体系、几何瞬变体系和常变体系？工程中的结构不能使用什么体系？

2. 平面体系几何组成分析的目的是什么？平面体系的几何组成分析有哪几个基本规则？

3. 什么是二元体？

4. 试对图 6-8 体系作几何组成分析。

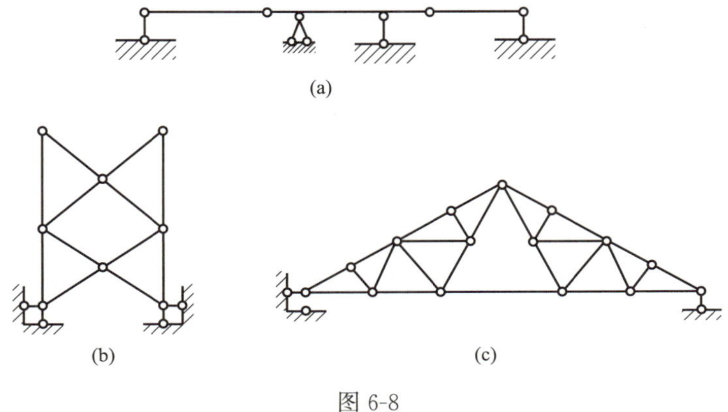

图 6-8

5. 什么是静定结构？什么是超静定结构？二者有什么异同？

【任务质量评估】

一、填空题

1. 在忽略材料应变的前提下，几何形状和位置不会改变的体系称________；几何形状和位置可以改变的体系称为________。

2. 一个链杆相当于________个约束，一个单铰相当于________个约束。

二、单项选择题

1. 两个刚片用三链杆相连形成无多余约束的几何不变体系的充分必要条件是（　　）。

A. 三链杆不互相平行　　B. 三链杆互相平行

C. 三链杆交于一点　　D. 三链杆不互相平行也不汇交

2. 图 6-9 所示体系为（　　）。

A. 无多余约束的几何不变体系

B. 有多余约束的几何不变体系

C. 常变体系

D. 瞬变体系

图 6-9

三、判断题

1. 瞬变体系可以作为建筑工程中的受力体系。（　　）

2. 超静定结构是有多余约束的几何不变体系。（　　）

任务 6.2　工程中常见静定结构简介

【任务描述】

工程中常见的静定结构有梁、刚架、桁架、三铰拱及组合结构。这几种结构既有共性，又有个性。共性是：从几何组成方面看，它们是没有多余约束的几何不变体系；从静力学方面看，它们的全部反力和内力均可由静力平衡条件求出，且其解答是唯一的确定值。个性是：梁和刚架由受弯直杆组成，主要内力为弯矩；桁架由链杆组成，在结点荷载作用下，只受轴力，处于无弯矩状态；三铰拱在竖向荷载作用下具有水平支座反力，主要受压；组合结构由链杆和梁式杆（受弯杆）组合而成。本任务是分析常见的静定结构受力特点，了解其在工程中的运用。

【相关知识】

一、静定梁

1. 单跨静定梁

单跨静定梁包括简支梁、悬臂梁和外伸梁。它们均由受弯杆件组成。因为弯曲变形引起的正应力在截面上分布不均匀，使材料强度得不到充分利用，所以当跨度较大时，一般不宜采用梁作为承重结构。简支梁一般在小跨度结构中用得比较多。在跨度相同并承受相同荷载的情况下，悬臂梁的最大弯矩和最大挠度值都比简支梁大得多，因此悬臂梁只宜用于跨度很小的承重结构，如阳台、雨篷、挑廊等。

2. 多跨静定梁

多跨静定梁是由若干单跨梁在适当位置用铰联结而成的静定结构，常用来跨越几个相连的跨度。如图 6-10（a）所示为公路桥使用的多跨静定梁，图 6-10（b）所示为其计算简图。

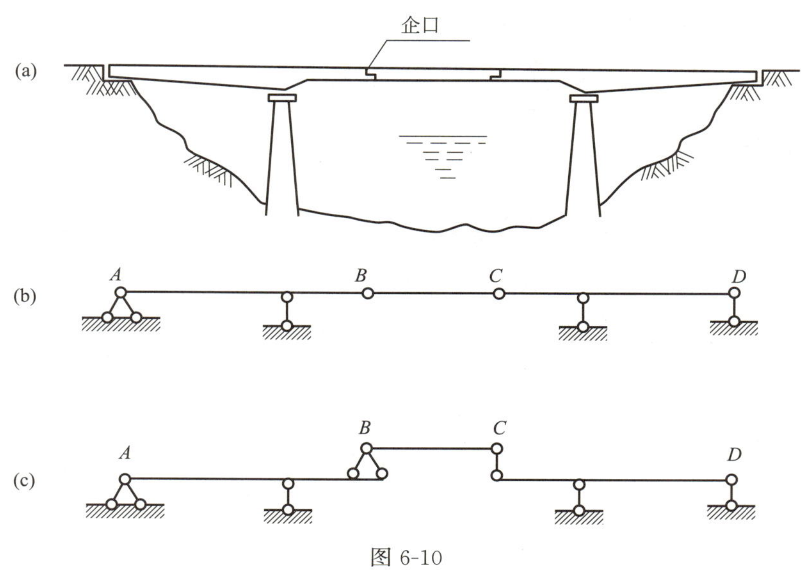

图 6-10

（1）多跨静定梁的组成

如图 6-10（b）所示，梁 *AB* 和 *CD* 直接由支杆固定于基础，是几何不变的。短梁 *BC* 两端支于梁 *AB* 和 *CD* 的伸臂上面，根据几何组成分析可知，整个结构是几何不变的。梁 *AB* 和 *CD* 本身不需其他部件支撑就能承担荷载维持平衡，称为基本部分。梁 *BC* 需要依靠基本部分即梁 *AB* 和 *CD* 的支承才能承受荷载并保持平衡，称为附属部分。这种组成关系可用图 6-10（c）来表示，把基本部分画在下层，将附属部分画在上层，用以表示各部分之间相互依赖的关系，这种图形称为层次图。

（2）多跨静定梁的受力特点

通过层次图可以看出多跨静定梁的力的传递过程。当荷载作用在附属部分即梁 *BC* 上时，不仅 *BC* 梁会受力，而且还会通过铰 *B* 传递给梁 *AB*，通过铰 *C* 传递给梁 *CD*。当荷载作用在基本部分即梁 *AB* 或 *CD* 时，只在基本部分受力，而与其相连的附属部分即 *BC* 梁不受力。因此，在对多跨静定梁进行力学计算时，应先从附属部分开始，再计算基本部分，将附属部分的支座反力反其指向，就是加于基本部分的荷载。对图 6-10（b）所示静定多跨梁，应先取梁 *BC* 计算，再分别计算梁 *AB* 和梁 *CD*，这样，便把多跨梁拆成为单跨梁，各个解决，从而避免解联立方程。再把各单跨梁的内力图连在一起，就是多跨梁的内力图。

【实例展示】

图 6-11（a）所示多跨静定梁，*AB* 和 *CE* 均为基本部分，其层次图如图 6-11（b）所示。各梁的隔离体示于图 6-11（c）中。内力图如图 6-11（d）（e）所示。

据内力图可知，在多跨静定梁中，由于伸臂的设置，使支座处截面（*D* 截面）产生了负弯矩，它使跨中的正弯矩数值比相同跨度的简支梁要小，所以多跨静定梁比相应的多跨简支梁要经济些，节省材料，但构造比较复杂。在静定多跨梁的铰结点处，当无集中荷载作用时，其剪力无变化，弯矩为零。

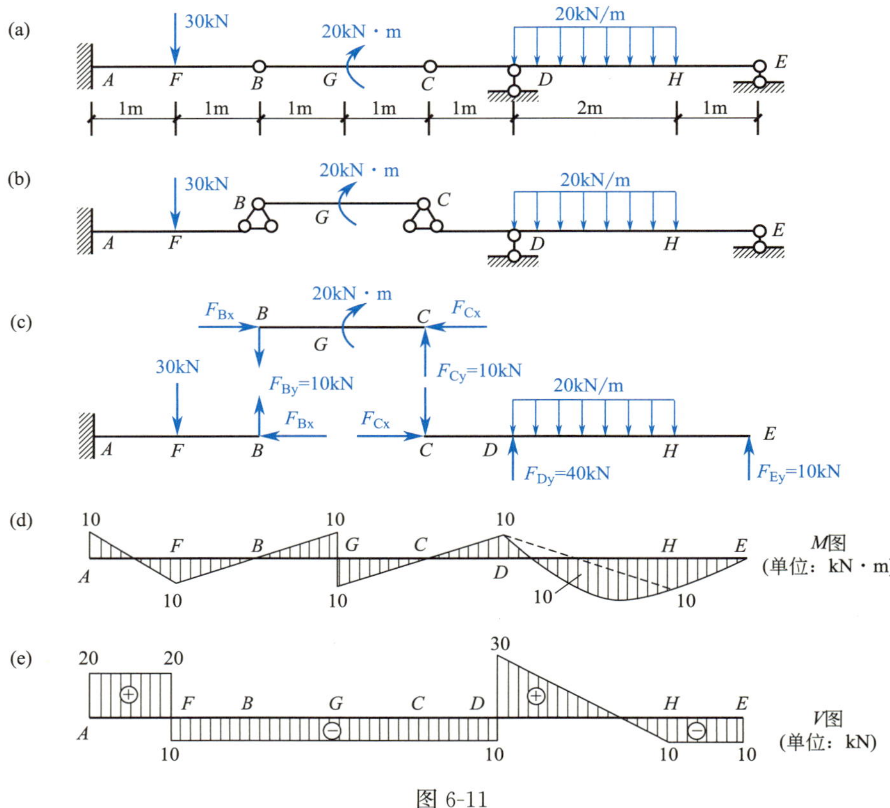

图 6-11

工程中除了公路桥常用静定多跨梁的结构形式外，房屋建筑结构中的木檩条也是多跨静定梁的结构形式，如图 6-12 所示。在檩条接头处采用斜搭接（榫卯）的形式，并用螺栓系紧，这种接头可看作铰结点。

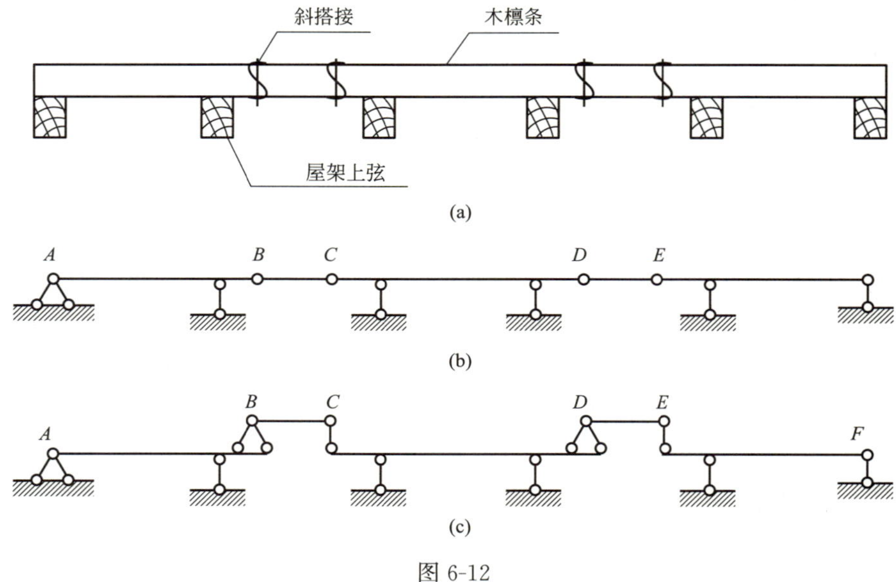

图 6-12

二、静定平面刚架

1. 平面刚架的概念

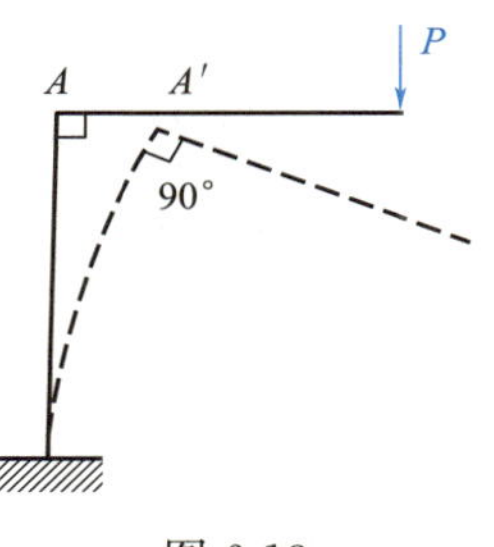

图 6-13

平面刚架是由梁、柱组成的具有刚结点的结构。

刚结点是指受力作用时，梁、柱在该结点处的夹角保持不变。如图 6-13 所示，该结构在集中力 P 作用下产生了变形，在 A 结点处，梁、柱轴线间的夹角保持不变，A 结点是刚结点。

常见的平面静定刚架形式有如图 6-14（a）所示的简支刚架，如图 6-14（b）所示的悬臂刚架，如图 6-14（c）所示的三铰刚架，如图 6-14（d）（e）所示的组合刚架。

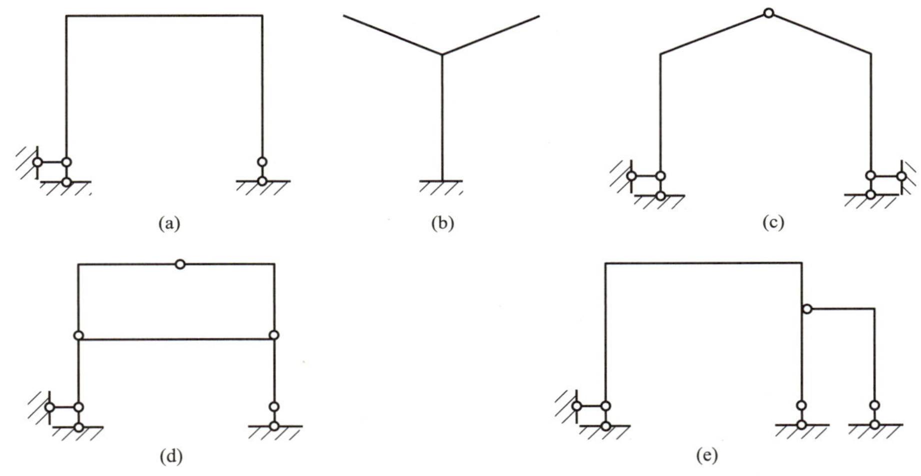

图 6-14

2. 平面刚架的特点

（1）由于刚架具有刚结点，梁和柱能作为一个整体共同承担荷载的作用，结构整体性好，刚度大，在荷载作用下，变形较小。

（2）刚架在受力后，刚结点所连的各杆件（梁、柱）间的角度保持不变，即结点对各杆端转动有约束作用，因此刚结点可以承受和传递弯矩。图 6-15（a）给出了简支梁和刚架在均布荷载作用下的弯矩图，在图 6-15（b）中由于刚结点处产生弯矩，故横梁跨中弯

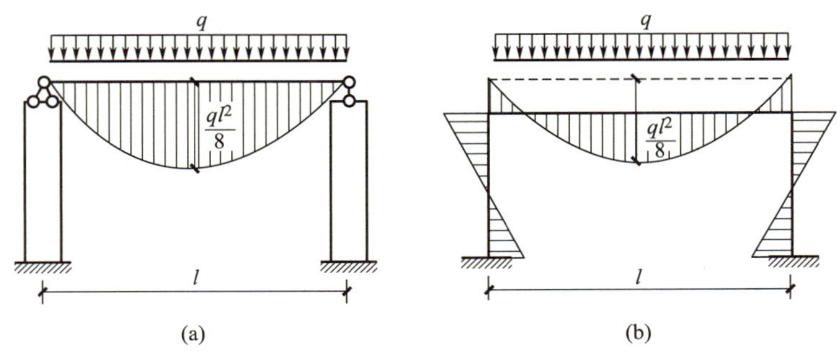

图 6-15

矩的峰值得到削减，刚架中各杆的内力分布相对比较均匀，节省材料。

（3）刚架杆件中一般有轴力，这是它们与梁的主要区别。也就是说，刚架的内力一般有弯矩、剪力和轴力，但弯矩是主要内力。除轴力外，其内力计算和内力图绘制与梁类似。

（4）由于刚架中杆件数量较少，内部空间较大，所以刚架结构便于利用。

【实例展示】

如图 6-16 所示的站台，就是 T 形刚架的应用，它由两根横梁和一根立柱组成。梁与柱的联结处在构造上为刚性联结，即形成刚结点。刚架结构的特点就是具有刚结点。刚架结构除了应用于站台，还常应用于门架、房屋框架等。

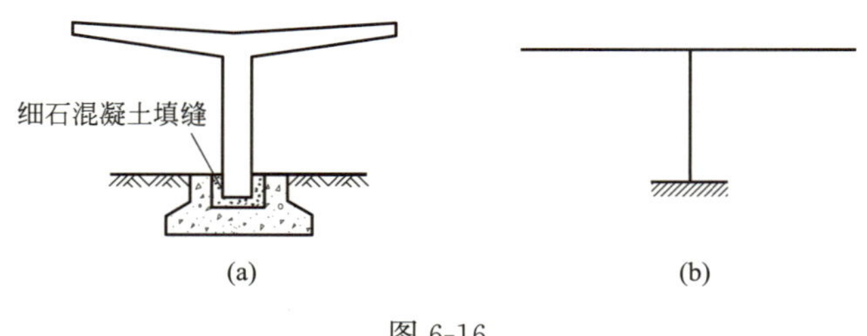

图 6-16

三、静定平面桁架

1. 桁架的概念

桁架是由若干根直杆在其两端用铰连接而成的结构。在建筑工程中，桁架是常用于跨越较大跨度的一种结构形式。如图 6-17 所示屋架，就属于桁架。

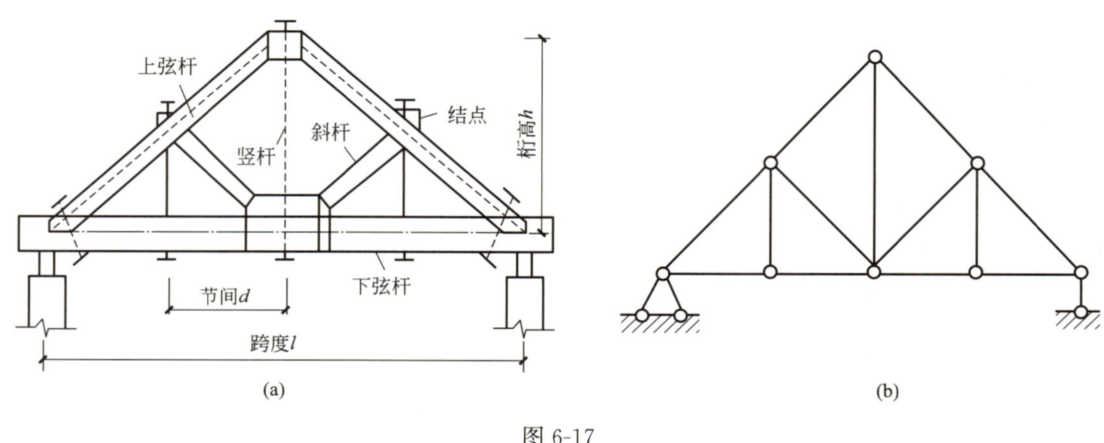

图 6-17

2. 桁架的分类

按几何组成方式，桁架可分为三类：

（1）简单桁架：由基础或基本铰接三角形开始，依次增加二元体而形成的桁架，如图 6-18（a）所示。

（2）联合桁架：若干个简单桁架按几何不变体系组成规则铰接而成的桁架，如图 6-18

（b）所示。

（3）复杂桁架：不属于以上两类的静定桁架，如图 6-18（c）所示。

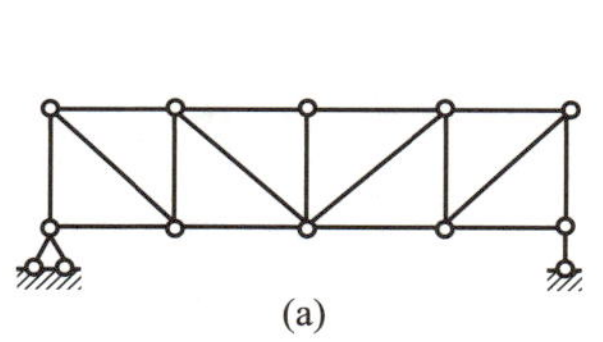

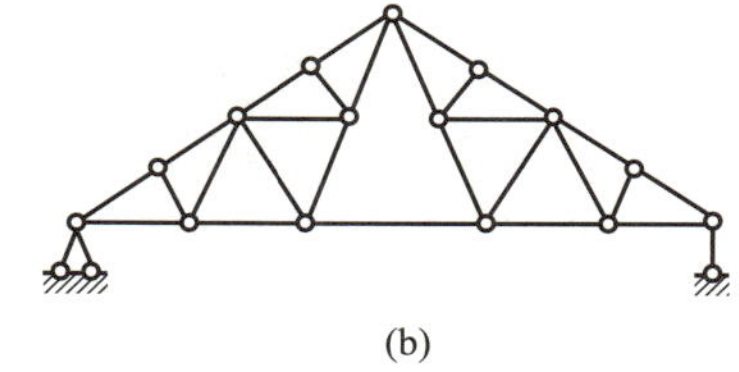

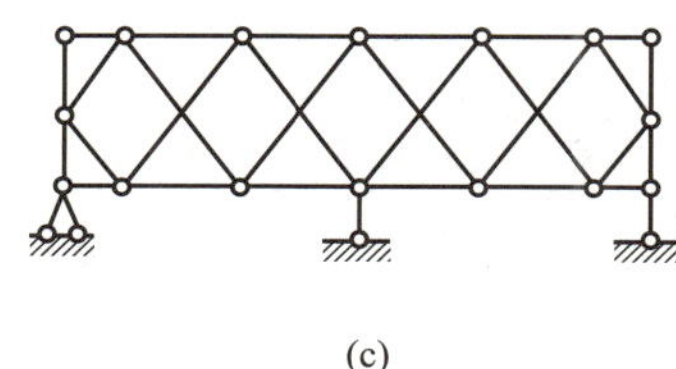

图 6-18

（a）简单桁架；（b）联合桁架；（c）复杂桁架

3. 桁架的受力特点

实际桁架的受力情况比较复杂，因此在分析桁架时必须选取既能反映桁架的本质又能便于计算的计算简图。这种计算简图引用了下列假定：

（1）桁架的结点都是光滑的铰结点；

（2）各杆的轴线都是直线并通过铰的中心；

（3）荷载和支座反力都作用在结点上。

实际桁架与上述假定是有差别的，比如钢桁架和钢筋混凝土桁架的结点都有很大的刚性，各杆的轴线也不一定全是直线。但科学实验和工程实践证明，结点刚性等因素对内力的影响一般来说对桁架是次要的。按上述假定计算得到的桁架内力称为主内力。由于实际情况与上述情况不同而产生的附加内力称为次内力。

在假定的理想情况下，桁架中的杆件都是二力杆，在结点荷载作用下，各杆都只产生轴力，处于轴向拉或压状态，杆件截面上的正应力分布均匀，能充分利用材料的强度。因此，桁架比梁能跨越更大的空间。

4. 桁架中的零杆

桁架中内力为零的杆件称为零杆。在计算桁架的内力时先判定出哪些杆件为零杆，可以使后续的计算大大简化。零杆只是在某种荷载作用下轴力为零的杆，不能从结构中去掉。当结构上的荷载变化时，零杆的位置也随着改变。

在判别零杆时，可以依照下列规律进行：

（1）两杆交于一结点，结点上无荷载作用时，该两杆均为零杆，如图 6-19（a）所示；当外力沿其中一杆的方向作用时，该杆内力与外力相等，另一杆为零杆，如图 6-19（b）所示。

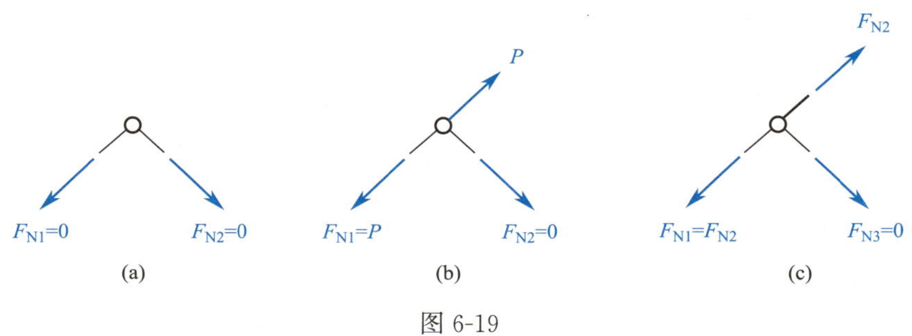

图 6-19

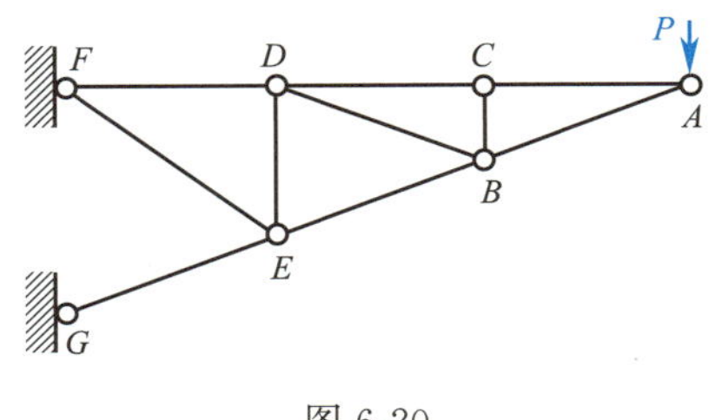

图 6-20

（2）三杆交于一结点，结点上无荷载作用时，若其中两杆在一直线上，则第三杆为零杆，其余两杆内力相等，且内力性质相同（均为拉力或压力），如图 6-19（c）所示。

例如图 6-20 所示桁架，其中杆 EF、DE、DB、BC 都是零杆。

【实例展示】

桁架广泛应用于跨度较大的工程结构中，如图 6-21 所示大跨度桥梁、房屋屋架、大空间场馆等。

图 6-21

四、三铰拱

仔细观察如图 6-22 所示两个结构简图，说说它们的异同。

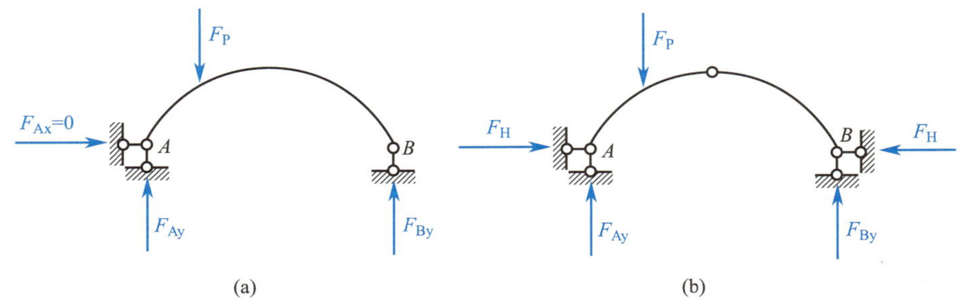

图 6-22

1. 拱的概念

拱是一种杆轴线为曲线，在竖向荷载作用下支座产生水平反力的结构。这种水平反力又称为水平推力，或简称推力。拱结构在屋盖和桥梁中都有应用。三铰拱是一种静定的拱式结构，图 6-23 为三铰拱的两种形式，图 6-23（a）为无拉杆的三铰拱，图 6-23（b）为有拉杆的三铰拱（拉杆拱），拉杆产生的拉力替代了支座推力的作用，在竖向荷载作用下，使支座只产生竖向反力，消除了推力对支承结构（例如砖墙）的影响。

拱结构各部分的名称如图 6-24 所示。拱结构最高的一点称为拱顶，三铰拱的中间铰通常安置在拱顶处。拱的两端与支座连接处称为拱趾，又称拱脚。两个拱趾间的水平距离 l 称为跨度。拱顶到两拱趾连线的竖向距离 f 称为拱高。拱高与跨度之比称为高跨比，高跨比与拱的主要力学性能有关。

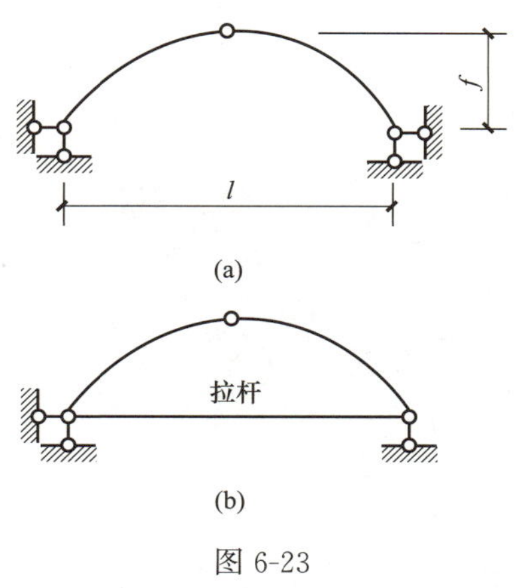

图 6-23

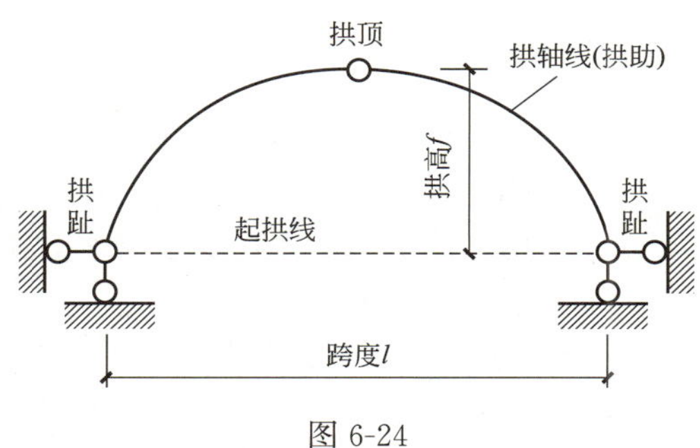

图 6-24

2. 拱的受力特点

（1）在竖向荷载作用下，拱有水平推力。

（2）由于推力的作用，可以使拱截面上的弯矩比相应简支梁减小。弯矩的降低，使拱能更充分地发挥材料的作用，因此拱适用于跨度和荷载较大的情形。但是，力的作用是相互的，三铰拱受到向内的推力作用时，也给基础施加了向外的推力，所以三铰拱的基础比梁的基础要大。正因为如此，用拱作屋顶时，都使用有拉杆的三铰拱，以减少对墙（或柱）的推力。

（3）在竖向荷载作用下，拱的截面轴力较大，且一般为压力。由于拱主要是受压，便于用抗压强度较高而抗拉强度较低的材料，如混凝土、砖、石等。

3. 拱的合理轴线

在给定荷载作用下，使拱处于各截面只承受轴力而无弯矩状态下的轴线，称为合理轴线。采用合理轴线的三铰拱，材料的使用最经济。

【实例展示】

图 6-25（a）为一玻璃厂使用的装配式钢筋混凝土三铰拱，用拱作屋面承重结构。图 6-25（b）为永定河七号铁路桥，1972 年投入使用，是当时我国最大跨度（150m）的钢筋混凝土拱桥。

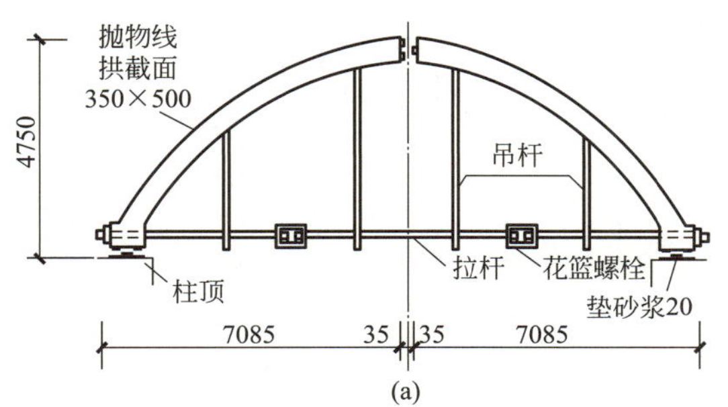

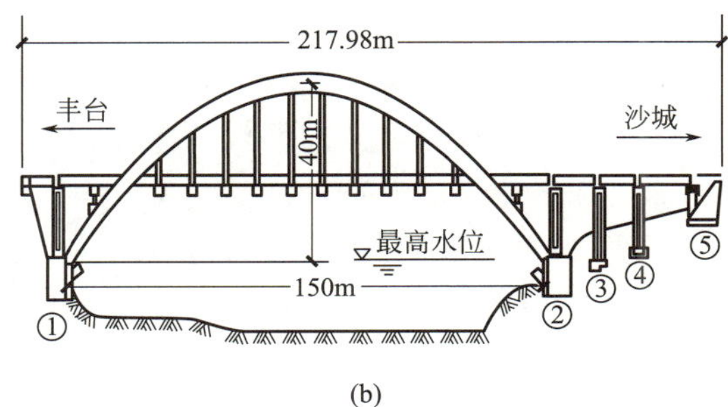

图 6-25

【知识小课堂】

秦始皇兵马俑博物馆（图 6-26）位于陕西省西安市临潼区，它以秦始皇兵马俑为基础，是在兵马俑坑原址上建立的遗址类博物馆，也是目前中国最大的古代军事博物馆。

图 6-26

为了不损坏文物，俑坑中间不得立柱，展览大厅屋盖必须采用大跨度结构。考虑到这是一个用于展示大面积地下文物的展厅，其长度超过 200m，设计之初就着重于营造一种开阔而无压抑的室内环境，同时确保外观的稳重与和谐。在综合考虑了结构技术的可行性和经济效益后，最终该博物馆采用了钢三铰桁架拱结构作为大厅的屋盖。大厅长 204m，宽 70m，钢拱架跨度 67m，矢高 13.4m。这个拱的横断面设计采用了格构式箱形，以确保其稳定性和承重能力。整个结构被稳固地支承在带有悬挑拱腿的钢筋混凝土基础上。屋面采用木屋面板、镀锌钢板防水轻型屋面。值得注意的是，拱形屋盖两侧的拱腿部分空间高度相对较低，这些区域被巧妙地设计为参观廊，为游客提供了一个独特的视角来欣赏文物。至于展厅的东西两端，包括参观廊、门厅、接待室等区域，则采用了钢筋混凝土框架和砖混结构，确保了这些区域的稳定性和实用性。

秦始皇兵马俑博物馆的建筑设计体现了对历史文化的尊重与传承，同时也展示了现代建筑的独特魅力。这种设计不仅为保护文物提供了良好环境，还为游客提供了独特的观赏体验。

【任务实施】

1. 结构的基本部分与附属部分是如何划分的？荷载作用在结构的基本部分上时，附属部分是否引起内力？

2. 从内力上看，刚架与梁的主要区别是什么？

3. 桁架计算中采取了哪些假定？实际桁架与理想桁架之间有什么区别？

4. 为什么计算桁架前要判断零杆？

5. 什么是拱的合理轴线？

6. 比较三铰拱与梁的受力特点。

【任务质量评估】

一、填空题

1. 单跨静定梁包括________、________和伸臂梁。

2. 在给定的荷载下，拱内各截面的弯矩均为 0，只承受轴力，此时的拱轴线称为________________。

3. 桁架中所有杆件均为二力杆，在结点荷载作用下，杆件承受________。

二、单项选择题

图 6-27 所示桁架中零杆（不含零支座杆）的根数为（　　）。

A. 1

B. 2

C. 3

D. 4

F_P

图 6-27

三、判断题

1. 多跨静定梁中，荷载作用在基本部分上，附属部分的内力为零。（　　）

2. 拱与梁的主要区别是：拱在竖向荷载作用下有水平推力。（　　）

任务 6.3　工程中常见超静定结构简介

【任务描述】

在实际工程结构中，除了静定结构，更多的是超静定结构，如常见的现浇框架结构就是超静定结构。前面已经简单介绍了常见的静定结构，本任务主要是认识工程中常见的超静定结构，说出超静定结构的受力特点，比较超静定结构与静定结构的不同，以及认识超静定结构中的变形缝。

【相关知识】

工程中常见的超静定结构有单跨超静定梁、多跨超静定梁、超静定刚架等。

静定结构是无多余约束的几何不变体系，通过静力平衡方程可以求解支座反力，再通过截面法求解出内力。而超静定结构是有多余约束的几何不变体系，其内力求解与静定结构不一样，不能仅仅通过静力平衡方程和截面法求解内力。超静定结构的内力计算比较复杂，需要增加位移协调的方程进行求解，具体求解方法有力法和位移法。因为计算复杂，超静定结构一般采用计算机进行计算，计算机求解的基础是位移法。

下面简单介绍工程中常见的超静定结构及其受力特点。

一、常见超静定结构

1. 单跨超静定梁

建筑工程中单跨超静定梁主要有两种形式。第一种是两端均为固定支座的梁，如框架结构中的单跨梁，两端与柱是现浇节点，两端均为固定支座；第二种是梁一端是固定支座，另一端是可动铰支座，如梁的一端与柱通过现浇节点连接，另一端是支承在砖墙上的。

单跨超静定梁可以通过力法求解内力。

常见的单跨超静定梁的弯矩见表 6-1。

2. 多跨超静定梁

多跨超静定梁是由若干跨连成一体，中间不间断的梁，也叫连续梁。连续梁是超静定结构，工程中现浇肋梁楼盖中的梁和大板都是连续梁。桥梁中也常见连续梁（图 6-28）。

常见单跨超静定梁弯矩 **表 6-1**

单跨超静定梁简图	M_{AB}	M_{BA}
F; A; B; $\frac{l}{2}$; $\frac{l}{2}$	$-\frac{Fl}{8}$	$\frac{Fl}{8}$
q; A; B; l	$-\frac{ql^2}{12}$	$\frac{ql^2}{12}$
F; A; B; $\frac{l}{2}$; $\frac{l}{2}$	$-\frac{3Fl}{16}$	0
q; A; B; l	$-\frac{ql^2}{8}$	0

注：梁端弯矩以顺时针转动为正。M_{AB} 代表 AB 杆 A 端的弯矩，M_{BA} 代表 AB 杆 B 端的弯矩。

图 6-28

从图 6-29 中可以看到连续梁与柱连接的节点处（支座处），受力钢筋是配置在梁的上部的，说明连续梁在支座处产生上部受拉的负弯矩（图 6-30），而在每一跨中区段内产生下部受拉的正弯矩。

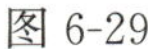

图 6-29

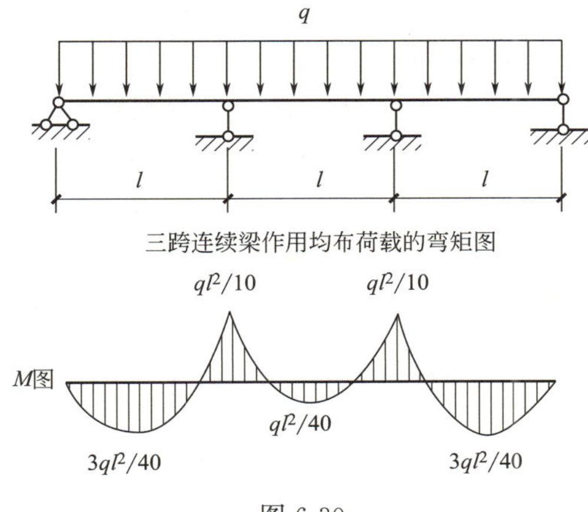

图 6-30

3. 超静定刚架

现浇钢筋混凝土框架结构是最常见的超静定刚架。选取单层单跨的现浇钢筋混凝土的超静定刚架和三铰刚架（静定刚架之一）比较内力。从图 6-31 和图 6-32 可以发现超静定刚架中最大弯矩值约为三铰刚架最大弯矩值的一半，但超静定刚架在柱和梁的内侧和外侧都会产生弯矩。

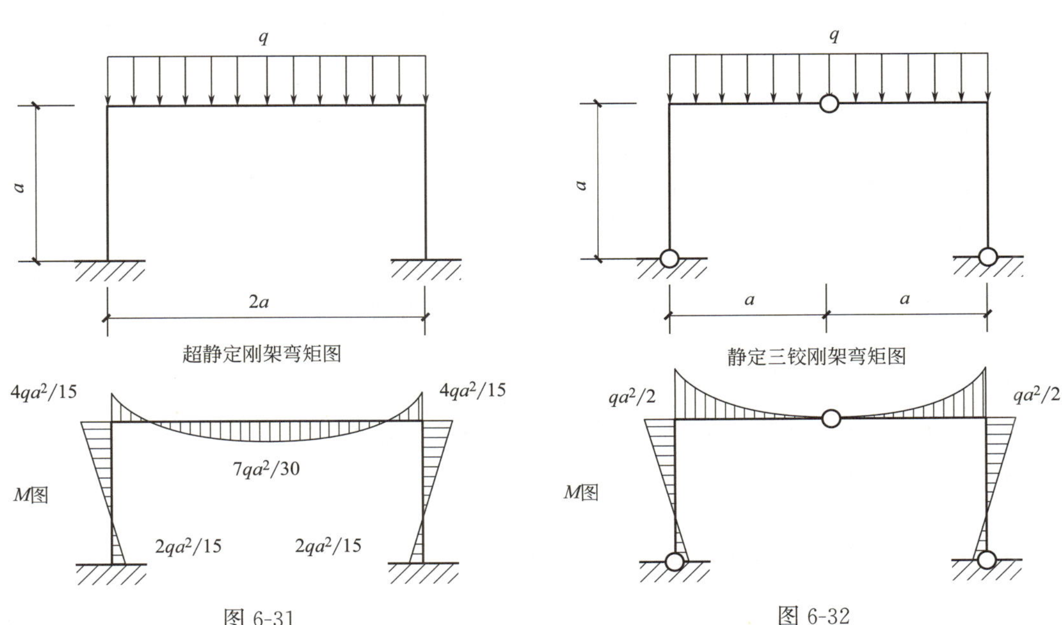

图 6-31　　图 6-32

二、超静定结构和静定结构比较

超静定结构由于多余约束的存在，支座约束力比静定结构要多，相对于静定结构而言，具有较强的承载能力。在静定结构中有一个约束破坏，静定结构就会变成几何可变体系，结构由此失去了承载能力。而超静定结构却不同，多余约束破坏时，结构仍可保持几何不变，还具有一定的承载能力，即使结构发生破坏也有一个时间过程。

两种结构的比较见表 6-2。在超静定结构中，温度变化、支座不均匀沉降和制造误差会引起变形，这些变形受到多余约束的限制，会产生内力。这种非荷载引起的内力对结构有时会有很大的影响，甚至导致结构发生破坏。因此在超静定结构中，必须对由温度变化、制作不均匀沉降和制造误差引起的内力引起足够的重视。

静定结构与超静定结构比较　　表 6-2

项目	静定结构	超静定结构
几何组成	无多余约束几何不变体系	有多余约束几何不变体系
内力计算	用静力平衡方程可求解全部支座反力，进而求解出内力	除静力平衡方程外，需增加变形协调建立的方程求解支座反力和内力
荷载作用下的受力特点	荷载作用下内力分布范围较小，内力最大值较大；刚度和稳定性较差	荷载作用下内力分布范围较大，内力最大值较小；刚度和稳定性较好
温度、沉降等影响	温度变化，支座不均匀沉降和制造误差不产生内力	温度变化，支座不均匀沉降和制造误差均会产生内力

三、超静定结构的变形缝

超静定结构在温度变化、支座不均匀沉降等外界因素作用下会产生变形，导致建筑物出现开裂甚至破坏。为了避免这种情况，在施工时预留一定的构造缝称为变形缝。变形缝包括伸缩缝、沉降缝和防震缝。

1. 伸缩缝

建筑构件因温度和湿度等因素的变化发生热胀冷缩或湿胀干缩的变形，尤其是房屋的平面尺寸较大时，这种胀缩变形易导致房屋构件产生裂缝，必须设置伸缩缝。伸缩缝一般为设置在建筑物适当的部位的垂直裂缝，自基础以上将房屋的墙体、楼板层、屋顶等构件断开，将建筑物分离成几个独立的部分。伸缩缝的宽度一般为 20～40mm，通常采用 30mm。

伸缩缝常用麻丝沥青、泡沫塑料条、油膏等有弹性的防水材料填缝。

结构伸缩缝，砖混结构可采用单墙方案，伸缩缝设置在墙体上，也可采用双墙方案，在双墙之间设置伸缩缝；框架结构可采用双柱双梁方案，在双梁柱之间设置伸缩缝，也可采用挑梁方案。

框架结构伸缩缝最大间距见表 6-3。

框架结构伸缩缝最大间距（单位：m）　　表 6-3

施工方法	室内或土中	露天
现浇框架	55	35
装配式框架	75	50

外墙伸缩缝（图 6-33）的缝口常用镀锌铁皮、彩色薄钢板等材料进行盖缝处理；室内伸缩缝一般结合室内装修用木板、各类金属板等盖缝处理（图 6-34）。

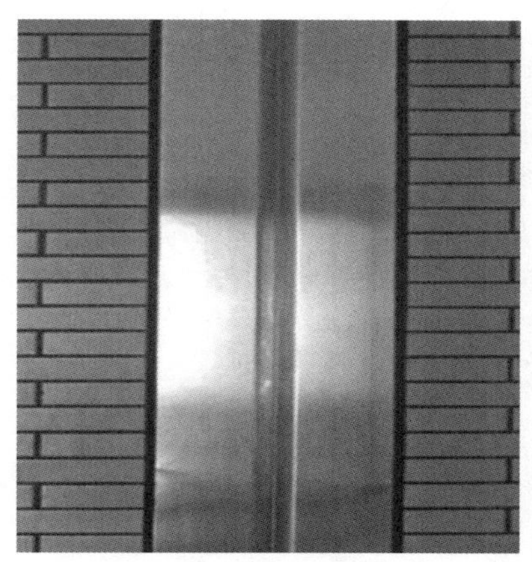
图 6-33

图 6-34

屋顶伸缩缝（图 6-35）主要有伸缩缝两侧屋面标高相同处和两侧屋面高低错落处两种位置，当伸缩缝两侧屋面标高相同又是上人屋面时，通常做防水油膏嵌缝，进行泛水处理；为非上人屋面时，则在缝两侧加砌半砖矮墙，分别进行屋面防水和泛水处理。

图 6-35

2. 沉降缝

当同一建筑物高度相差较大，上部荷载分布不均匀，或建在不同地基土上时，为了避免不均匀沉降造成墙体或其他结构部位开裂而设置的建筑构造缝称为沉降缝。沉降缝将建筑从下到上，自基础到屋顶分割成若干独立的，自成沉降体系的单元。沉降缝一般设置在建筑高低、荷载或地基承载力变化较大处，以及在新旧建筑的连接处；缝宽一般为 30～70mm。在既需要设置伸缩缝，又需要设置沉降缝时，可二缝合一，减少建筑的构造缝数。

对于地基不均匀沉降的处理，设置“沉降缝”是一种“放”的方法，让建筑物各独立部分自由沉降，互不干扰；也可以用“调”的方法，在施工过程中采取措施，调整各部分沉降使之协调，如设置“后浇带”（施工中后浇带的钢筋必须贯通）（图 6-36、图 6-37）；还可以采用“抗”的方法，即采用刚度较大的基础来抵抗沉降差。“调”和“抗”可不设置沉降缝。

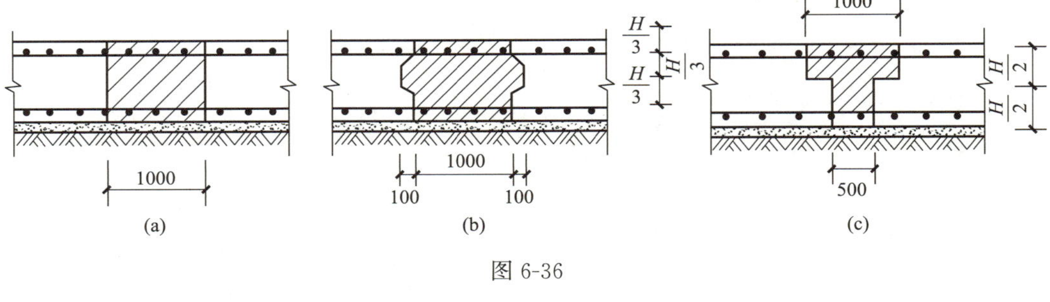

图 6-36

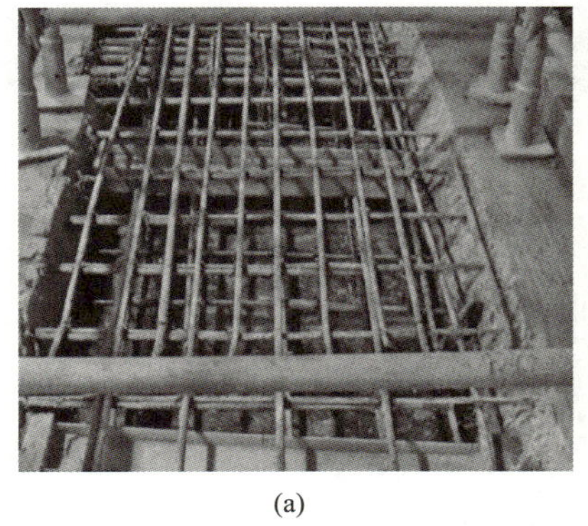

(a)

(b)

图 6-37

（a）后浇带的留设；（b）后浇带的填充

3. 防震缝

防震缝的作用是将体型复杂的房屋划分为体型简单、刚度均匀的独立单元，避免地震造成建筑物整体震动不协调而产生破坏。在平面形状复杂而无加强措施时、各部分结构的刚度和活荷载相差比较大时、建筑有较大的错层时需要设置防震缝。当同时设置伸缩缝、沉降缝和防震缝时，应三缝合一。

【实例展示】

港珠澳大桥（图 6-38）是一座连接香港、珠海和澳门的桥隧工程，位于广东珠江口伶仃洋海域内，为珠江三角洲地区环线高速公路南环段。

图 6-38

港珠澳大桥分别由三座通航桥、一条海底隧道、四座人工岛及连接桥隧、深浅水区非通航孔连续梁式桥和港珠澳三地陆路联络线组成。其中，三座通航桥从东向西依次为青州航道桥、江海直达船航道桥以及九洲航道桥；海底隧道位于香港大屿山岛与青州航道桥之间，通过东西人工岛接其他桥段；深浅水区非通航孔连续梁式桥分别位于近香港水域与近珠海水域之中；三地口岸及其人工岛位于两端引桥附近，通过连接线接驳周边主要公路。

桥梁工程中的连续梁式桥和斜拉桥是典型的超静定结构。

采用连续梁式桥，相比简支梁式桥，作为超静定结构，其荷载作用下内力分布范围较大，内力最大值较小；刚度和稳定性较好，更适合用在要求承载力更高的工程中。

斜拉桥具有跨越能力大、造型优美、抗风性能好以及施工快捷方便、经济效益好等优点，往往是跨海大型桥梁优选的桥型之一。结合桥梁建设的经济性、美观性等诸多因素以及通航等级要求，港珠澳大桥主桥的三座通航孔桥全部采用斜拉索桥，整座大桥具有跨径大、桥塔高、结构稳定性强等特点。

【知识小课堂】

上海中心大厦（图 6-39）是上海市的一座超高层地标式摩天大楼，属于超静定结构。建筑主体为 119 层，总高为 632m，结构高度为 580m。

图 6-39

上海中心大厦采用钢筋混凝土核心筒及外围钢框架结构体系。裙房底下 5 层，地上 5 层，高度为 37m，采用钢框架结构体系。该建筑超高、造型奇特、结构复杂，工程建设面临了许多工程技术难题，但建设者们不惧艰难，面对困难敢于迎难而上，顽强攻坚。一群人为了实现一个共同的目标，相互配合和支持，努力奋斗，完成了这个伟大的超级工程。

建设者们顽强攻坚的战斗精神、无怨无悔的奉献精神、精益求精的工匠精神，都是值得所有人学习的。

【任务实施】

1. 单跨超静定梁固定支座处__________（上部/下部）受拉，受力钢筋应配置在__________（上部/下部）。

2. 单跨超静定梁跨中一般__________（上部/下部）受拉。对比跨度相同的单跨超静定梁和简支梁的跨中弯矩，__________跨中弯矩小。

3. 根据表 6-1 中常见单跨超静定梁的弯矩，通过观察和思考，完成下面的习题。

（1）铰支座的弯矩为________。

（2）在教师指导下，利用叠加法，画出图 6-40 中单跨超静定梁的弯矩图。

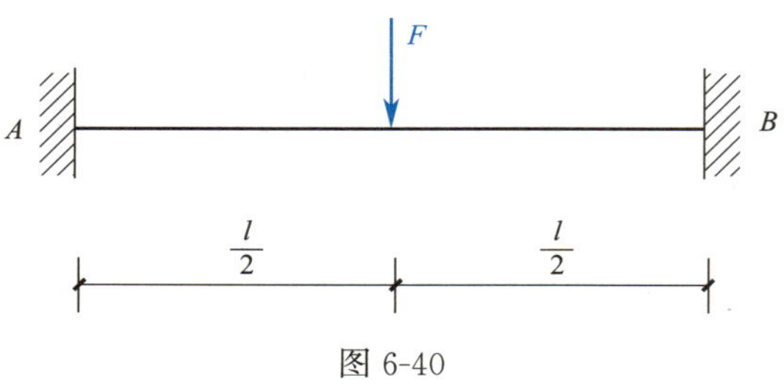

图 6-40

【任务质量评估】

1. 请观察框架结构的建筑（比如教室）的次梁，结合所学知识，思考主梁对次梁的约束可以简化成什么支座，请尝试将次梁的计算简图绘制出来。分析次梁是静定结构还是超静定结构。

2. 请思考柱对主梁的约束可以简化成什么支座。在教师指导下，根据框架结构的建筑（比如教室）的实际情况，绘制其中一榀框架的计算简图。分析该框架是静定结构还是超静定结构。

项目知识梳理

一、相关知识

1. 几何不变体系：在不考虑应变的前提下，几何形状和位置维持不变的体系。

2. 几何可变体系：在不考虑应变的前提下，几何形状和位置可以改变的体系。

3. 几何组成分析的三个原则：二元体规则、两刚片规则和三刚片规则。

4. 常见的静定结构包括静定梁、静定平面刚架、静定平面桁架、三铰拱。梁的主要内力为弯矩和剪力；刚架的内力是弯矩、剪力和轴力；桁架的内力为轴力；拱的内力主要为轴压力。

5. 常见的超静定结构包括单跨超静定梁、多跨超静定梁和超静定刚架。超静定结构具有较强的承载能力。温度变化、支座不均匀沉降和制造误差会使超静定结构产生变形，进而产生内力。

二、思维导图填空

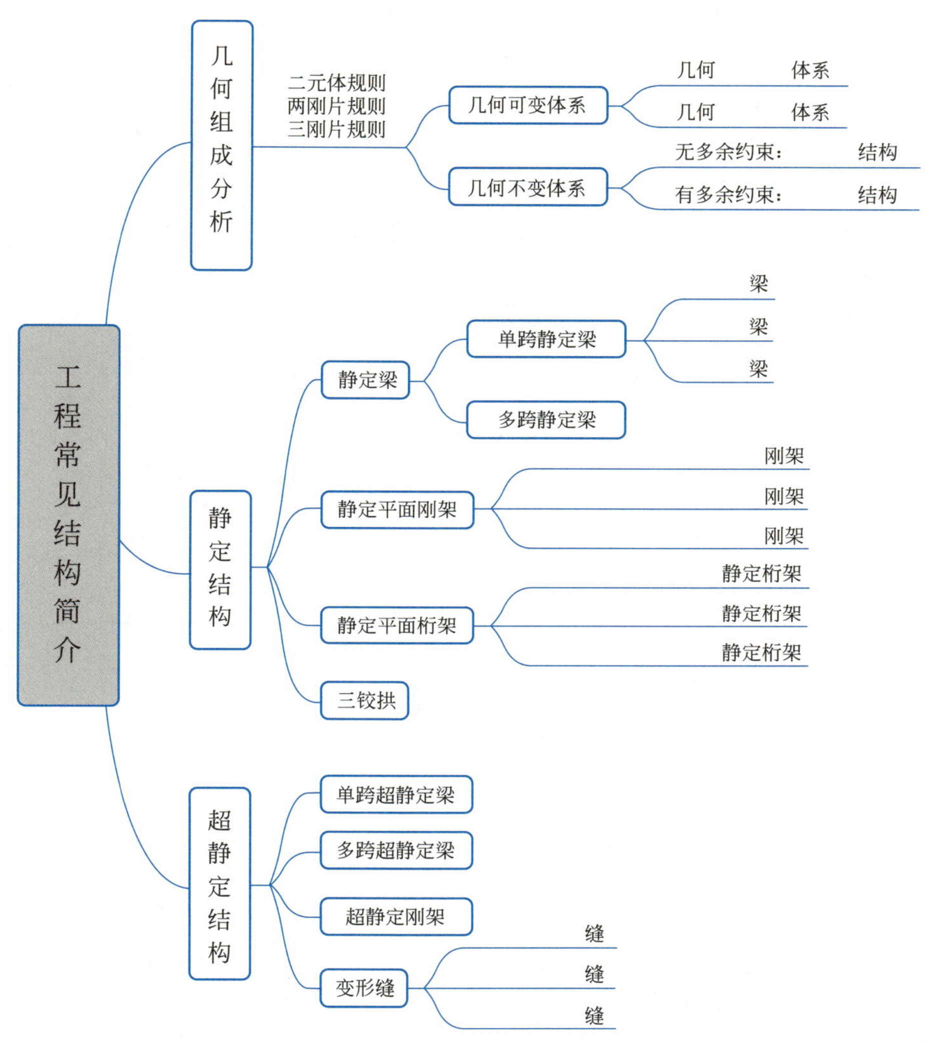

重点内容点拨

一、平面杆件体系几何组成规则（表 6-4）

平面杆件体系几何组成规则　　**表 6-4**

几何不变体系组成规则	
二元体规则： 由两根不共线的链杆连接一个结点的装置，称为二元体。在一个平面杆件体系上增加或减少一个二元体，不改变原体系的几何组成性质	二元体规则： 二元体 A B C I

续表

几何不变体系组成规则	
两刚片规则： 两刚片之间用一个铰和一根不通过该铰的链杆相连，则组成一个几何不变体系，且无多余约束。 推论：两刚片之间用不全交于一点也不完全平行的三根链杆相连，则组成一个几何不变体系，且无多余约束	两刚片规则： 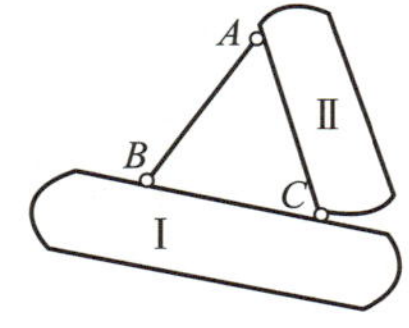 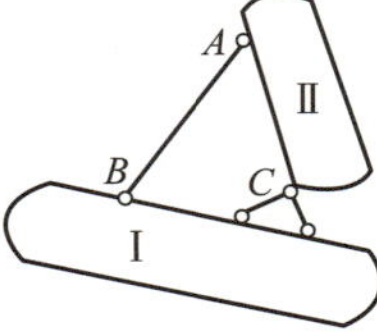 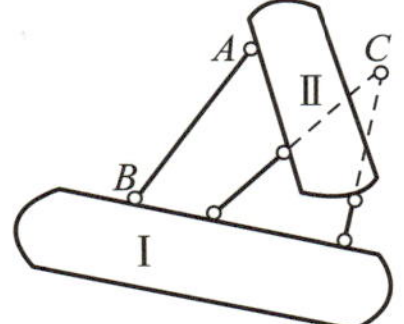
三刚片规则： 三个刚片用不在同一直线上的三个铰两两相连，则组成体系是几何不变的，且无多余约束	三刚片规则： 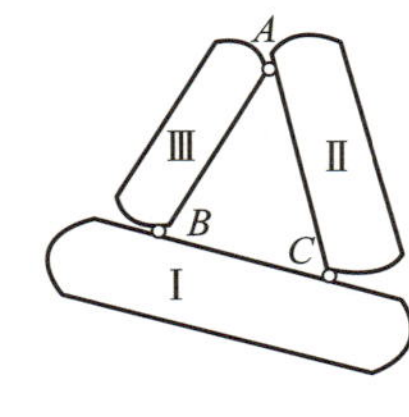 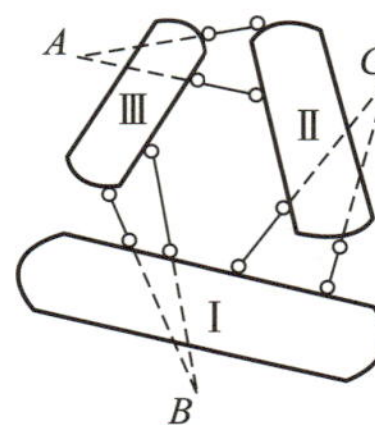 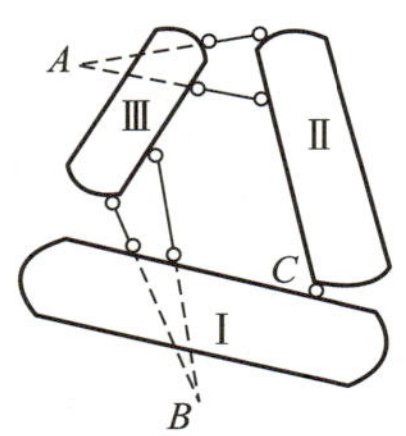

二、静定结构与超静定结构比较（表 6-5）

静定结构与超静定结构比较 **表 6-5**

项目	静定结构	超静定结构
几何组成	无多余约束几何不变体系	有多余约束几何不变体系
内力计算	用静力平衡方程可求解全部支座反力，进而求解出内力	除静力平衡方程外，需增加变形协调建立的方程求解支座反力和内力
荷载作用下的受力特点	荷载作用下内力分布范围较小，内力最大值较大；刚度和稳定性较差。 梁：弯曲变形引起的正应力在截面上分布不均匀，主要内力为弯矩和剪力。 刚架：内力一般有弯矩、剪力和轴力。 桁架：在结点荷载作用下，只受轴力，处于无弯矩状态。 三铰拱：在竖向荷载作用下具有水平支座反力，内力以轴力为主，且为压力	荷载作用下内力分布范围较大，内力最大值较小；刚度和稳定性较好。 连续梁：在支座处产生上部受拉的负弯矩，而在跨中产生下部受拉的正弯矩。在荷载、跨度、刚度相同的情况下，弯矩和变形分布通常比相应静定多跨梁均匀，最大内力一般小于静定结构相应数值。 刚架：在相同的荷载、跨度、刚度和结构类型条件下，超静定刚架的内力和变形分布通常比相应静定结构更加均匀
温度、沉降等影响	温度变化、支座不均匀沉降和制造误差不产生内力	温度变化、支座不均匀沉降和制造误差均会产生内力

项目质量评估

1. 在不考虑应变的前提下，几何形状和位置维持不变的体系称为__________，几何形状和位置可以改变的体系称为__________。

2. 一般工程都必须是几何__________体系。

3. 三个刚片用______个不共线的铰两两相连，组成几何______体系。

4. 两刚片原则是____。

5. 静定结构的几何组成特征是几何______体系且______多余约束。

6. 超静定结构的几何组成特征是几何______体系且______多余约束。

7. 超静定结构支座发生位移的时候，结构内部______产生内力。

8. 梁是受弯构件，其主要内力为________和________。

9. 刚架是由________通过________组成的结构。静定平面刚架常见的形式有________刚架、________刚架、________刚架。

10. 静定刚架的内力通常有________、________和________。

11. 对图示平面体系进行几何组成分析：

图 6-41 为几何________体系且________多余约束。

图 6-42 是几何________体系且________多余约束。

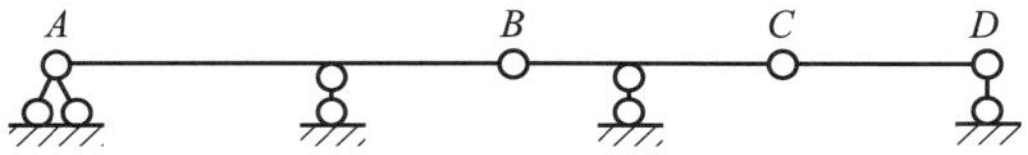

图 6-41

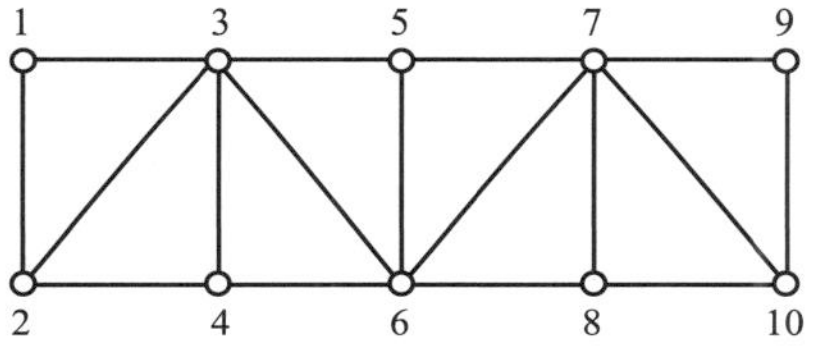

图 6-42

12. 拱与梁区别有：拱的轴线是________的，梁是________的；拱在竖直荷载下有________支座力，常见的水平梁没有该向支座力。

13. 拱的横截面的内力特点是________大，________、________较小。

14. 拱在某一固定荷载作用下，各截面处于无弯矩状态的拱轴线，称为该荷载下的________________。

15. 当桁架只在节点处承受荷载时，桁架横截面的内力特点是：只有________，没有________和________。

16. 静定结构可以通过________求解支座反力，进而求解出内力。而超静定结构是有多余约束的几何不变体系，不能仅通过________求解支座反力和内力。

17. 连续梁在支座处产生________部受拉的________弯矩，而在每一跨中区段产生________部受拉的________弯矩。

18. 超静定结构中的变形缝包括________、________和________。